プロなら誰(だれ)でも知(し)っている

デザインの原則(げんそく)

生田信一 著

はじめに

本書『プロなら誰でも知っている デザインの原則100』をお買い上げいただきありがとうございます。本書は以下の特徴をもっています。

- デザインを初めて学ぶ人が最初にぶつかる疑問や悩みを100の項目にまとめました。個々の質問の回答として、デザインの考え方や方法論などを具体的に提示しました。
- デザインに関する疑問や悩みの種類は多岐にわたります。本書では、1部「基礎編・デザインの基礎知識」、2部「応用編・コンテンツの作成」、3部「実践編・デザイン／レイアウトの作成」に分けて整理しています。
- 個々の質問に対する解決法は、見開きページで構成しました。どこからでも読み進められますし、逆引きで読むこともできます。
- パソコンを使ったデザイン作業に慣れていない方のために、デジタルデータの扱い方や主要なグラフィックソフトウェアの操作法について解説しています。ソフトウェアは、今日のデザイン作業に欠かせないAdobe Photoshop、Illustrator、InDesignを取り上げています。

デザイン作業においては、基本的な知識や考え方を知っておくことはもちろん大切ですが、頭の中で描いたイメージをソフトウェア上でどのように再現するかを理解し、実践の場で活かしていくスキルが求められます。本書は、知識とスキルの両方を伝えられるよう工夫を凝らしました。

デザインの考え方を学んだりスキルを習得することは、とてもおもしろく刺激に満ちています。日々、優れた作品に接して興味の対象をどんどん広げていけば、知識もスキルもさらに磨かれていくのではないかと思います。

本書を利用して、デザインの考え方や方法論（本書ではそれを「原則」と表現しています）に触れて、みなさんのデザインワークに少しでも役立っていただけることを心より願っています。

2016年8月

ファー・インク　生田 信一

ジャンルの見方

- E：編集・プランニング
- C：カラー・配色
- D：ダイアグラム・イラスト
- P：プリント・加工
- T：タイポグラフィ
- I：イメージ・画像
- L：レイアウト・デザイン

1部　基礎編・デザインの基礎知識　9

2部　応用編・コンテンツの作成

3部　実践編・デザイン／レイアウトの作成　

本書の使い方

●本書の構成

本書は見開きページで疑問や悩みに対して答える形式です。本文ページの要素は以下の通りです。

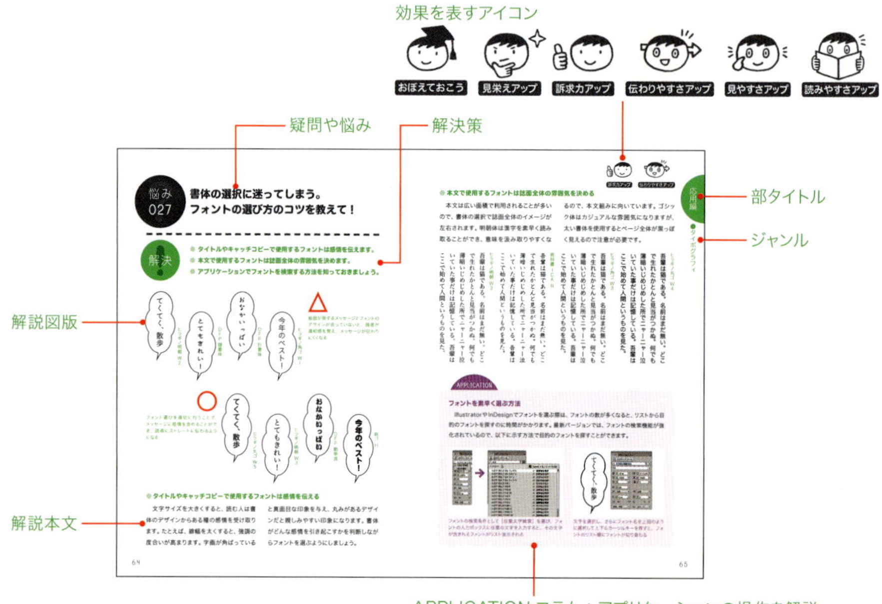

APPLICATION コラム：アプリケーションの操作を解説
CLOSE-UP コラム：参考作例を紹介

●ソフトウェアのバージョン

本書に掲載のAdobe Photoshop、Illustrator、InDesignのソフトウェアはバージョンCC 2015を使用しています。バージョンが異なると、操作方法や画面が異なる場合があります。

●キーボードの表記

本書のキーボードの表記はMacintoshを基準にしています。Windowsをお使いの場合は、以下のキーに置き換えてください。

⌘キー　→　Ctrlキー

optionキー　→　Altキー

1部

基礎編

デザインの基礎知識

デザインを始めるにあたり、基本的な知識やソフトウェアの操作、データの取り扱いに関するテーマを集めました。デザインする要素を整理して、どのような方向性を目指すのかを考えます。

悩み 001

デザインの目的を明確にしたい。どんな目標を設定すればいいの？

解決

- AIDMA、AISASの行動モデルを知ると、目標設定に役立ちます。
- ターゲットユーザーが誰かを具体的に考えましょう。
- ユーザーにアクションを起こしてもらう仕掛けを考えましょう。

AIDMA（アイドマ）の行動モデル

	Attention 注意	Interest 関心	Desire 欲求	Memory 記憶	Action 行動・購買
目標	注意を引く	関心を引き出す	欲求を刺激する	記憶にとどめる	行動・購入を促す

AIDMA（アイドマ）はTVCMや新聞などのマスメディアによる宣伝を前提としたモデル

AISAS（アイサス）の行動モデル

	Attention 注意	Interest 関心	Search 検索	Action 行動・購買	Share 共有
目標	注意を引く	関心を引き出す	ネットで検索する	実際に行動・購入する	ネット上で共有する

AISAS（アイサス）はインターネットにおける消費者の購買プロセスをモデル化している

ユーザーの興味を喚起し、行動を起こしてもらうAIDMA、AISASの行動モデル

企業が行う経済活動において、広告をプランニングすることを想定して、デザインの目標を考えてみましょう。新しい商品やサービスをユーザーが認知して購入するまでのプロセスをモデル化したものにAIDMA（アイドマ）、AISAS（アイサス）のモデルがあります（上図参照）。

ユーザーにはさまざまな段階があり、悩みも個々に違っています。ユーザーがどんな状況で情報（広告）に触れるかを考えて、デザインの目標を立てることが大事です。それぞれの状況に応じて、情報を的確に伝えるために必要な要素を洗い出しして、目標を具体的に設定していきましょう。

ターゲットユーザーが誰かを考える

情報を届ける相手がどんなユーザーなのかを具体的にイメージして、ターゲットユーザーに合ったデザインを考えます。

手法としては、男女、年齢による区分けがあります。下の表は、テレビ番組の視聴率を調査する際の視聴者の区分を示したものです。この区分法はマーケティングにおいてもよく利用されます。

さらに、より具体的なユーザー像（ペルソナ）を設定し、ユーザーが商品を購入するまでの具体的なストーリーを考えるペルソナ・シナリオ法という手法もあります。

視聴者層の区分

名称	年齢／男女の区分
C 層	4-12 歳の男女
T 層	13-19 歳の男女
F1 層	20-34 歳の女性
F2 層	35-49 歳の女性
F3 層	50 歳以上の女性
M1 層	20-34 歳の男性
M2 層	35-49 歳の男性
M3 層	50 歳以上の男性

C は英語で Child、T は Teenager、F は女性を表す Female、M は男性を表す Male の意味

ペルソナシート

名前：上武 彩都
年齢：36歳
住まい：東京都調布市
職業：自宅でWebサイトのデザインを請け負っている
家族構成：夫（38歳）、長女（10歳）、長男（8歳）

上武 彩都は以前は印刷会社でWebサイトのデザインを担当していた。結婚後は子育てしながら自宅で仕事を行うようになった。ベランダ菜園が趣味で、収穫した野菜を調理して、自身のブログにアップしている…

ペルソナはターゲットを具体的に描いた仮想のユーザー像。利用法として、たとえば上のユーザーがパソコン画面による目の疲れに悩んでいることを想定し、彼女が商品を購入して満足を得られるようなシナリオを考え、広告戦略を練る

ユーザーにアクションを起こしてもらう仕掛けを考える

広告を見て、ユーザーがお店に行ってみたいと思ってもらうための仕掛けを考えてみましょう。たとえば、値引きやクーポン、くじ引きなどのお得感のある情報を盛り込む方法があります。あるいは店内のスペースを利用して、お客さまが喜ぶようなイベントを催す方法も効果が期待できます。売り場のイベントとしては、クリスマスやバレンタイン、七夕、子供の日など、季節ごとのイベントを催して、集客を誘います。

クーポンはユーザーにとって経済的なメリットがあるため、直接的な効果を生む。一方、お店側は利益率に注意する必要がある

季節ごとのイベントを催して、お客様の購買意欲を喚起させる。年間のイベントスケジュールを立て、魅力あるフェアを企画しよう

情報を伝える方法や手段にはどんなものがあるの？

- メディアの種類にはどんなものがあるかを知っておこう。
- 「トリプルメディア」でメディアの全体像を把握しよう。
- 「メディアミックス」の手法で広告展開を考えよう。

メディアの種類

紙媒体

紙を使って情報を伝える
例：新聞、雑誌、カタログ、リーフレット、広報誌、ポスター、フライヤー、ダイレクトメール、店頭POP など

電子媒体

電子を使って情報を伝える
例:Webやメールを閲覧するPC・タブレット・スマートフォンなどの電子機器、CD・DVDなどの記録メディア など

放送媒体

放送網を使って情報を伝える
例：地上波テレビ、衛星放送 、ラジオ、インターネット放送 など

その他の媒体

その他の情報を伝える媒体
例:看板、ネオン、幟（のぼり）、イベント、セミナー、店頭実演 など

メディアの種類

媒体はメディアとも呼ばれ、情報を運ぶための入れ物のことを指します。

「紙媒体」は、新聞や雑誌、チラシなど、紙に印刷して情報を伝えるものです。駅の通路に貼られたポスターや店頭POPなど紙でつくられたものを指します。

「電子媒体」は、電子情報で伝達するメディアです。情報を表示するには、スマートフォンやタブレット、パソコンなどの機器が必要になります。また情報を検索したり、双方向通信が可能です。

「放送媒体」はテレビやラジオのCM枠を使った伝達です。費用がかさみますが、多くの視聴者に届けることができます。

そのほかにもいろいろなメディアがあります。街中の看板やネオン、ロゴがプリントされたシャツやショッピングバッグもメディアの一種といえるでしょう。

●トリプルメディアの考え方

トリプルメディアは、マーケティングの核となるメディアを3つのワークフレームに分類します。トリプルメディアのワークフレームに沿って考えると、メディア群の全体像を把握しやすくなります。

「オウンドメディア（Owned Media：所有するメディア）」は、企業自らが管理、運営し、情報発信するメディア。自社が所有するWebサイトなどを指します。

「ペイドメディア（Paid Media：買うメディア）」は、企業が料金を支払って広告を掲載するメディア。主に、マス4媒体（テレビ、ラジオ、新聞、雑誌）やバナー広告などを指します。

「アーンドメディア（Earned Media：信用や評判を得るメディア）」は、ブログやFacebook、Twitterなどのソーシャルメディアを中心にユーザーからの信用や評判を得るためのメディアを指します。

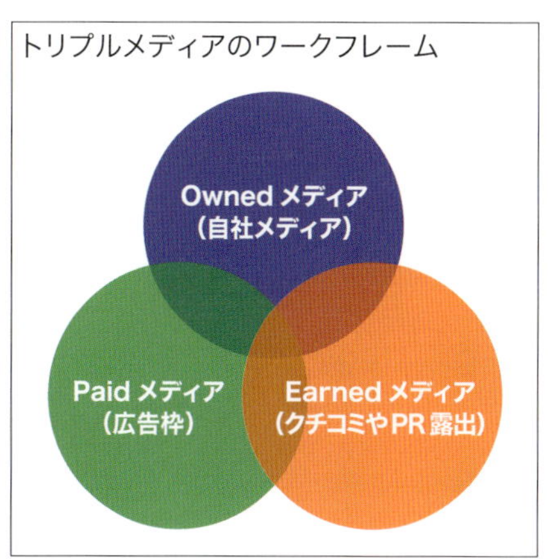

トリプルメディアは、2010年に日本アドバタイザーズ協会のWeb広告研究会が提唱した考え方

●メディアミックスで広告展開する

メディアミックス（Media Mix）という言葉は、複数のメディアにまたがるように商品やサービスの広告活動を展開することを指します。さまざまな広告媒体を組み合わせることで、お互いの弱点を補うことができ、より多くの顧客に情報を届けることができます。

たとえば、店頭で告知する以外に、新聞の折り込みチラシや駅貼りのポスター、ダイレクトメール、自社のホームページやバナー広告、メーリングなど、複数のメディアを使って告知することで、さまざまな層の顧客に情報を伝えることができます。

電子媒体（上）や紙媒体（下）を組み合わせて広告展開する

悩み003 デザイン・レイアウトの要素にはどんなものがあるの？

解決

- 図版（ビジュアル要素）は情報をストレートに伝えます。
- 文字は言語を伝えるもので、フォントやサイズに注意します。
- 色は視覚情報として真っ先に認識される要素です。

写真

人物写真

商品写真

風景写真

写真は情報を瞬時に伝えることができる素材。ひと目見ただけで、人間の表情、商品の色や形、風景の空気感が伝わる

ダイアグラム

グラフ

地図

透視図

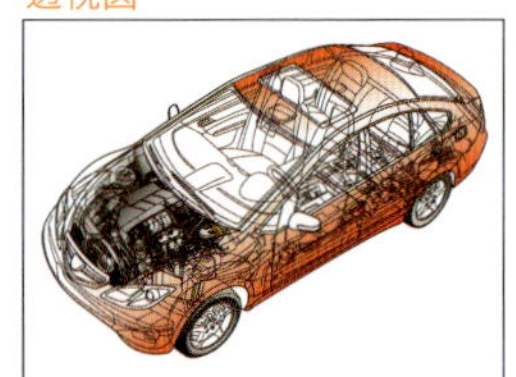

グラフは、数値情報を視覚的にわかりやすく伝えることができる。地図は、地理情報を２次元の小さいスペースにまとめて、目的地の所在を明らかにする。透視図は、本来見えないものを視覚化できるので、機械のしくみなどを理解するのに役立つビジュアル

図版（ビジュアル要素）

デザインやレイアウトの技術を習得するうえで、知っておきたい要素を整理しましょう。ビジュアル要素は、写真やダイアグラム、イラストレーション、絵画などがあり、総じて「図版」と呼びます。

写真はストレートに情報を伝えるもので、見る人は一瞬に情報を読み取ることができます。ダイアグラムは情報をビジュアルに置き換えたもので、グラフやチャート図、地図、透視図などがあります。

訴求力アップ

文字

平面デザインにおいて、文字は言語を伝達する手段として使われます。漢字は意味を表すと同時に、象形文字であることから、ものの形を表す役割もあります。ひらがなは漢字をつなぐもので、カタカナは外来語を表す際に用いられます。

文字を配置する場合は、場面に適したフォントを選択し、読みやすいサイズを指定するようにしましょう。

フォントと文字サイズ

6pt 我輩は猫である。名前はまだない。どこで生れた
7pt 我輩は猫である。名前はまだない。どこで
8pt 我輩は猫である。名前はまだない。ど
9pt 我輩は猫である。名前はまだない
10pt 我輩は猫である。名前はまだ
12pt 我輩は猫である。名前は
14pt 我輩は猫である。名

文字は言葉を伝えるもので、読みやすいフォントや大きさを設定することが大事

色

色は、視覚情報として、真っ先に認識される要素でしょう。色が与えるメッセージは大変強いので、配色には細心の注意を払う必要があります。

色には、色相、彩度、明度の要素があります。同じ色相でも、鮮やかさ／鈍さ、明るさ／暗さを変化させることで、誌面の雰囲気を変えることができます。

色相環とカラーパネル

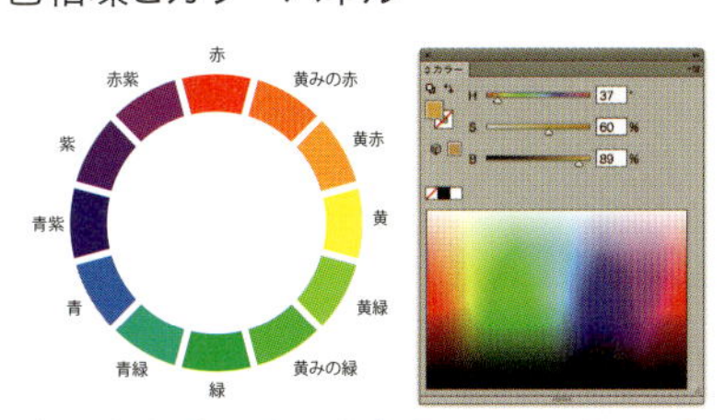

色は色相（Hue）、彩度（Saturation）、明度（Brightness）の3つの属性がある。上図は色相環とHSBでカラー設定できるパネルの画面

アイコン・キャラクター

アイコンは絵で情報を伝えるもので、「ピクトグラム」「絵文字」とも呼ばれます。言葉がわからなくとも伝わるので、掲示板で施設を案内する場合に役立ちます。デザインにおいても、アイコンを利用して情報を瞬時に読み取ってもらうのに役立ちます。

キャラクターは、シンボルとなるような人物・動物などを描いたものです。キャラクターが誌面をナビゲーションしたり、気分を伝えることもできます。

アイコン

キャラクター

誌面を飾るアイコンやキャラクターは、言葉を使わずにメッセージを伝えることができる

情報を整理してレイアウトしたい。どんな風に進めればいいの？

- 情報は、似たもの同士を集めてグループ化して整理します。
- 複数の情報は、ラインやグリッドに揃えて整列させましょう。
- 素材に大小の対比をつけて、コントラストを高めましょう。

情報の整理、グループ化

イラストを例に考えてみましょう。上は情報を整理する前の状態

図形を例に考えてみましょう。上は情報を整理する前の状態

似たもの同士を集めて、互いに近づける

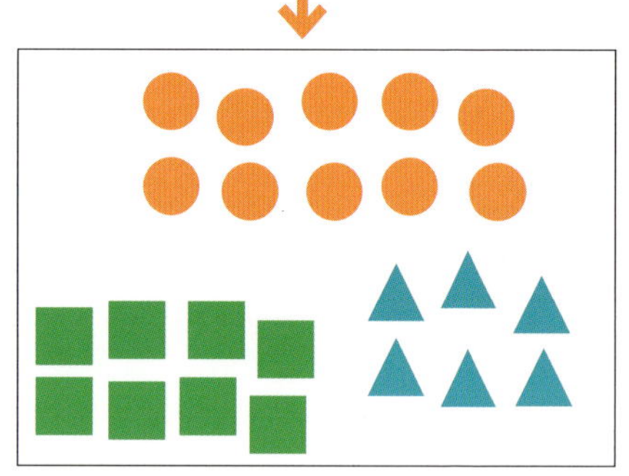

同じもの同士を集めて、互いに近づける

似たもの同士を集める（グループ化／近接）

紙面にレイアウトする素材（情報）が集まったら、最初に行うことは、素材（情報）を吟味し、整理します。上図のように、似たもの同士を集めると見やすくなります。似たもの同士は互いに近づけると、同じ種類であることがより明確になります。

● ラインやグリッドに揃える（整列）

グループ同士を揃えてみましょう。揃える基準となる「ガイド」や「グリッド」を設定すると作業しやすくなります。ラインに揃える場合は、左・中・右、あるいは上・中・下に揃えましょう。背景に格子状のグリッドを設定して揃える方法もあります。

ラインに揃える

左・中・右にガイドラインを設定して揃えた例。代表的なものにテキストの行揃えがあります（66 ページ参照）

グリッドに揃える

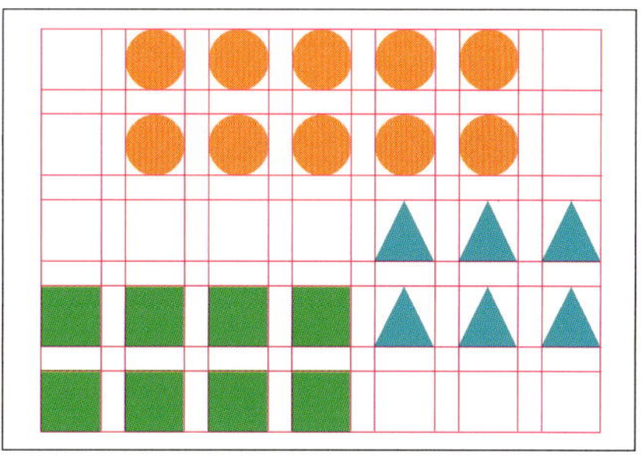

背景に格子状のグリッドを設定して揃えた例。このようなグリッドを使ったレイアウト手法を「グリッドシステム」と呼びます（142 ページ参照）

● 大小の対比をつける（コントラスト）

レイアウトが単調に見えないようにするには、掲載する情報に強弱のコントラストをつける方法が有効です。大きくしたものは目立つため、読者の視線を引きつけます。重要な要素は大きく扱うようにすることで、紙面にメリハリが生まれます。

大小の対比でコントラストをつける

イラストの一部を大きくしてコントラストをつけた。人や動物の場合は親子のように見える

図形の一部を大きくしてコントラストをつけた。面積が広い部分が目立ち、視線が引きつけられる

読者の視線を誘導したい。どんな方法があるの？

- 文字組みの方向で、誌面の視線の流れが変わります。
- 文字は大から小へ、色は強い色から弱い色へ視線が移動します。
- 引き出し線やナンバリングを利用した視線誘導の方法もあります。

縦組み・右綴じの冊子の視線の動き

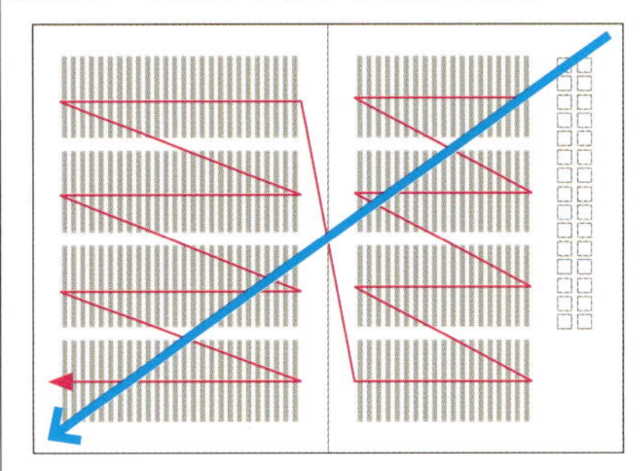

縦組みの誌面での読者の視線の流れを示した。視線は右ページの右上から左ページの左下方向へ大きく動く。そのためタイトル文字は右上に置くのが自然

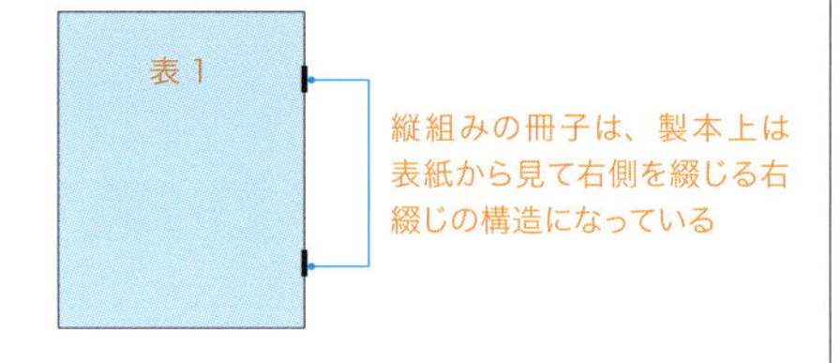

縦組みの冊子は、製本上は表紙から見て右側を綴じる右綴じの構造になっている

横組み・左綴じの冊子の視線の動き

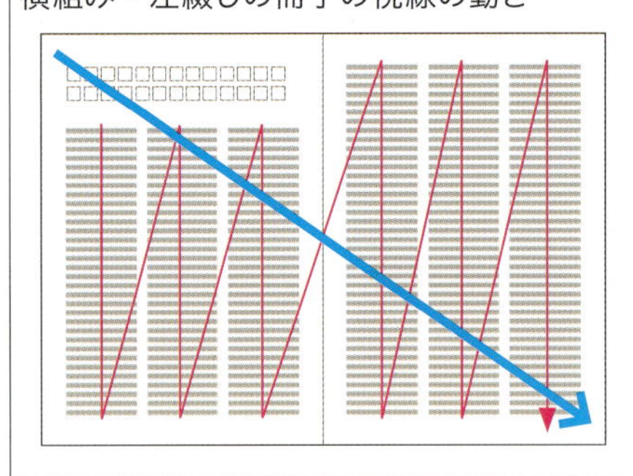

横組みの誌面での読者の視線の流れを示した。視線は左ページの左上から右ページの右下方向へ大きく動く。そのためタイトル文字は左上に置くのが自然

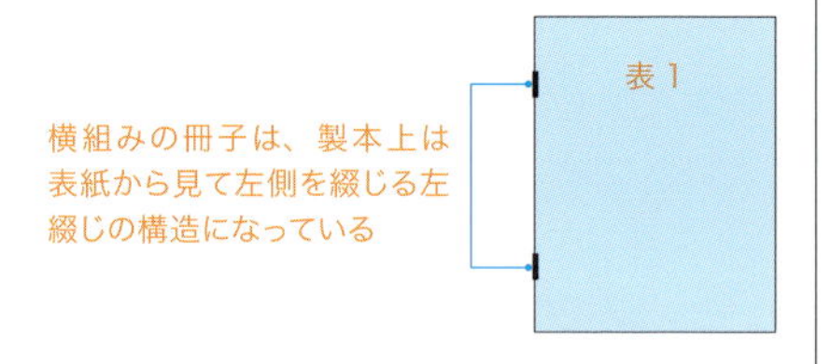

横組みの冊子は、製本上は表紙から見て左側を綴じる左綴じの構造になっている

文字組みの方向で変わる読者の視線

冊子のようなページをめくる印刷物では、メージをめくる方向で視線の流れが変わります。縦組みの冊子は、製本上は右綴じになり、ページを左から右にめくり、見開き誌面では最初に右上を見ることになります。横組みの冊子は、製本上は左綴じになり、ページを右から左にめくり、見開き誌面では最初に左上を見ることになります。

見やすさアップ

読みやすさアップ

大きい文字から小さい文字へ、強い色から弱い色へ視線が移動する

テキストは、読み進める順に徐々に文字サイズを小さくしていくことで、読者の視線をコントロールできます。

カラーは彩度の高い色が目立ちます。彩度や明度を落としていくと色の効果は弱まります。色を使い過ぎると誌面がチカチカして読者の視線が迷いがちになりますので、注意してください。

文字サイズやカラーで視線を誘導する

モノクロのテキスト要素の文字サイズを変化させて視線を誘導させている

色数の多いカラフルな紙面では、強い色から弱い色へ視線が流れる傾向がある。上の作例では、背景の淡いカラーが情報の関連性を示している

引き出し線やナンバリングを利用する

図版から引き出し線を伸ばす方法も、視線誘導のテクニックのひとつです。読者は引き出し線に沿って視線を移動し、目的のテキストを読んでくれます。ナンバリングで図版とテキストを対応させる方法もあります（詳細は151ページ参照）。

引き出し線の利用

月島の路地に入っていくと、昔ながらの風情を残した家並みが残っている

不忍池付近で出会った茶トラ猫

月島といえばもんじゃ焼き。明太子をトッピングしていただきます

江戸切子のグラス。精細なカットが魅力

ナンバリングの利用

①月島の路地に入っていくと、昔ながらの風情を残した家並みが残っている。
②不忍池付近で出会った茶トラ猫。
③月島といえばもんじゃ焼き。明太子をトッピングしていただきます。
④江戸切子のグラス。精細なカットが魅力。

アイデアを形にするにはどうするの？サムネイルやスケッチの役割を教えて！

- サムネイルスケッチは思い浮かんだイメージを素早く描きとめます。
- スケッチの精度を上げて、レイアウトの指示書をつくります。
- 考えながら描くという作業に慣れ親しみましょう。

ラフスケッチやサムネイルで紙面のプランを考える

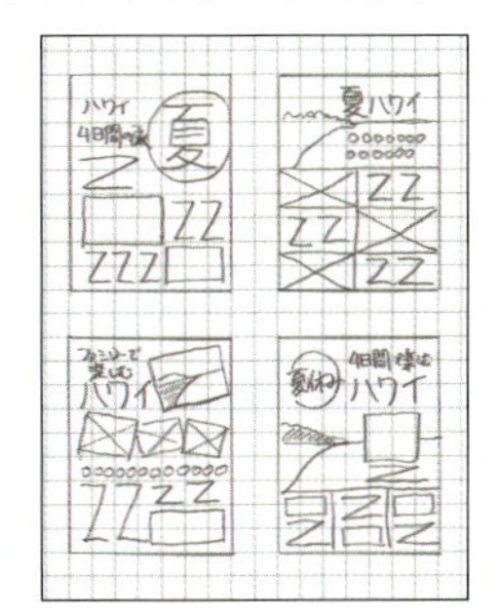

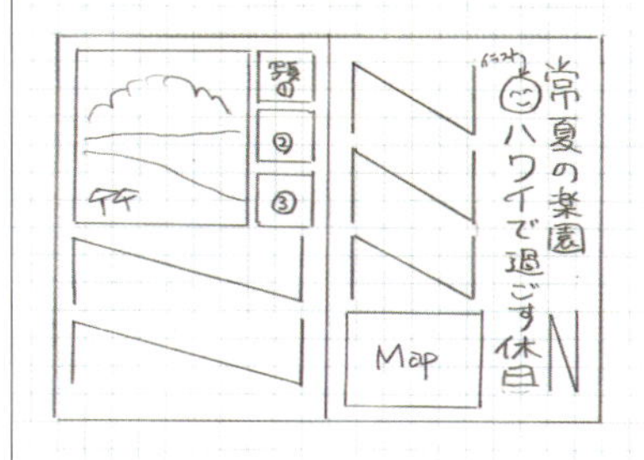

プランニングの段階では、紙面に配置する写真やテキストをスケッチで起こして、考えをまとめていく。素早く描くために、テキストブロックは略記号を使っている

テキスト要素を表す記号

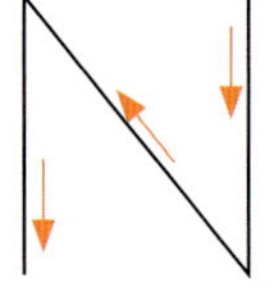

縦組みのテキスト

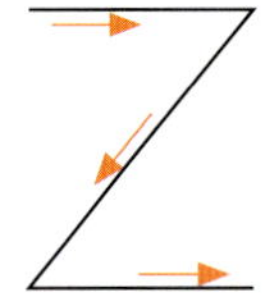

横組みのテキスト

紙面レイアウトのスケッチでは、文字要素を表す記号として左のようなマークを利用する。縦書きの文字ブロックは「N」、横書きであれば「Z」で書き表す。矢印は、縦組み・横組みでテキストを読み進める方向を示している

サムネイルスケッチで素早く描く

「サムネイル(thumbnail)」は、親指の爪という意味で、絵や印刷物などを小さく表したものを指します。アイデアが浮かんだら、メモ帳やスケッチブック、あるいは手元にある紙にその形を描いてみましょう。頭の中に浮かんだイメージは時間が経つと薄れてしまいますから、アイデアが浮かんだときに素早く描くのがコツです。

ロゴやイラストであれば、その形をスケッチしていきます。レイアウトのイメージは、写真であれば四角や丸、テキストは「N」や「Z」のラインで表します。

おぼえておこう　伝わりやすさアップ

●ラフスケッチとレイアウト指示書

スケッチの目的は、全体の形を決めるほかに、紙面に必要な要素を決め、不足している情報がないかを確認する目的があります。見る人、読む人が、迷わずに理解してくれるかを考えながら、必要な要素を割り付けてみましょう。

スケッチの精度を上げていくと、印刷物の紙面やWebサイトの画面のレイアウト・割り付けの指定書になります。デザインの現場でも、複数のスタッフ間でコミュニケーションする際に、スケッチは欠かせません。考えながら描くという作業に慣れ親しんでください。

レイアウト指示のスケッチ

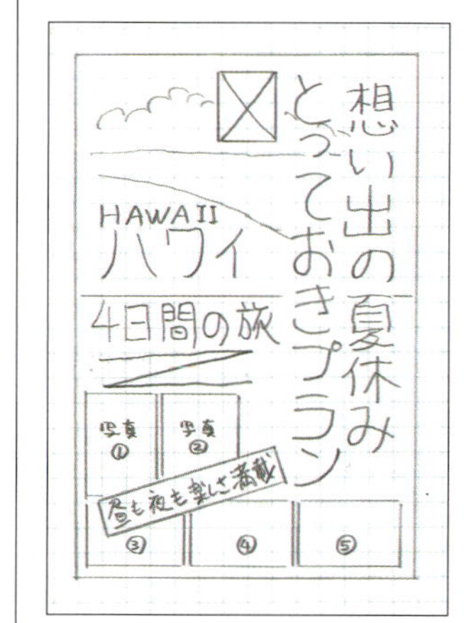

レイアウト指示書の例。文字の位置や大きさ、写真の配置がわかるようになっている。文字スタイルの指定がある場合は、「明朝体」「ゴシック体」などの指示を書き込んでおく

CLOSE-UP

「100 NECKTIES」

NECKTIE design officeの千星建夫氏のムービー作品。グラフィック・Web・プロダクトなど、自身が持てるスキルをプレゼンテーションするにあたり、100種類の表現で「NECKTIE」を表現しています。アイデアと表現方法の数々を楽しむことができます。

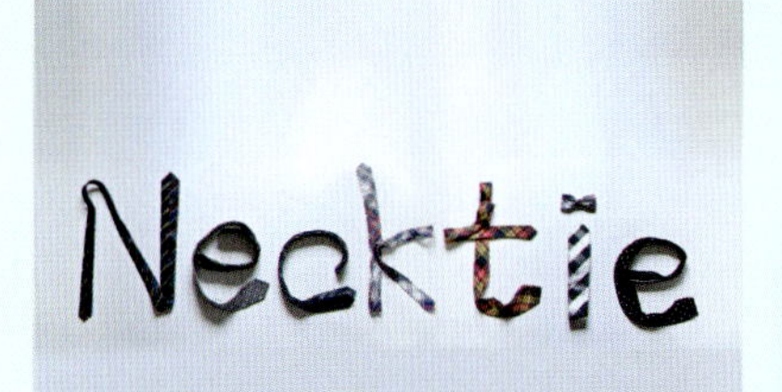

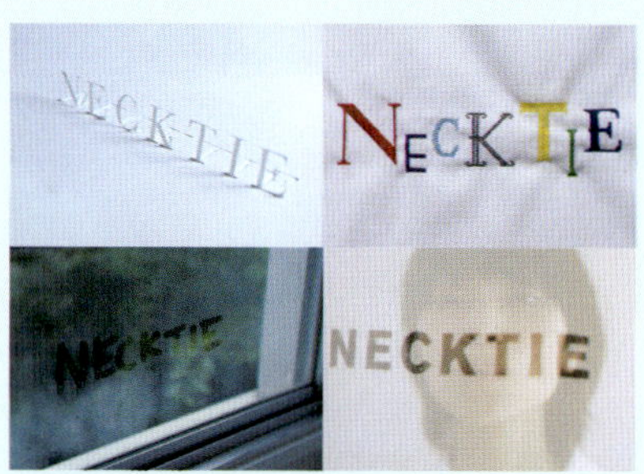

「100 NECKTIES」より抜粋。すべては4秒のムービーで表現され、無限ループする音楽と映像を同期させている。以下のWebサイトでムービーを公開している
デザイン：NECKTIE design office　URL：http://necktie.tokyo

悩み 007 テキスト素材はどんな種類があるの？ 整理の仕方を教えて！

解決

- 雑誌の一般的な記事のテキストの種類と名称を覚えましょう。
- 書籍において、必要なテキスト要素の種類と名称を覚えましょう。
- HTML文書での文字スタイルの階層化のしくみを知ろう。

雑誌記事のテキスト要素

テキストを受け持つのは主に著者あるいはライターです。テキストの発注は編集者が行い、テキストを受け取った後で「校正」と呼ばれる作業を行い、誤字脱字のチェックや読みやすい文章に仕上げていきます。

上図では、雑誌の一般的な記事のテキストの種類と名称を示しました。読者の視線が、タイトル→リード→見出し→本文へと自然に流れるように、文字の大きさや書体を指定します。文字サイズの大小にメリハリをつければ、読者は自然に大きい文字から小さい文字へと読み進めてくれるでしょう。本文は長文になりますので、読みやすい書体、サイズを指定します。

書籍のテキスト要素

書籍の構成とテキスト要素をまとめると下の表のようになります。

著者はメインとなる本文のテキストに加えて、序文やあとがき、参考文献などのテキストも受け持ちます。本文は、章・節・項の階層に分けて読みやすく整理します。目次や扉、索引、奥付に入るテキスト要素は編集者がまとめることが多いでしょう。

書籍の構成とテキスト要素

名　称		主な用途
前付け	本扉（大扉）	題名、著者名、出版社名などを入れる
	序文（まえがき）	著者、編者などから示された本の意図や内容理解のための解説など
	目次	本の内容（見出し）を一覧できるようにしたもの
本文	中扉	本の章ごとの区切りとして章名などを入れる
	本文	本の主要部分。章、節、項に階層化する
後付け	参考文献	本の内容に関連した資料を載せる
	あとがき	脱稿後の感想などを記したページ
	索引	本文中の重要語句を抽出し、その所在ページを50音順に並べたもの
	奥付	書名、著者名、発行所、印刷会社、発行年月日、版数など書誌学要素をまとめたページ

Webページのテキストの階層化

WebページのHTML文書では<h>タグを使って見出しを表示します。<h>タグは<h1>から<h6>までの６階層に分けて大きさを指定することができます。

電子書籍のリーダーにおいても、リフロー型のEPUB形式のドキュメントは、見出し処理を<h>タグで指定します。

Webブラウザや電子書籍のリーダーでは、文字の書体やサイズはユーザー側で変更できます。したがって、デザイナー側は見出しの相対的な大きさを指定するのにとどまり、ブラウザやリーダーで文字をどのように表示するかはユーザー側でコントロールすることになります。

<h>タグの使用例

```
<h1>大見出し</h1>
<h2>中見出し</h2>
<h3>小見出し</h3>
<p>段落</p>
```

HTML 文書では <h> タグを使って見出しを表示する

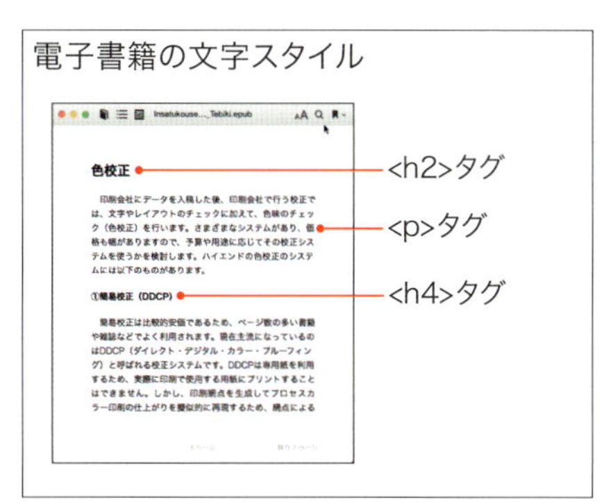

リフロー型の電子書籍では <h> タグ、<p> タグで文字スタイルを指定する

悩み008 グラフィックソフトウェアの文字入力の方法を教えて！

- グラフィックソフトウェアの文字入力の方法を覚えよう。
- 「ポイント文字」と「エリア内文字」の違いを知っておこう。
- InDesignでは2種類のフレームが作成できることを知っておこう。

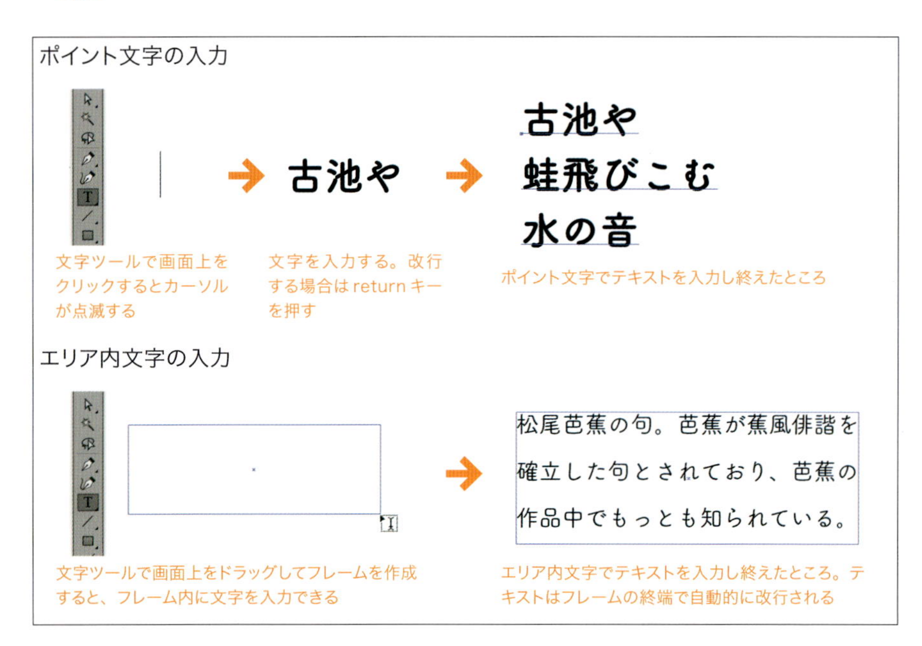

Illustrator、Photoshopの文字入力

グラフィックソフトウェアでは、ワープロやエディタソフトウェアと違い、任意の場所を指定して文字を入力して配置できます。テキストもグラフフィックオブジェクトとして扱われ、拡大縮小や変形などの操作が可能です。

Adobe Illustrator、Photoshopでは、文字ツールを選んでクリックして文字入力する「ポイント文字」による入力方法と、文字ツールでドラッグしてテキストフレームを作成して文字入力する「エリア内文字」による入力方法とがあります。文字を入力後もフォントやサイズ、配置位置などを変更できます。

InDesignの文字入力

InDesignでは、ポイント文字の入力はできませんが、プレーンテキストフレームとフレームグリッドの２種類の方法でテキストを入力して配置できます。

プレーンテキストフレームの文字入力

横組み文字ツールで画面上をドラッグしてフレームを作成する

松尾芭蕉の句。芭蕉が蕉風俳諧を
確立した句とされており、芭蕉の
作品中でもっとも知られている。

プレーンテキストフレームに文字を入力し終えたところ

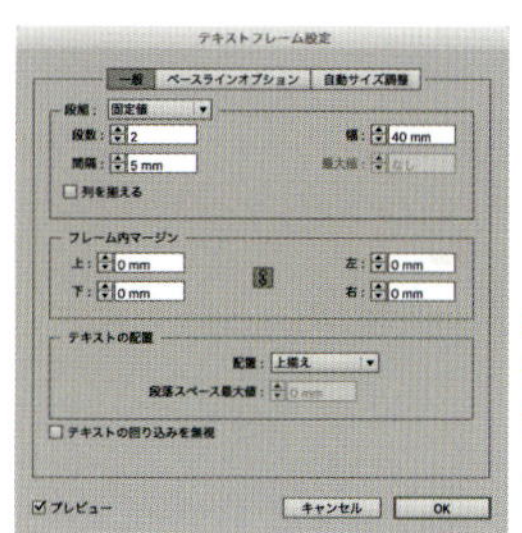

松尾芭蕉の句。芭
蕉が蕉風俳諧を確
立した句とされて
おり、芭蕉の作品
中でもっとも知ら
れている。

オブジェクトメニューから［テキストフレーム設定］を選ぶと、テキストフレームに段を設定したり、フレーム内のマージンを指定したり、テキストを配置する位置を指定できる。上図は２段組に設定した例

フレームグリッドの文字入力

横組みグリッドツールあるいは縦組みグリッドツールで画面上をドラッグしてフレームを作成する

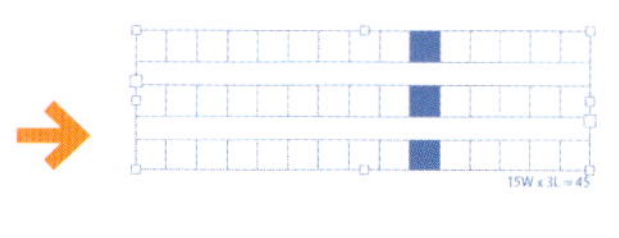

フレームグリッドが作成される。格子状のガイドが表示される

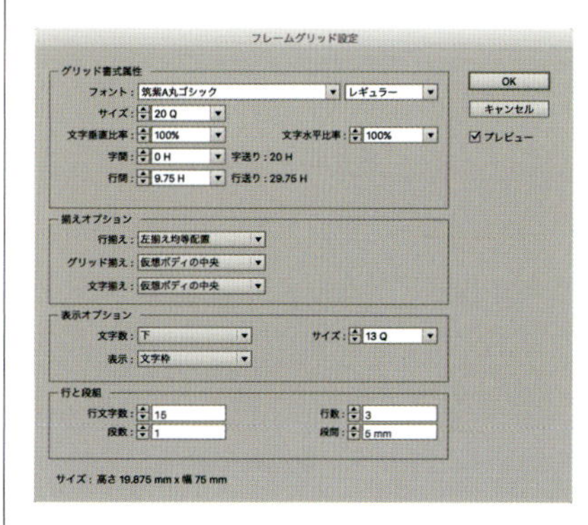

松尾芭蕉の句。芭蕉が蕉風俳諧を
確立した句とされており、芭蕉の
作品中でもっとも知られている。

フレームグリッドの格子状のガイドは文字の書式が反映される。文字の書式を変更する場合は、オブジェクトメニューから［フレームグリッド設定］を選ぶ、あるいはツールパネルからグリッドツールのアイコンをダブルクリックして［フレームグリッド設定］ダイアログを表示する。ここで指定したフォントやサイズ、字間、行間などの設定がフレームグリッド内のテキストに反映される

悩み 009

和文書体の種類はどんなものがあるの？ 太さの違いはどうやって選ぶの？

- 和文書体の種類を把握して、用途や目的に合ったものを選択しよう。
- 書体の基本である明朝体とゴシック体の特長や用途を把握しよう。
- 同じデザインの書体でも太さのバリエーションがあります。

和文書体の種類

読みやすく、本文向き。優美な印象

明朝体（ヒラギノ明朝 W3）

視認性が高く、見出し向き。男性的

ゴシック体（新ゴ B）

ポップで明るい雰囲気を演出。女性的

丸ゴシック体（ヒラギノ丸ゴ W6）

明快で厳格な雰囲気を持つ筆文字書体

楷書体（Ro 日活正楷書体）

個性的でユニーク、装飾的な書体

装飾体（Ro ブラッシュ）

女の子らしい手書き風のフォントも効果的

手書き風書体（あんずもじ）

和文書体の分類

和文の書体の種類にはさまざまなものがあります。上図に代表的なものを示しましたが、これ以外にも、手書きPOPのような書体、歌舞伎や相撲、寄席などの看板に使われる伝統的な書体、印鑑などに使われる篆刻（てんこく）文字の書体、映画の字幕に使われる手書き風の書体、新聞の縦組み用に開発された書体などがあります。フォントを入手するには、フォントメーカーが発売しているパッケージを購入しますが、ダウンロードで入手できるものもあります。書体のデザインによりいろいろな効果が表現できます。使用する用途や目的をよく考え、適した書体を選択するようにしましょう。

明朝体とゴシック体

多くの書体が混在した誌面は華やかですが読みやすくはありません。文章をじっくり読んでもらうためには、使用する書体を2～3種類くらいに絞るほうがよいでしょう。基本となるのは明朝体とゴシック体です。

明朝体の特徴は、横線が細く、縦線が太くなっています。止めの部分には「うろこ」と呼ばれる三角の形状をもちます。明朝体は、文章を見て瞬時に意味を読み取れる特徴をもっていますので、本文組みにもっとも適している書体だと言えるでしょう。

ゴシック体は、縦横の線が同じ太さであることが特徴です。明朝体に比べて視認性が高く、タイトルや見出しに利用すると、読者の注意を引くことができます。

明朝体とゴシック体の特徴

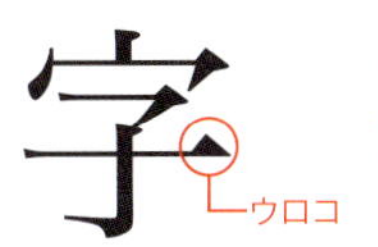

明朝体は横線が細く、縦線が太い。止めの部分にウロコを持っている

ゴシック体は縦横の線が同じ太さでデザインされているのが特徴

読みやすい書体の組み合わせ

和文書体 ― タイトル：ゴシック体

和文書体の種類 ― 見出し：ゴシック体

日本語の文章を組むときは、見出しの視認性と本文の可読性に注意することが必要です。書体を選ぶ際にはこれら ― 本文：明朝体

太さのバリエーション

和文フォントは、同じデザインでも太さ（ウエイト）の異なるバリエーションを持つものがあります。特に人気の書体は、太さの異なるバリエーションが数多く開発されています。

太さによって、フォントの名称が異なりますが、フォントメーカーによりルールが異なります。Mac OSに付属で入っているヒラギノフォントの場合は、「W0」「W1」「W2」「W3」……のように連数字で表します。またモリサワ社の「新ゴ」のように「EL（エクストラ・ライト）」「L（ライト）」「R（レギュラー）」……といったスタイル名をつけるものもあります（右図参照）。

文字の太さの名称

文字の太さのバリエーション
新ゴ EL（エクストラ・ライト）

文字の太さのバリエーション
新ゴ L（ライト）

文字の太さのバリエーション
新ゴ R（レギュラー）

文字の太さのバリエーション
新ゴ M（メディウム）

文字の太さのバリエーション
新ゴ DB（デミ・ボールド）

文字の太さのバリエーション
新ゴ B（ボールド）

文字の太さのバリエーション
新ゴ H（ヘビー）

文字の太さのバリエーション
新ゴ U（ウルトラ）

「新ゴ」フォントのウエイトのバリエーションの例

欧文書体の種類はどんなものがあるの？ スタイルの違いはどうやって選ぶの？

- 欧文書体にはどんなものがあるのか知っておきましょう。
- 文章を組むときは、セリフ体とサンセリフ体を組み合わせましょう。
- 欧文フォントは１つの書体でファミリーを構成しています。

欧文書体の種類

Times New Roman セリフ体（Times New Roman Regular）	Adobe Garamond Pro セリフ体（Adobe Garamond Pro Regular）
Helvetica Regular サンセリフ体（Helvetica Regular）	Futura Medium サンセリフ体（Futura Medium）
 Edwardian Script ITC スクリプト体（Edwardian Script ITC Regular）	Chalkboard Regular ハンドライト（Chalkboard Regular）
Rockwell Regular スラブセリフ体（Rockwell Regular）	Black Letter ブラックレター（Black Letter Regular）
Cooper Black ディスプレイ書体（Cooper Black Regular）	ROSEWOOD STD ディスプレイ書体（Rosewood Std Regular）
Optima Regular 20 世紀～現代書体（Optima Regular）	Avant Garde Gothic 20 世紀～現代書体（ITC Avant Garde Gothic Book）

欧文書体の分類

欧文書体は生まれた時代や、国などにより分類するのが一般的です。上図では、日本語の明朝体、ゴシック体に相当するセリフ体、サンセリフ体のほか、スクリプト体、現代的な書体などの代表例を示しました。数え切れないくらい多くの書体があるので、興味のある方は欧文書体の専門書を参照するとよいでしょう。

欧文書体も、手書きや彫刻の文字が元になり、今日のデジタルフォントになったという経緯があります。ペンによる手書きでは、筆圧やスピードによりストロークが表現されますが、こうした文字の形やデザインはデジタルになっても生きています。

● セリフ体とサンセリフ体

欧文書体においても、和文の明朝体、ゴシック体に相当する、セリフ体とサンセリフ体があります。セリフは文字の終点につけられる三角の形のことで、明朝体の「ウロコ」に相当します。アルファベットにおけるセリフは、古代イタリアでの石刻文字が起源とされています。

セリフのない書体をサンセリフ体と呼びます。欧文のゴシック体と言う場合は「ブラックレター」と呼ばれる書体を指すので、混同しないように注意してください。

長い文章を組む場合は、セリフ体のほうが可読性がよくなります。右の作例の本文に使用したTimesは新聞用に開発された書体です。

セリフ体とサンセリフ体の特徴

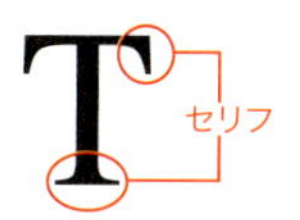

セリフ体は横線が細く、縦線が太い。止めの部分にセリフを持っている

T

サンセリフ体はセリフにない書体という意味。縦横の線が同じ太さでデザインされているのが特徴

読みやすい書体の組み合わせ

Typeface ― タイトル：Myriad Pro Bold

Variation on Typeface ― 見出し：Myriad Pro Semibold

In typography, a typeface is a set of one or more fonts each composed of glyphs that share common design features. ― 本文：Times

● フォントファミリーとスタイル

欧文書体のデザインのひとまとまりをフォントファミリーと言います。欧文書体は、同じフォントのデザインバリエーションを複数作成します。たとえば、1つのフォントパッケージの中に、太さ（ウエイト）の違い、文字幅の違い、イタリック体（斜体）などのデザインバリエーションを含んでいる場合があります。

レイアウトソフトウェアの多くは、最初にフォントの種類を設定し、さらに「レギュラー」「イタリック」「ボールド」などのスタイルを設定するしくみになっています。ファミリーのバリエーションはフォントにより異なります。

フォントファミリーの例

Variations on Font Family
Myriad Pro Light

Variations on Font Family
Myriad Pro Light italic

Variations on Font Family
Myriad Pro Regular

Variations on Font Family
Myriad Pro Italic

Variations on Font Family
Myriad Pro Semibold

Variations on Font Family
Myriad Pro Semibold Italic

Variations on Font Family
Myriad Pro Bold

Variations on Font Family
Myriad Pro Bold Italic

「Myriad Pro」フォントファミリーのバリエーションの例

悩み 011

和文書体と欧文書体、デザイン上の構造の違いは何？

- 和文の文字は正方形の中に収まるようにデザインされています。
- 欧文のアルファベットは５本の線に沿ってデザインされています。
- 和文の文字の組み方の基本と名称を知っておこう。

和文書体の構造

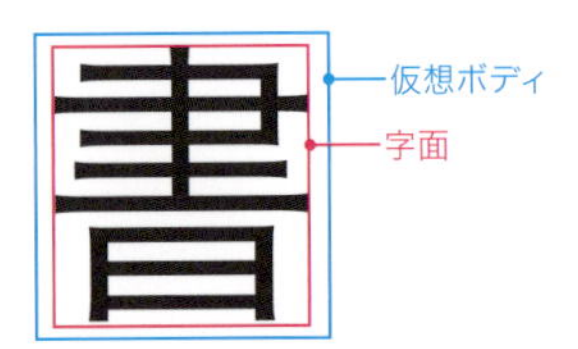

デジタルフォントの和文は、仮想ボディと呼ばれる四角形の枠内にデザインされている。文字がデザインされている領域を字面（じづら）と呼ぶ

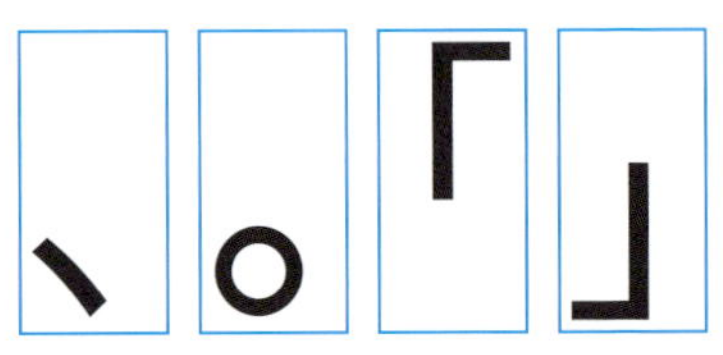

デジタルフォントにおいては、句読点や括弧類など一部の約物は半角サイズでデザインされている。DTP ソフトでは、これらを全角扱いにすることもできる。

写真は、活版印刷で使われる金属活字。金属活字は四角形の棒状の形で、１文字ずつ文字が表されている。文章を組むときは、金属活字を拾って木製の箱に文字を並べる「植字」という作業が必要だった。組んだものを固定し、これを印刷機にセットし、凸面にインキをつけて紙に押し当てて印刷を行っていた

和文書体の構造

和文の文字は正方形の中に収まるようにデザインされています。歴史的には、明治期以降に広まった活版印刷の金属活字の形にルーツを求めることができます。

デジタルにおいても、日本語は仮想ボディと呼ばれる正方形の中に文字を表します。正方形の枠内いっぱいに文字を表すと、組んだときに文字同士が接してしまいますので、字面（じづら）と呼ばれる枠内にデザインされています。ただし、句読点や括弧類など一部の約物は半分（半角）のサイズでデザインされています。日本語は縦にも横にも組めますが、字形が正方形であることが大きな利点になっています。

欧文書体の構造

欧文書体のデザインは、ベースライン、ミーンライン、キャップライン、アセンダライン、ディセンダラインの５本の線に沿ってデザインされています。欧文は個々の文字幅（セット）が異なります。文字幅に応じて詰める方法をプロポーショナル組みといいます。

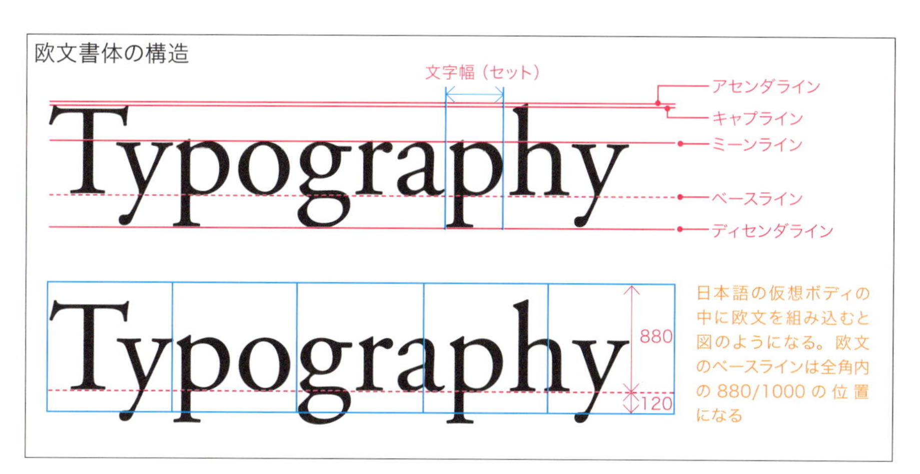

和文の組み方の種類

和文の組み方は以下に示す４通りが基本となります。仮想ボディ同士を隙間なくぴったり合わせたものが「ベタ組み」、空白を設ける「空け組み」、互いに食い込ませる「詰め組み」、文字幅に応じて詰める「プロポーショナル組み」があります。

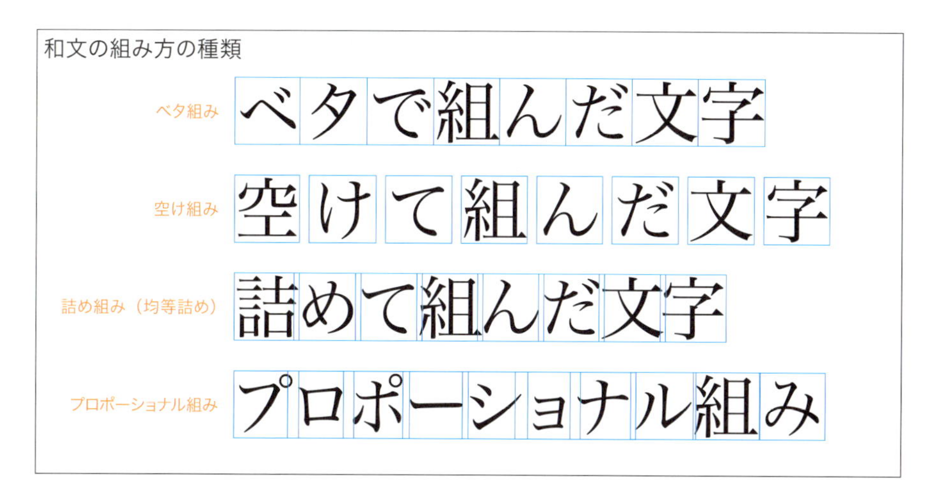

文字サイズや行間（行送り）はどのように設定すればいいの？

- 文字の大きさを表す単位には、ポイントと級数があります。
- 本文の読みやすさは、文字サイズと行間のバランスで決まります。
- 対象読者の年齢により、読みやすい文字サイズが変わります。

文字の大きさ／ポイント（pt）と級（Q）

5pt	我輩は猫である。名前はまだない。どこで生れたかとんと見当	7Q	我輩は猫である。名前はまだない。どこで生れたかとんと見当
6pt	我輩は猫である。名前はまだない。どこで生れたかと	8Q	我輩は猫である。名前はまだない。どこで生れたかとん
7pt	我輩は猫である。名前はまだない。どこで生	9Q	我輩は猫である。名前はまだない。どこで生れた
8pt	我輩は猫である。名前はまだない。どこ	10Q	我輩は猫である。名前はまだない。どこで生
9pt	我輩は猫である。名前はまだない。	12Q	我輩は猫である。名前はまだない。どこ
10pt	我輩は猫である。名前はまだな	14Q	我輩は猫である。名前はまだな
12pt	我輩は猫である。名前はま	16Q	我輩は猫である。名前はま
14pt	我輩は猫である。名前	20Q	我輩は猫である。名前
16pt	我輩は猫である。名	22Q	我輩は猫である。名
18pt	我輩は猫である。	26Q	我輩は猫である。

文字の大きさを表す単位

ワープロやテキストエディタでは、文字の大きさはポイントで表され、「pt」と表記されます。ポイントをミリに換算すると、1pt＝0.3528mmです。

プロ用のグラフィックソフトウェアでは、文字の大きさを級数で表すことができ、「Q」と表記されます。級をミリに換算すると、1Q＝0.25mm＝1/4mmです。級はミリに換算しやすいので、印刷物をつくる場合は文字の大きさを級で表すのが便利です。たとえば10mmの大きさの文字が必要な場合は10×4＝40Qの文字サイズに指定すればよいことがすぐに計算できます。

レイアウトソフトウェアでは、ポイントと級のどちらを使用するか選択して利用することができます。

読みやすさは文字サイズと行間で決まる

本文の文字サイズは、ポイント指定であれば8.5～10pt、級数指定であれば12～14Qで設定するのがよいでしょう。

本文の行送りは、文字サイズの1.5～2倍くらいに設定すると読みやすくなります。

行間と行送りの違いを把握しておきましょう。行間は、行と行の間の空きスペースを指します。行送りは、行を送るピッチ（距離）を指します。また、行間、行送りを表す単位は歯（H）を利用します。1H＝0.25mmで、級（Q）と同じです。

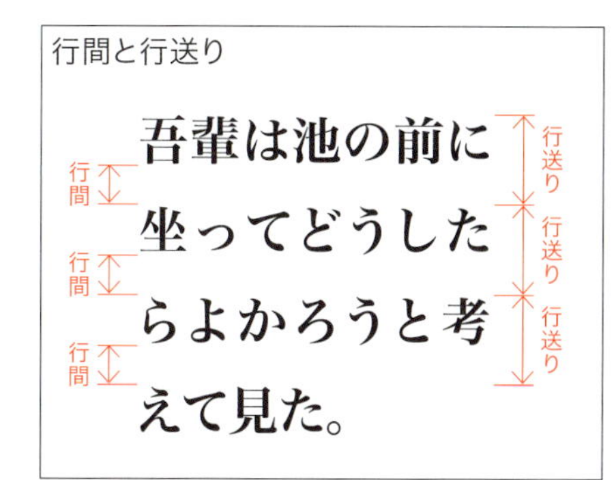

上図の文字組みは、文字サイズ：20Q、行間：15H、行送り 35H の設定

対象読者の年齢に合わせて、読みやすい文字サイズを設定する

本文は、読みやすい文字サイズ、行間を設定するようにしましょう。年齢によって読みやすい文字サイズは異なります。読者が高齢者や小学生の低学年の場合は大きめに設定しますが、若い人を対象にした場合は小さめであっても苦にならないでしょう。

本文文字組みの例

吾輩は猫である。名前はまだ無い。どこで生れたかとんと見当がつかぬ。何でも薄暗いじめじめした所でニャーニャー泣いていた事だけは記憶している。吾輩はここで始めて人間というものを見た。

文字サイズ：12Q
行送り 20H

吾輩は猫である。名前はまだ無い。どこで生れたかとんと見当がつかぬ。何でも薄暗いじめじめした所でニャーニャー泣いていた事だけは記憶している。吾輩はここで始めて人間というものを見た。

文字サイズ：13Q
行送り 22H

吾輩は猫である。名前はまだ無い。どこで生れたかとんと見当がつかぬ。何でも薄暗いじめじめした所でニャーニャー泣いていた事だけは記憶している。吾輩はここで始めて人間というものを見た。

文字サイズ：14Q
行送り 24H

本文の文字組みは慎重に設定する。上図は、12Q ～ 14Q の文字サイズを設定し、行間を微調整している

フォントの種類がわかりにくい。プロ用のフォントってあるの？

- 現在主流になっているフォントの形式は3種類。
- スタンダード（Std）とプロ（Pro）用のフォントがあります。
- フォントを追加する方法を覚えておこう。

フォント形式の種類

ビットマップフォント

点で描画された文字情報が格納されている。用意されているサイズ以外ではきれいに表示することができない

アウトラインフォント

文字の形をベクトル情報としてもっている。どのような文字サイズでも滑らかなエッジで文字を表示できる

OCFフォント

Mac OS 8/9 のみで利用可能。印刷用の和文フォントの形式。現在では販売中止になっている

CIDフォント

Mac OS 8/9、Mac OS X で利用可能。OCF フォントを軽量化、シンプル化したフォント。

OpenTypeフォント

Mac OS X、Windows で利用可能。プロ用途で現在主流のフォント形式。「Pro」の名前が付くものは豊富な文字種が格納されている（右ページ参照）

TrueTypeフォント

Windows 市場（ビジネス用途）で広く利用されているフォント形式。Mac OS 用でも利用可能なパッケージが供給されている

CID、OpenType、TrueTypeフォントの形式を知っておこう

パソコンが普及して以来、さまざまなフォント形式が開発され普及してきました。初期の頃はドットで表現されたビットマップフォントが主流でしたが、技術開発が進み、画面表示や印字がきれいなアウトラインフォントが利用されるようになりました。

現在では、アウトラインフォントのCIDフォント、OpenTypeフォント、TrueTypeフォントを利用する機会が多いでしょう。それぞれにMac／Windows用のパッケージがありますので間違えないようにしてください。プロフェッショナル用途では、収録文字数の多いOpenTypeフォントが広く利用されています。

スタンダード(Std)とプロ(Pro)用のフォントの違い

Mac OSに付属のヒラギノや、印刷業界で利用する機会が多いモリサワのOpenTypeフォントには、同じフォント名でも、スタンダード版(Std)、プロフェッショナル版(Pro)の区別があります。フォント名の後に「Std」「Pro」「Pro5」「Pro6」の文字がつき、収録している文字数が異なります。

フォント名の後に「N」がつくものはJIS2004字形のフォントであることを表しています。「JIS X 0213:2004」では168文字について字形が変更され、これらの字形変更を反映したものには「N」がついています。

Std、Proがつくフォントの収録文字数

商品記号	規格	文字数
Std/StdN	Adobe-Japan1-3	9,354
Pro/ProN	Adobe-Japan1-4	15,444
Pr5/Pr5N	Adobe-Japan1-5	20,317
Pr6/Pr6N	Adobe-Japan1-6	23,058

Adobe-Japan1は、アドビシステムズ社が日本語DTP用に開発した文字集合規格。2016年現在Adobe-Japan1-0から1-6までの7種類が定義済み

「N」がつくのはJIS2004字形のフォント

Nなしフォントで表示される「JIS90字形」の例

葛 芦 辻 逗 飴 樽 薩 晦 茨

Nつきフォントで表示される「JIS2004字形」の例

葛 芦 辻 逗 飴 樽 薩 晦 茨

「ProN」「Pro5N」「Pro6N」のようにフォント名に「N」がつくものはJIS2004字形のフォントであることを表す

APPLICATION

フォントのインストール方法

Webサイトなどでフォントを入手して、システムに追加することができます。Macintoshの場合は、フォントデータをMac OSに付属している「Font Book」というアプリケーションで開き、インストールします。Windowsの場合は、フォントファイルを表示して右クリックし、表示されるメニューから[インストール]を選択します。

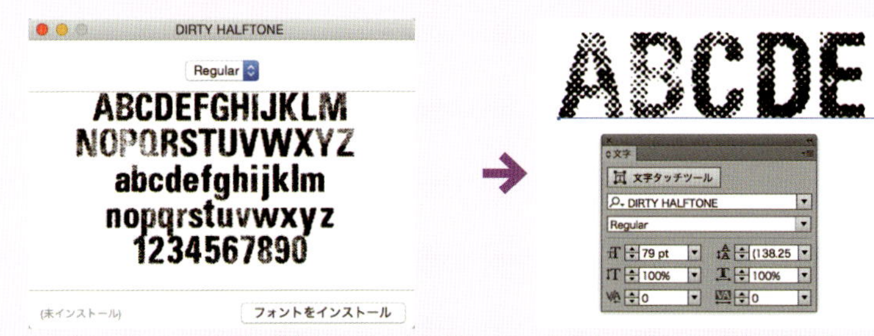

Macintoshでフォントデータを Font Bookで開き[フォントをインストール]ボタンをクリックする

インストールしたフォントはアプリケーションで利用できるようになる。上図はIllustratorの操作画面

悩み 014

色ってどんなしくみで見えるの？ パソコンで色指定する方法を教えて！

- **人の眼は光を感知し、イメージや色を認識しています。**
- **色材の３原色、光の３原色のしくみを覚えましょう。**
- **反対色（補色）の原理を理解しましょう。**

色が見えるしくみ

人の眼は、光の色を感知して色を見分けます。太陽光はR（レッド）、G（グリーン）、B（ブルー）の色が含まれており、これらが集まると無色になります。人の眼もRGBの３色を感知して、脳内で像を結び、何色かを認識します。色は、物体に反射した光を見る場合と、光そのものの色を直接見る場合とがあります。

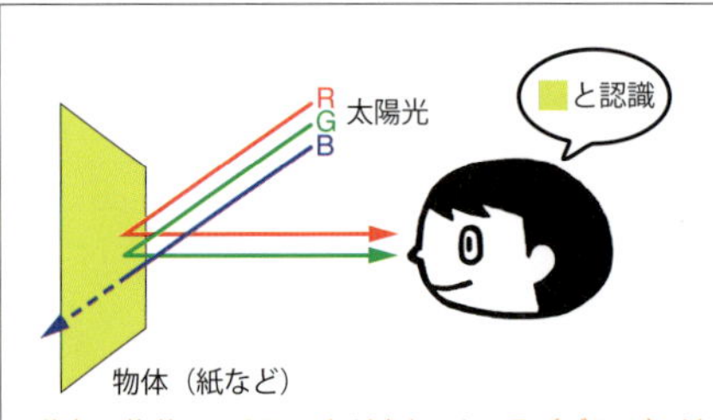

黄色の物体にRGBの光が当たると、B（ブルー）が物体に吸収される。R（レッド）、G（グリーン）の光が眼に入ると、人はY（イエロー）として認識する

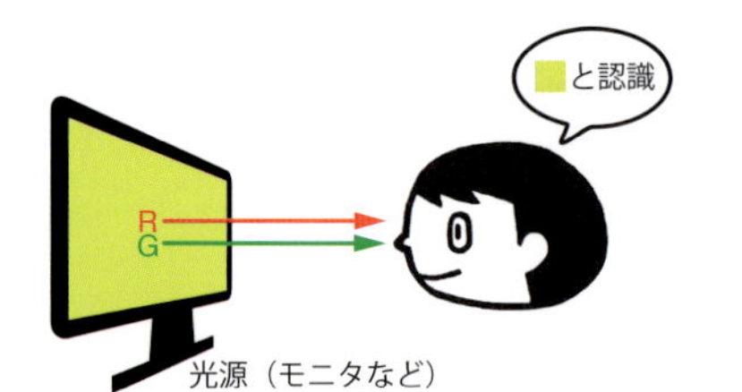

モニタでは光源から発せられた光を直接見る。R（レッド）、G（グリーン）の光が眼に入ると、人はY（イエロー）として認識する

色材の３原色

絵具や印刷インクなどの色材では、反射光を認知して色を判断します。色材の３原色はC（シアン）、M（マゼンタ）、Y（イエロー）で、これらを等量混ぜ合わせると黒（ブラック）になります。印刷インクはCMYにK（キーカラー＝ブラック）を加えた４色でフルカラーを再現します。

色材の３原色の混色

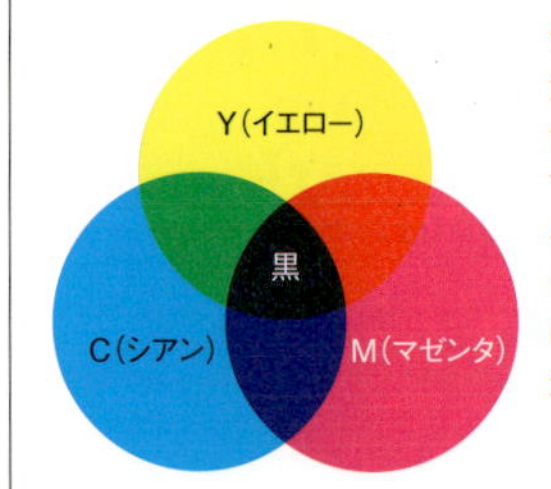

色材の３原色を混色すると濃い色になり、すべてを混ぜ合わせると黒（ブラック）になる。黒はRGBすべての光を吸収する色

光の３原色、反対色（補色）、補色残像

テレビやパソコンなどのカラーモニタでは、光源から発せられる色を直接見ます。光の３原色はR（レッド）、G（グリーン）、B（ブルー）で、これらを等量混ぜ合わせると白（無色）になります。

３原色の混色を表した図では、それぞれの色の反対色（補色）がわかります。R（レッド）の反対色がC（シアン）、G（グリーン）の反対色がM（マゼンタ）、B（ブルー）の反対色がY（イエロー）の関係になります。

補色残像の実験では、ある色をしばらく凝視していると、その色の周囲に反対色が現れるのが確認できます。

光の３原色の混色

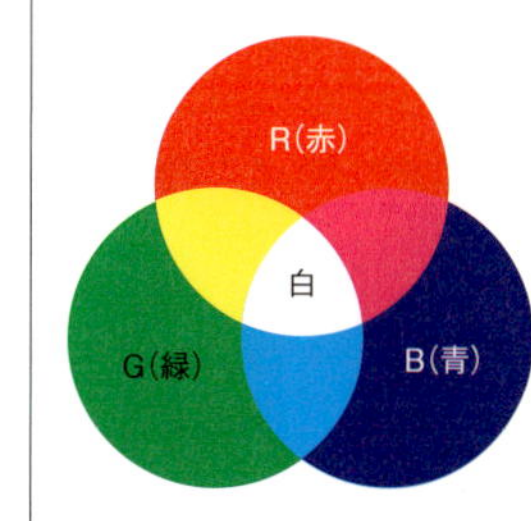

光の３原色を混色すると明るい色になり、すべてを混ぜ合わせると白（無色）になる。白は太陽光の色であり、無色として認識される

補色残像

左の赤い円をじっと凝視すると、赤の周りに補色であるシアンの色が現れる。赤色を見つめ続けると、G（グリーン）、B（ブルー）を感知する神経細胞が働きはじめるからだ

APPLICATION

混色するツール

アドビシステムズ社のグラフィックソフトウェアでは、カラーパネルで色の混色を行います。また、カラーピッカーを表示して、さまざまなカラーモードを使って色の調色を行うこともできます。

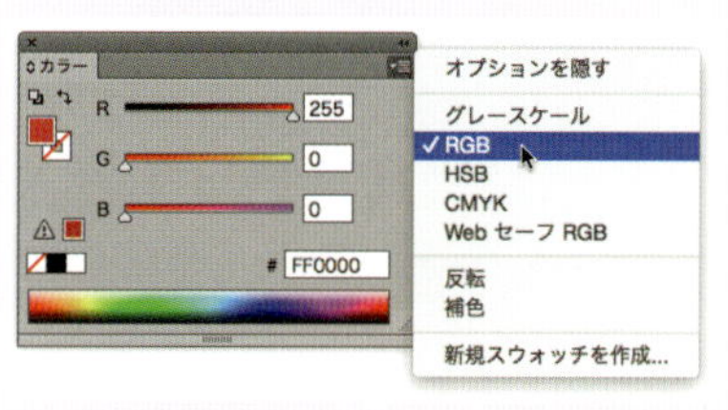

アドビソフトウェアのカラーパネルでは、パネルメニューでカラーモードを切り替えることができる。上図は［RGB］でRの値を最大にしたところ

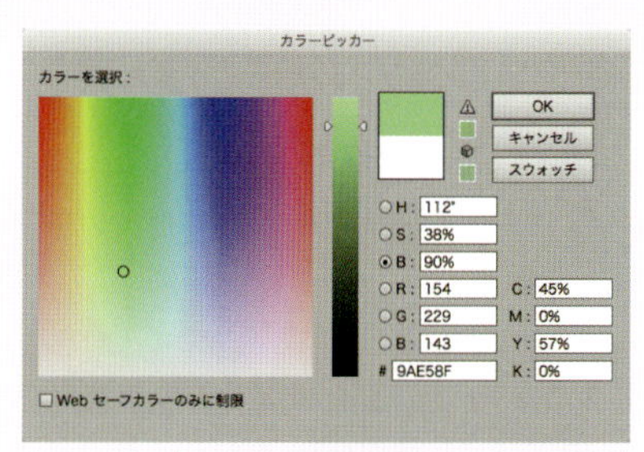

カラーピッカーでは、RGB、CMYKカラー以外に、H（Hue＝色相）、S（Saturation＝彩度）、B（Brightness＝明度）の調色も可能

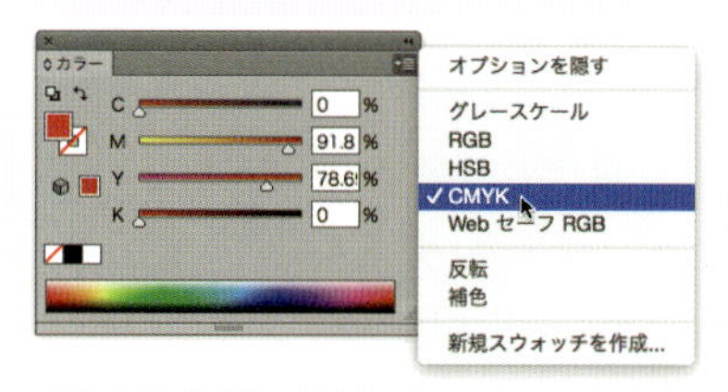

パネルメニューでカラーモードを［CMYK］に切り替えた。CMYKカラーではCMYKの％（パーセンテージ）で色を指定する

色を表す３つの属性、色相、彩度、明度について知りたい！

- 色の３要素、色相・彩度・明度とは何かを理解しておきましょう。
- 画像を色調補正する場合も、色相・彩度・明度が変化します。
- ソフトウェアのカラー調整機能を試してみましょう。

色相・彩度・明度の変化

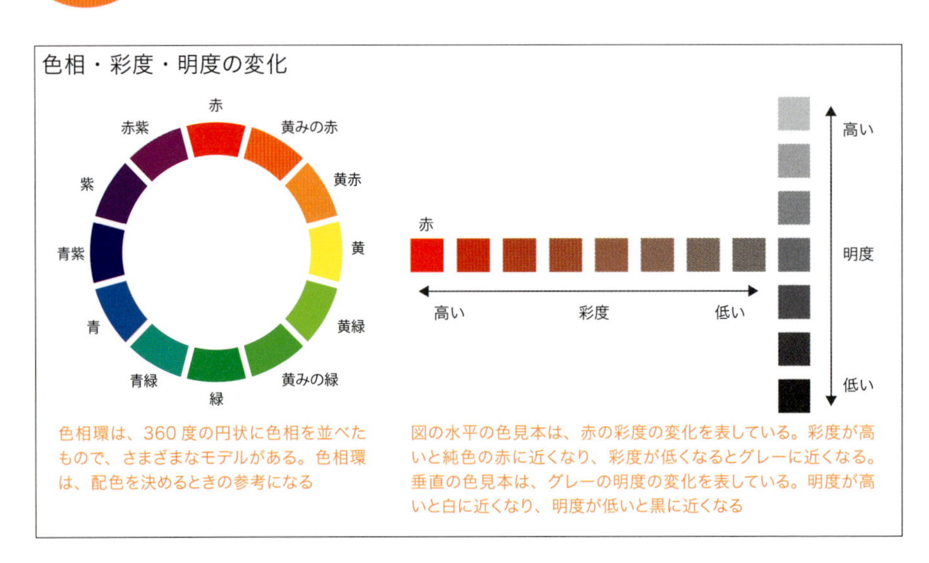

色相環は、360度の円状に色相を並べたもので、さまざまなモデルがある。色相環は、配色を決めるときの参考になる

図の水平の色見本は、赤の彩度の変化を表している。彩度が高いと純色の赤に近くなり、彩度が低くなるとグレーに近くなる。垂直の色見本は、グレーの明度の変化を表している。明度が高いと白に近くなり、明度が低いと黒に近くなる

色相・彩度・明度とは？

単色で色をつくる場合は、色の色相・彩度・明度の３要素を確認しながら調色しましょう。色相は赤や青などの色味を指します。彩度は色の鮮やかさを指します。明度は色の明るさを指します（上図参照）。

グラフィックソフトウェアのカラーパネルやカラーピッカーでも、色相・彩度・明度をコントロールして色を変更することができます。

カラーパネルのHSBモード

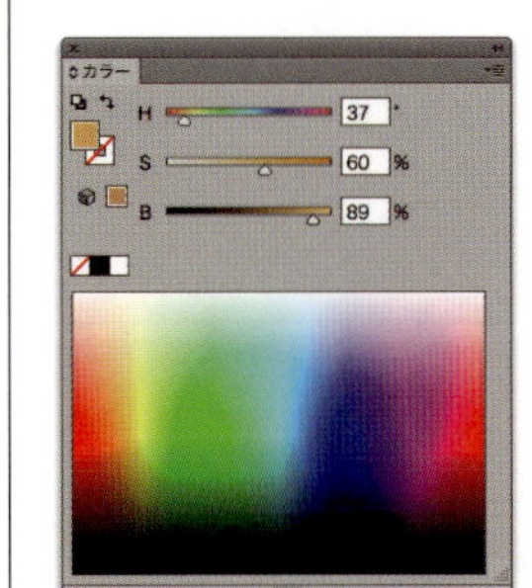

グラフィックソフトウェアのカラーパネルで［HSB］モードに切り替えると、H（色相）・S（彩度）・B（明度）の調整ができる。パネルを広げるとカラースペクトルの中をクリックして色を抽出することもできる

●画像の色調・彩度・明度

フルカラーの画像を色調補正する場合も、色相・彩度・明度を個々に観察しながら調整します。以下にどのようなカラー調整のバリエーションがあるかを示します。

写真のカラー調整

元画像

色相を変化させた。上図ではモノトーン（1 色）のイメージに変換して、色相を変化させた

彩度を変化させた。彩度を強めると色が飽和して印刷再現できない場合があるので注意する

明度を変化させた。明度を高める処理は「半調処理」とも呼ばれる

APPLICATION

Photoshopで色相・彩度・明度を調整する

Photoshopで、イメージメニューから［色調補正］→［色相・彩度］を選ぶと、写真の色相・彩度・明度をスライダーを動かしてコントロールできます。

Photoshopの［色相・彩度］ダイアログボックスを表示させたところ。［プレビュー］をチェックして、［色相］［彩度］［明度］のスライダーを動かすと、写真の色味や明るさを調整することができる。モノトーンのイメージをつくる場合は［色彩の統一］をオンにする

悩み016

色が与えるイメージ、効果にはどんなものがあるの？

- 色のイメージにはどのようなものがあるか整理しておきましょう。
- 色には温かみを感じる色と、涼しげな印象を与える色があります。
- 色は、軽い／重い、前進／後退の心理効果を与えることができます。

色の代表的なイメージ

色	イメージ
ピンク	春、桜、赤ちゃん、キュート、安らぎ、やさしい、女性的
赤	血、肉、中華料理、リンゴ、紅葉、クリスマス、情熱的、攻撃的、高揚、危険、信号
橙	オレンジ、蜜柑、元気、陽気、ハッピー、外交的、ジューシー、
黄	太陽、月、標識、レモン、バナナ、子ども、明るい、希望、快活、明晰、注意
緑	森、植物、草、野菜、お茶、平和、穏やか、ヘルシー、成長、エコロジー
青	海、空、制服、科学技術、研究、冷静、クール、知的、真面目
紫	藤、紫陽花、ぶどう、式服、気品、高貴、神秘的、大人、おしゃれ
茶	大地、自然、栗、どんぐり、コーヒー、チョコレート、ナチュラル、リラックス、堅実
グレー	灰、セメント、ビジネス、白髪、ねずみ、フォーマル、中庸、忠誠、
金	トロフィー、金メダル、優勝、ゴージャス、豪華、栄誉、高貴
銀	真珠、アルミ、食器、繊細、女性的、都会的、高級、モダン

色のイメージ

色のイメージは、人の記憶と結びついています。色の記憶は個人差があり、生まれ育った環境により異なりますが、多くの人に共通する色のイメージがあります。果物で赤といえばリンゴ、黄色といえばバナナという具合です。春の色といえば桜のピンクを思い浮かべる人が多いでしょう。

色に対する共通するイメージを上に示しました。イメージは物に結びついたり、特定の感情に結びつく場合があります。デザインにおいては、基調色（メインカラー）を選ぶときに、デザインコンセプトに合った色を選ぶ必要があります。色は見る人に無意識にメッセージを伝える大事な要素です。

寒色と暖色

色には寒暖を感じる効果があります。寒色は青～青緑のグループで、水や氷のイメージと結びつくため、クールな色と感じるでしょう。暖色は赤～黄のグループで、炎の色と結びつくため、ホットな色と感じるでしょう。デザインにおいて寒色／暖色を利用すると、涼しげ、あるいは暖かい印象を読者に与えることができます。

色相環上の寒色／暖色

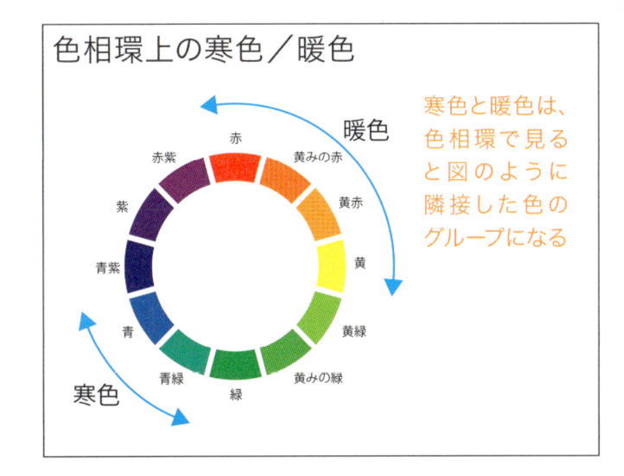

寒色と暖色は、色相環で見ると図のように隣接した色のグループになる

自然界の寒色／暖色

自然界では、海や空のイメージは青く、涼しげな印象を与える。秋に色づく野山の紅葉は、葉っぱが赤、オレンジ、黄色に染まり、暖かな印象になる

軽い色／重い色、前進色／後退色

色は、軽重の感覚を与えます。色の明度を高め、明るくする（白に近づける）と、重量が軽く感じます。一方、色の明度を低め、暗くする（黒に近づける）と、重量が重く感じます。洋服の色を思い浮かべると、軽やかな印象、あるいは重たい印象を与えることが理解できるでしょう。

また、色は前進して見える色と、後退して見える色があります。暖色系の色は、手前に迫ってくるように見えますが、寒色系の色は、後退しているように見えます。車の色を思い浮かべると、色により、車の遠近感が異なることがわかります。

軽い色、重い色

赤ちゃんの服は淡いパステルカラーが多く、軽やかな印象。暗い色の毛皮のコートや革製のジャンパーは重い印象になる

前進色／後退色

タクシーのボディカラーは黄色やオレンジの前進色であるため、遠くからでも自分に迫ってくることが認識しやすくなる

悩み 017

配色の基本的なテクニックを知りたい。どんな手順で選べばいいの？

解決

- 色相環を利用した配色の基本パターンを覚えましょう。
- キーカラーとアクセントカラーの２色配色を試してみましょう。
- 選んだ色は、アプリケーションのスウォッチパネルに登録します。

色相環を利用した配色パターン

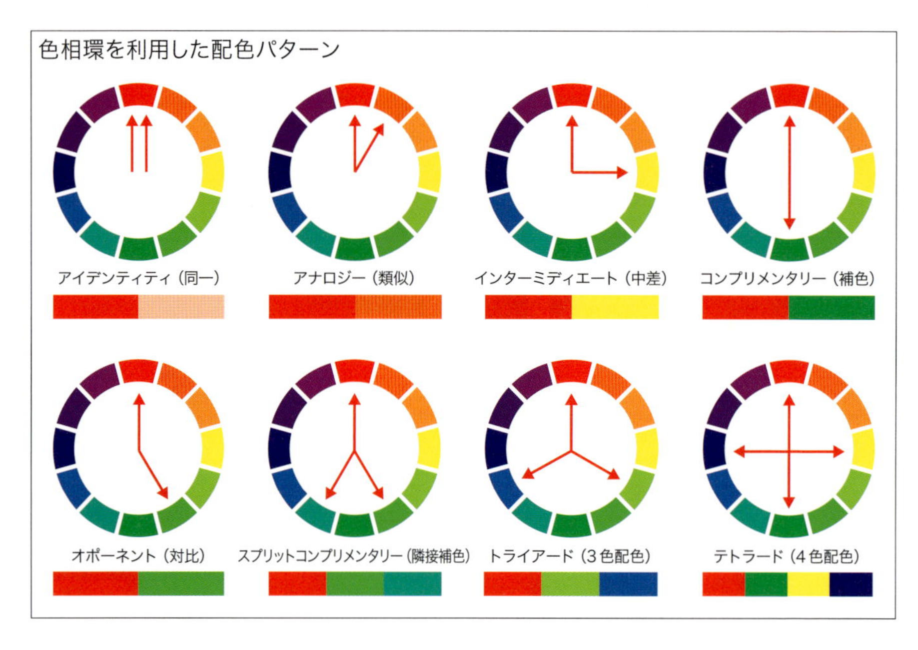

色相環と配色パターン

無数にある色の中から特定の色を選択するのは、初心者にとっては難しい作業でしょう。そこで、色相環を利用して配色を試してみる方法が有効です。上図に示した代表的な組み合わせと、その名称を覚えておくと便利です。

配色の色数が多くなると、色のバランスを調整するのが難しくなります。まずは、キーカラーとアクセントカラーの２色配色で試して、必要に応じて色数を増やしていくのがよいでしょう。色数を増やす場合も、キーカラーやアクセントカラーの濃淡を変化させて増やしていくことで、紙面全体の統一感が保たれます。

キーカラーとアクセントカラー

配色で選ぶ色は2〜4色くらいを基本にします。以下では2色配色の例を示します。まず、基調色となるキーカラーを選択し、基調色に似合ったアクセントカラーを選択します。面積は、基調色を広めに、アクセントカラーは狭めになるようにします。

左図では、基調色とアクセントカラーの2色を選んで配色した例を示した。数値はCMYKの%（パーセンテージ）を表している。下図では2色配色を紙面に適用した例を示した。アクセントカラーは変化をつけたり、基調色を引き立てるカラーで、狭い面積で使うのが効果的

APPLICATION

使用するカラーをスウォッチパネルに登録する

Adobe IllustratorやInDesignに搭載されているスウォッチパネルでは、繰り返し利用する色を登録することができます。登録した色はワンクリックでオブジェクトに適用できます。

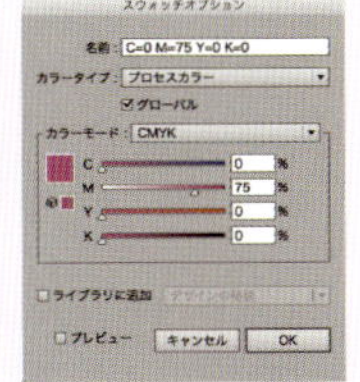

Adobe Illustratorのスウォッチパネルに色を登録した例。スウォッチオプションで「グローバル」をオンにすると色の一括変換が可能になる

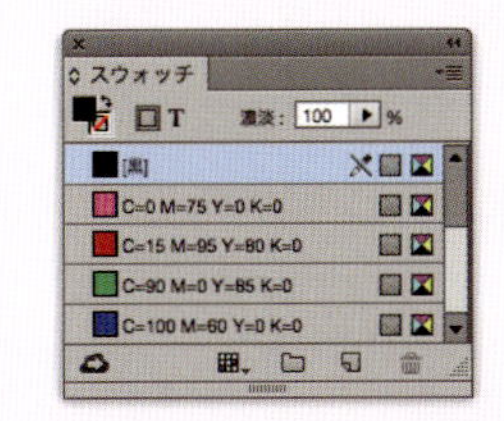

Adobe InDesignのスウォッチパネルに色を登録した例。InDesignでは「グローバル」の項目はないが、色の一括変換が可能

悩み 018

写真の種類や扱い方を知りたい。撮影前にはどんな準備が必要？

解決

- 写真の種類やレイアウト時に必要な名称を覚えましょう。
- 撮影前に紙面レイアウトを検討して、構図を決めておきましょう。
- ソフトウェアを使って周囲の余分な部分をカットしましょう。

写真の種類

人物写真

商品写真

風景写真

写真は被写体により、人物写真、商品写真、風景写真などに分けられる。Webで利用できるストックフォトの検索サービスでは、被写体に関するキーワードを複数入力して画像を検索できるようになっている

角版

丸版

切り抜き版

写真をデザインに利用する場合は、角版、丸版、切り抜き版に加工して利用する。切り抜き版を利用する場合は、撮影時に背景に余計な要素が写らないようにすること

写真の種類と、切り抜き方の名称

写真は被写体により、人物写真、商品写真、風景写真、建物写真などに分類できます。また、スタジオを使って撮影したり、屋外で撮影する場合もあります。人物写真であれば、モデルを手配する以外に、スタイリストやヘアメイクを手配したり、撮影に必要な小道具を用意する必要もあります。屋外で撮影する場合は、撮影場所や時間を検討するためのロケハン（ロケーション・ハンティング）を行う場合もあります。

撮影した写真は、デザイナーやオペレーターが必要なサイズに加工します。写真の扱いには、角版、丸版、切り抜き版の種類があります。

撮影の前に構図を検討する

写真を撮影する際には、紙面でどのように利用するかを決めておきましょう。たとえば図のように、写真の近くにテキストを配置する場合があります。こうした場合は、モデルの位置やポーズ、テキストを入れるスペースを考慮し、背景もシンプルな素材を選ぶ必要があります。事前に構図の簡単なスケッチを描いておくとよいでしょう。

写真撮影を行う前にレイアウトのイメージを固め、カメラマンに希望の構図を伝える必要がある

APPLICATION

角版、丸版の切り抜き処理

画像のトリミングなどの切り抜き加工はソフトウェアにより方法が異なります。以下では、Adobe Photoshop、Illustratorを使った切り抜き方法を紹介します。

Photoshop では切り抜きツールを使って画像をトリミングできる。画像の比率やサイズ、解像度を指定して切り抜くオプションもある。上図では「1：1（正方形）」を選んで切り抜きを行った

Illustrator では、画像の上に四角形や円形などの形を配置し、両方のオブジェクトを選択して、オブジェクトメニューから［クリッピングマスク］→［作成］を選ぶと、写真をさまざまな形で切り抜くことができる

悩み 019

画像のサイズと解像度って何？紙とWebで設定方法は変わるの？

- 写真の画面表示はピクセルで表され、印刷物では網点で表されます。
- 紙に印刷する場合は、印刷線数の約２倍の画像解像度が必要です。
- Webで画面表示する場合は、デバイスの画面サイズに合わせます。

画像のピクセルと印刷の網点

写真のデータを Photoshop で開いたところ。ズームツールで 画面表示を拡大すると、四角形のピクセルが確認できる

ピクセル（画素）

1 インチ（25.4mm）

写真のデータは小さな四角形のピクセルが規則正しく並んでいる。画像解像度はピクセルの大きさを表す単位で、1 インチに並んでいるピクセルの数で表される。単位は pixel/inch = ppi

網点

1 インチ（25.4mm）

印刷物は CMYK4 色の小さな網点（ドット）が規則正しく並んでいる。印刷線数は網点の細かさを表す単位で、1 インチに並んでいる網点のラインの数で表される。単位は line/inch = lpi で「線」ともいう

画像解像度と印刷の網点

写真のデータはビットマップ画像と呼ばれ、小さな四角形のピクセル（画素）が規則正しく並んで構成されています。ピクセルの一つひとつが色情報を持ち、これらが集合して自然な階調のフルカラー画像に見えます。ピクセルの粒の大きさを表す単位が画像解像度で、「ppi」の単位で表されます。

一方、印刷物は小さな網点（ドット）の集まりです。網点の細かさは「線数」という単位で表されます。商業印刷物の標準は175線です。これは1インチに175本の網点のラインが並んでいる細かさです。網点は倍率の大きいルーペで見ると肉眼で確認することができます。

紙に印刷する場合の画像サイズと解像度

写真のデータは印刷の精度に合った画像解像度が必要です。解像度が不足すると写真が粗く見えることがあるので注意が必要です。一般には、印刷線数の約2倍の画像解像度が必要です。たとえば、175線で印刷する場合は350ppiに設定します。

画像サイズ、解像度の確認とリサイズ

Photoshopで画像サイズや解像度を確認するには、イメージメニューから［画像解像度］を選ぶ。あるいはウィンドウ左下の情報ボックスをoption（Alt）キーを押しながらクリックして確認することもできる

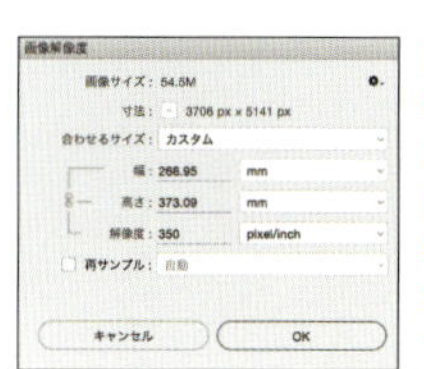

［画像解像度］ダイアログボックスで［再サンプル］のチェックをオフにし、画像解像度を入力すると、開いている画像の印刷可能なサイズが確認できる

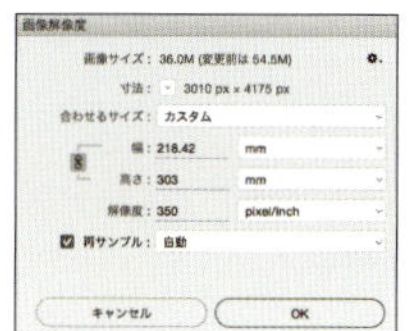

印刷では適切なサイズと解像度に設定する必要がある。［再サンプル］のチェックをオンにし、［幅］［高さ］［解像度］を指定すると、画像の実データを変更できる

Webで表示する場合の画像サイズと解像度

Webページ用に画像を準備する場合はPhotoshopなどの画像編集ソフトで解像度を72ppiに設定し、画像サイズをピクセル数で指定します。表示するデバイスは、PC、タブレット、スマートフォンなどがあり、機種により画像サイズもさまざまですが、以下に示したピクセル数が目安になるでしょう。

モニタサイズと画像サイズ

PC
幅 900 ～ 1000 ピクセル

タブレット
幅 768 ピクセル

スマートフォン
幅 320 ピクセル

左に示したデバイスのピクセル数は一般的なもの。PC、タブレット、スマートフォンの画面は近年高解像度化が進んでおり、ピクセル数が飛躍的に増加した機種も登場している

デジタルカメラの記録形式を知りたい。撮影後はどんな流れで処理するの？

- デジタルカメラで撮影した後のデータの流れを見てみましょう。
- JPEG形式の画像は画質が劣化するため、扱いに注意しよう。
- RAW現像のソフトウェアを知っておこう。

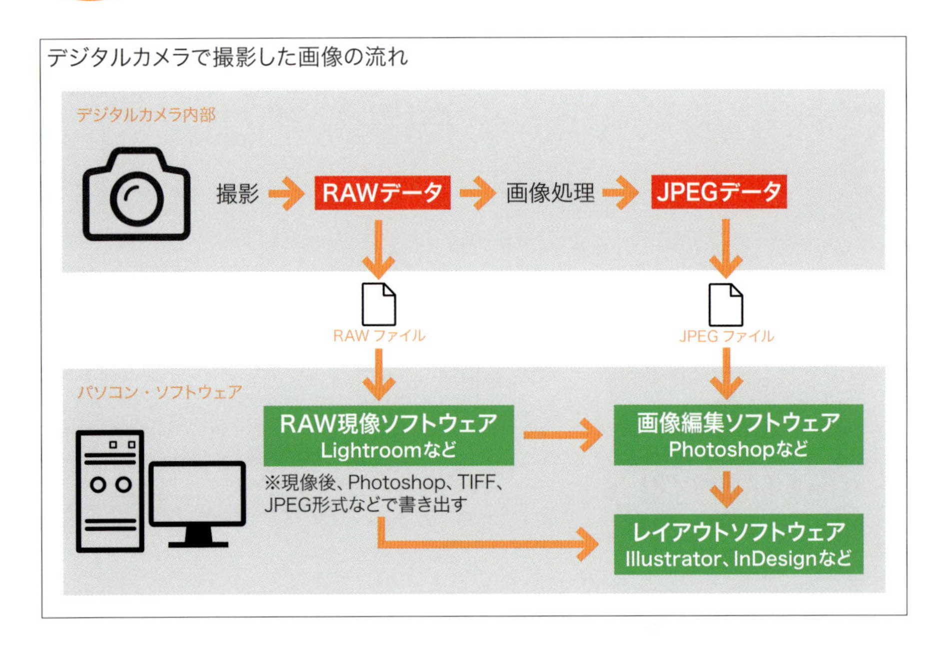

デジタルカメラの保存形式はRAW形式とJPEG形式

デジタルカメラで撮影した写真データは、JPEG形式として書き出すことができます。書き出されたJPEG形式の画像は、デジタルカメラ内部で画像処理が行われ、これを圧縮した形式になっています。圧縮により限られたメモリ内に多くの画像ファイルを記録することができます。

RAW形式のデータは撮影した直後の未加工のデータを指し、画像処理（現像処理）が行われていません。しかし、プロフェッショナルのカメラマンは、RAWデータを書き出して、自分の手で現像処理を行うことが多いようです。現像処理を行うには専用のソフトウェアが必要です。

JPEG形式の注意点

JPEG形式の画像を書き出して、そのまま利用してもかまいません。しかし、注意しなければならないのは、JPEG形式の画像はファイル容量は小さくなりますが画質の劣化を伴い、失われたカラー情報は元に戻すことはできません（「非可逆形式」と言います）。対策としては、画像補正などの加工処理を行う前にJPEG形式のデータを、劣化しない画像形式であるPhotoshopやTIFF形式に保存し直す方法が有効です。

JPEGデータの圧縮

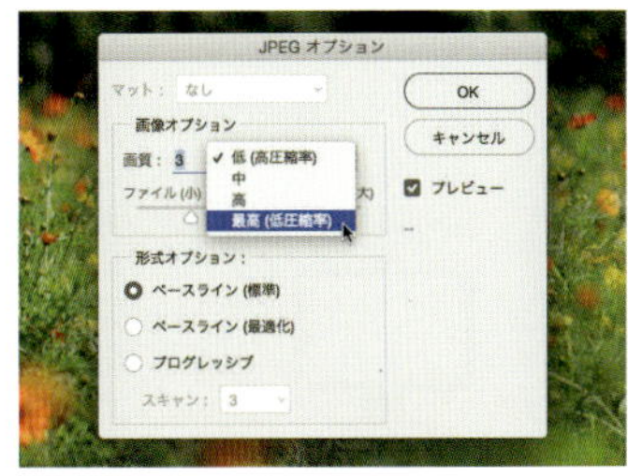

JPEG 形式を保存するときに現れるオプションで、圧縮の度合いを選択できる。圧縮率を高めるとファイル容量が軽くなるが、画質は劣化する

JPEG 形式で圧縮率を変えたものを並べて比較した。左は［最高（低圧縮率）］でファイル容量は 3.6MB、右は［低（高圧縮率）］でファイル容量は 262KB

APPLICATION

RAW画像の現像ソフトウェア

RAW画像はAdobe LightroomなどのソフトウェアやPhotoshopのプラグインソフトで開いて画像補正などの調整を行い、一般的なファイル形式で書き出すことができます。

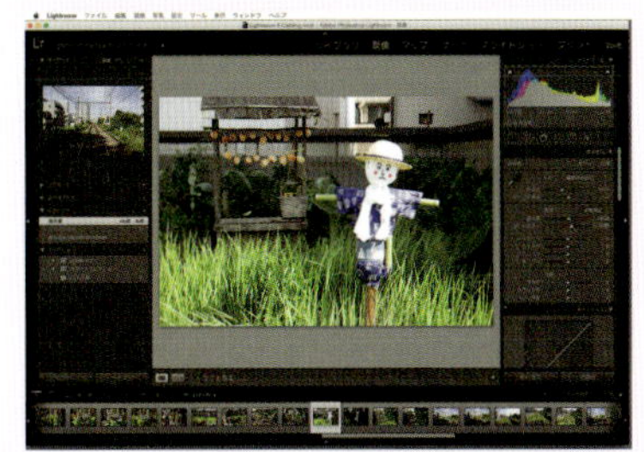

Lightroom で RAW データを開き、現像処理を行っているところ。右側のパネルで色味や露光量（明るさ）、コントラストなどの調整が行える

Photoshop で RAW データを開くとプラグインソフトの「Camera Raw」が立ち上がり、現像処理が行える

画面の色とプリントの色が違う。カラーの入出力のしくみを教えて！

- 画像データは色変換を行うと、色変わりする場合があります。
- 代表的なカラースペースを知っておきましょう。
- 作業時のカラースペースを把握し、管理しましょう。

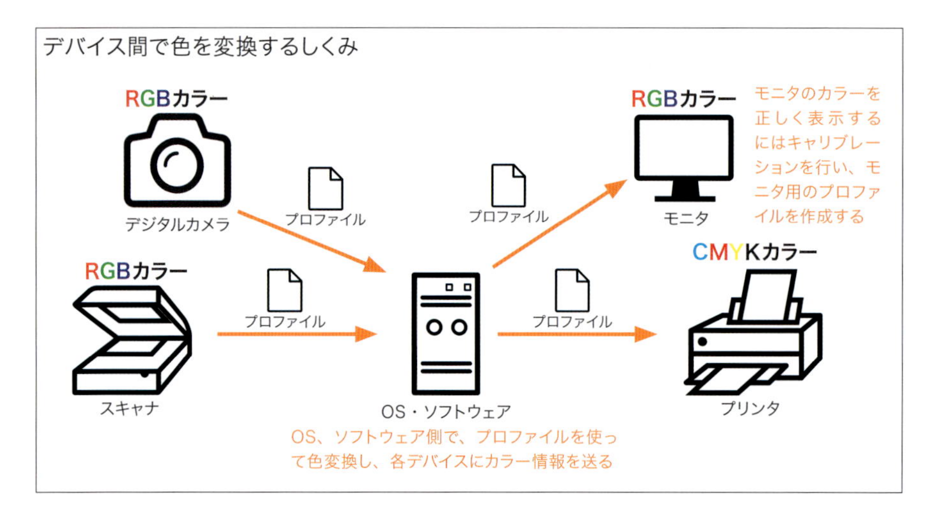

色変換とカラーマネージメントの考え方

プリント時にはRGBカラーからCMYKカラーへの変換が行われます。両者のカラースペースは異なりますので（右ページ参照）、変換時に色変わりが起き、モニタの色と異なる色になる場合があります。

色を表示するしくみはデバイスにより異なります。また画像データも個々にカラースペース（色空間）を持っており、デバイス間でどのように色を伝達するかが重要になります。こうした環境下で色を合わせるために開発されたのがカラーマネージメントです。上図のように、画像データにプロファイルを含めることで、カラースペースを伝達し、色変換を行う際にはプロファイルの情報が利用されます。

RGBカラーの色空間の代表的なものに、Web制作で使われるsRGBと、印刷物の制作で使われるAdobe RGBがあります。この２つの色空間を理解しておくことが大切です。

sRGBとAdobe RGB

右図でカラースペースの代表的な規格を示しました。デジタル機器の多くはsRGBの色空間を基準にしています。たとえば、Webで画面表示させる場合はsRGBの色空間が標準になります。一方印刷物の制作では、sRGBより広いAdobe RGBという色空間を利用します。ただし、一般のモニタはsRGB対応のため、正確に画面表示するにはAdobe RGBの色域に対応したモニタが必要になります。どちらの色空間を利用するか、ユーザー自身で管理する必要があります。

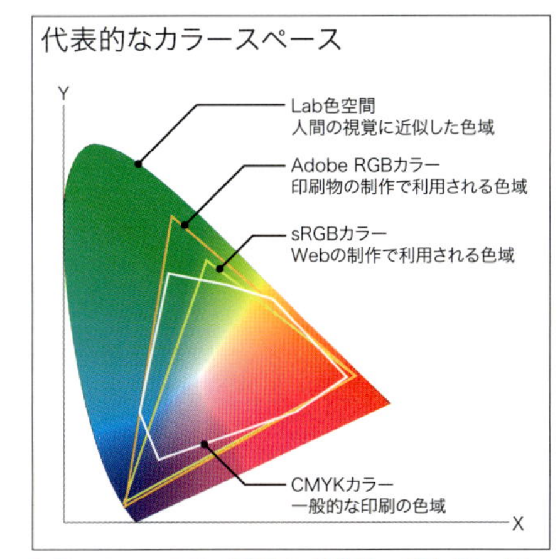

カラースペースは、RGBとCMYKで異なる。また、Web用と印刷用で推奨されるRGBの色空間は異なることを知っておこう

APPLICATION

カラー設定と作業用RGB

Photoshopで編集メニューから[カラー設定]を選ぶと、作業用のカラースペースを選択することができます。用途・目的に合ったカラースペースを選びましょう。

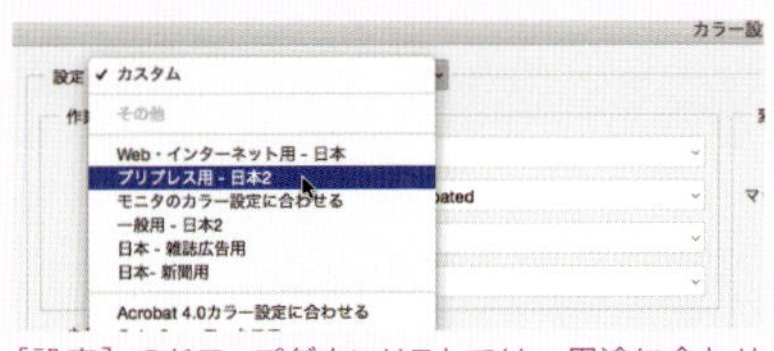

[設定]のドロップダウンリストでは、用途に合わせたカラー設定を選べるようになっている

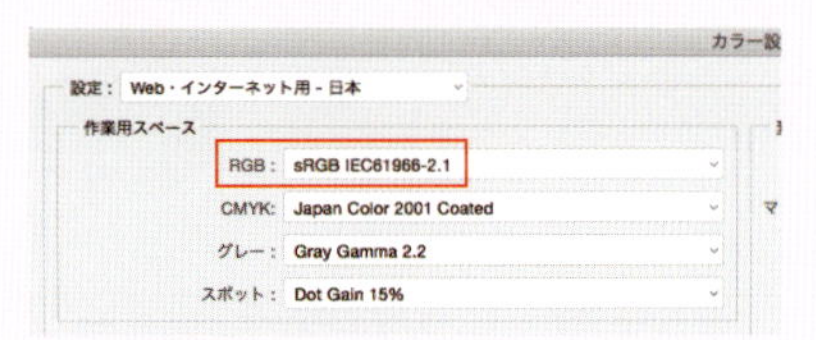

ドロップダウンリストで[Web・インターネット - 日本]を選ぶと作業用スペースのRGBに「sRGB」が選ばれる

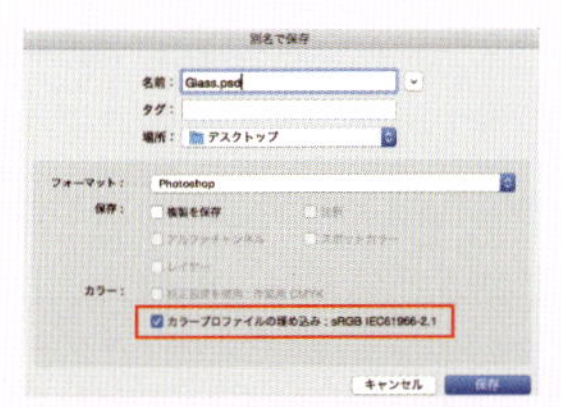

RGBカラーの画像では、保存時にカラープロファイルを埋め込むこと。CMYKカラーの場合は、保存時にプロファイルを埋め込まないほうが安全

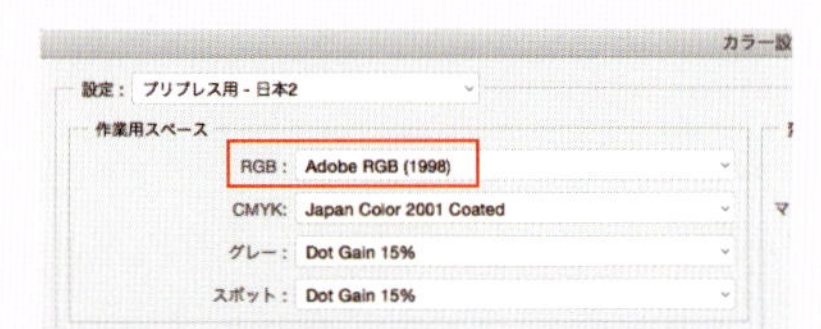

ドロップダウンリストで[プリプレス用 - 日本2]を選ぶと、作業用スペースのRGBに「Adobe RGB」が選ばれる

悩み 022 「プロファイルの不一致」の警告が出た。プロファイル変換のしくみを教えて！

解決

- 警告ダイアログで自分の意図した目的のカラースペースを選ぶ。
- プロファイルがないと後処理の作業に支障が出るので注意。
- 印刷用にCMYKカラーに変換するときのしくみを知っておこう。

埋め込まれたプロファイルの不一致の警告ダイアログ

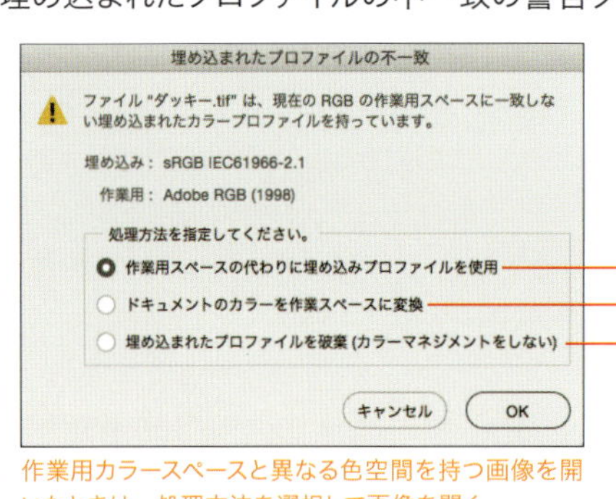

作業用カラースペースと異なる色空間を持つ画像を開いたときは、処理方法を選択して画像を開く

ここでは、sRGBのプロファイルを持った画像をAdobe RGBの作業用スペースで開く場合を例に、カラー値の変化の様子を確認してみよう。元画像はsRGBの作業スペースで作成した画像でカラー値は右図の通り

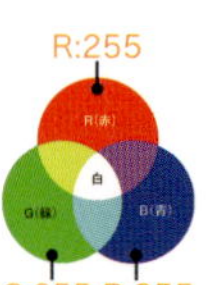

カラー設定でのカラースペースは一時的に無視され、ドキュメントに埋め込まれているプロファイルがカラースペースとして使用される。カラー値はオリジナルと同じ値になる

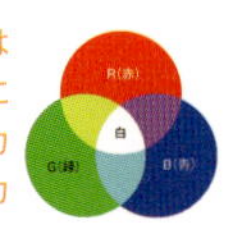

ドキュメントに埋め込まれているプロファイルのカラースペースをカラー設定のカラースペースに変換して開く。カラー値が変わる点に注目

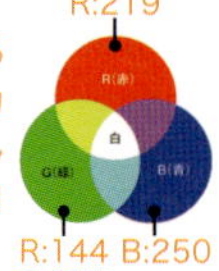

ドキュメントのプロファイルを無視してドキュメントを開き、カラー設定のカラースペースが適用される。カラー値は変わらない

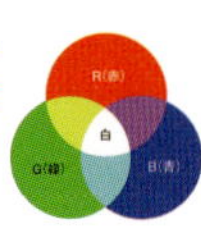

埋め込まれたプロファイルが一致しないときの対処法

画像を開いたときに、現在の作業用カラースペースと異なる画像を開くと、上図のような警告ダイアログが現れます。

「作業用スペースの代わりに埋め込みプロファイルを使用」では、元画像のプロファイルを利用して開いて作業できます。

「ドキュメントのカラーを作業スペースに変換」を利用すると、カラー値が変わります。狭い色域を広い色域に変換する場合は見た目の色味が維持されます。逆の場合は、色域が圧縮されるため、画像の色味が変化する場合があります。

「埋め込まれたプロファイルを破棄」の選択はプロファイルが破棄されてしまいます。

プロファイルがないときの対処法

プロファイルを持たない画像を開くと、右図のような「プロファイルなし」の警告ダイアログが現れます。この場合は、いずれかのプロファイルを割り当てて画像を開くことになりますが、元の画像の色味がわからない場合は、色味が変わってしまう恐れがあります。画像を撮影した人に正しい色味を確認したり、撮影したカメラで設定されているカラースペースを確認したりする必要があります。後処理の作業で混乱を招かないためにも、RGB画像はプロファイル情報を埋め込むよう習慣づけてください。

プロファイルなしの警告ダイアログ

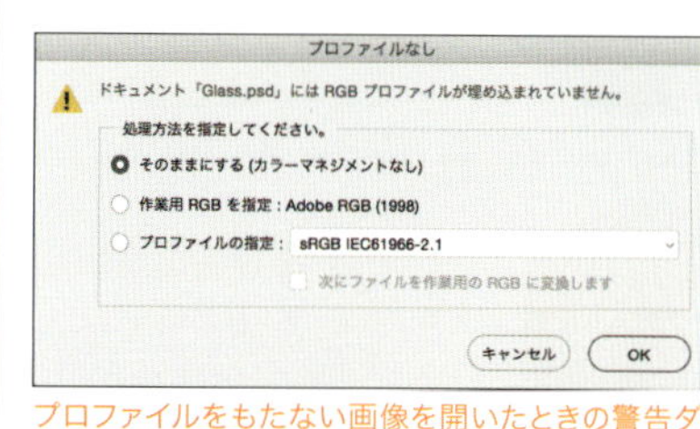

プロファイルをもたない画像を開いたときの警告ダイアログ。指定を誤ると、色味が変わってしまう恐れがある

デジタルカメラでは、色空間（カラースペース）を選択できる機種がある。撮影時に確認しておこう

カラーモードの変換

RGBカラーの画像を印刷する場合は、印刷用のCMYKカラーに変換します。Photoshopでは、イメージメニューから[モード]を選び、目的のカラーモードを選んで変換します。

カラーモードの変換の際も、プロファイルが利用されます。編集メニューの[カラー設定]ダイアログの[作業用スペース]で選ばれているCMYKのプロファイル（日本の印刷環境では「Japan Color 2001 Coated」が最適）と、[変換オプション]で選ばれている各種設定に沿ってカラー変換されます。

なお、CMYKカラーに変換した画像を保存する場合は、プロファイルは埋め込まないほうが安全です。

カラーモードの変換

Photoshopでは、イメージメニューの［モード］を選び、目的のカラーモードを選んでモード変換を行う

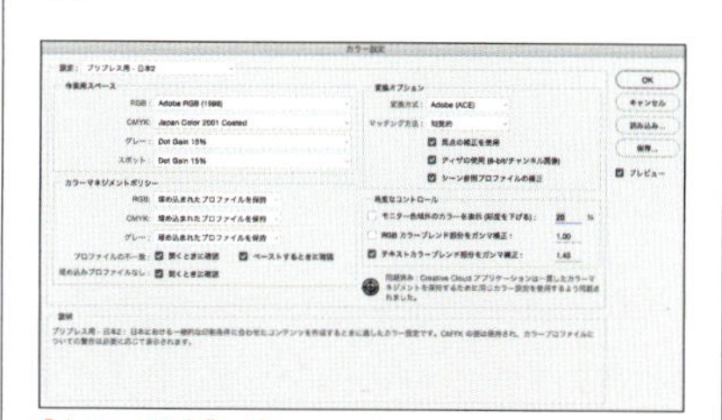

［カラー設定］ダイアログではCMYKのプロファイルを選択できる。日本の印刷環境に合わせて「Japan Color 2001 Coated」を選んでおこう

ファイル形式の種類について知りたい。どの形式を選べばよいか教えて！

- 代表的な画像形式の種類と拡張子を覚えておこう。
- 印刷用途ではPhotoshop形式で保存するのが便利。
- ベクター形式の画像は印刷ではAI形式、WebではSVG形式が便利。

ビットマップ画像の代表的なファイル形式

用途	画像形式（拡張子）	特徴
印刷	Adobe Photoshop（.psd）	Photoshop のネイティブ形式。レイヤー、パスなどを含めて保存できる
	TIFF（.tiff/.tif）	Windows でも利用頻度が高く、汎用性の高いフォーマット
	PDF（.pdf）	アドビシステムズ社のソフトウェアとの親和性がよく、汎用性が高い
	EPS（.eps）	印刷用に開発されたフォーマット。プレビューの設定が可能
Web	JPEG（.jpg/.ipeg）	フルカラーの写真を表示するのに適している。圧縮率を設定して保存可能
	PNG（.png）	8bit（PNG-8）と 24bit（PNG-24）を選択できる。透明をサポートする
	GIF（.gif）	色数が 256 色までであるが、データ容量が非常に小さくなる

ベクター画像の代表的なファイル形式

用途	画像形式（拡張子）	特徴
印刷	Adobe Illustrator（.ai）	Illustrator のネイティブ形式。PDF と互換性を持たせて保存可能
	EPS（.eps）	印刷用に開発されたフォーマット。透明効果をサポートしていない
	PDF（.pdf）	アドビシステムズ社が開発した汎用性の高いフォーマット
Web	SVG（.svg）	画像品質を維持 したまま、画面上で拡大縮小が可能
	SVG 圧縮（.svgr）	SVG の容量を小さくできるが、テキストエディターで編集できない

代表的な画像形式の種類と拡張子

画像は、Photoshopに代表されるビットマップ画像と、Illustratorに代表されるベクター画像があります。印刷やWeb用途では、それぞれの分野に適した画像形式がありますので、特徴を覚えておきましょう。画像形式は拡張子を見れば判断できます。

Photoshop形式の特徴

ビットマップ画像は、印刷用途ではPhotoshop（PSD）形式が利用できます。PSD形式は、レイヤー、アルファチャンネルなどの付加情報を含めて保存できます。

Photoshop形式で保存するメリット

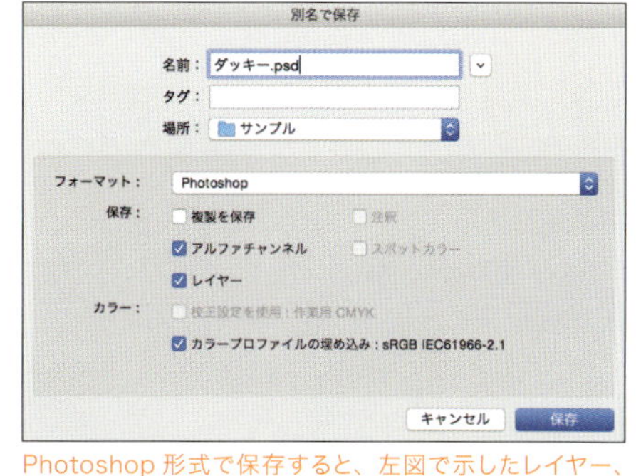

Photoshop 形式で保存すると、左図で示したレイヤー、アルファチャンネル、クリッピングパスの情報を含めて保存できる

ベクター形式画像のファイル形式

Adobe Illustratorに代表されるベクター形式の画像は、印刷用途ではネイティブ形式（AI形式）、Web用途ではSVG形式で保存するとよいでしょう。

Adobe Illustratorの保存形式

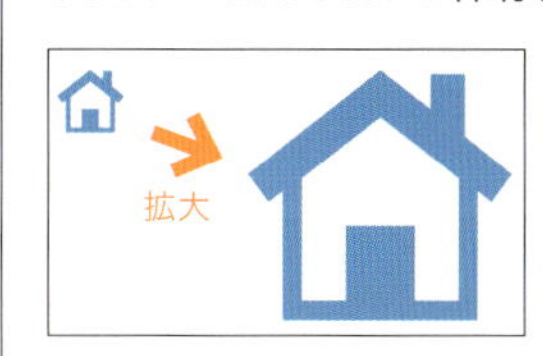

ベクター形式の画像の特徴は、拡大縮小してもエッジが粗くならない点だ。画面表示や印刷時に拡大縮小しても、きれいな表示や印字が可能

SVG 形式では、Web ブラウザで拡大縮小してもエッジが粗くならない

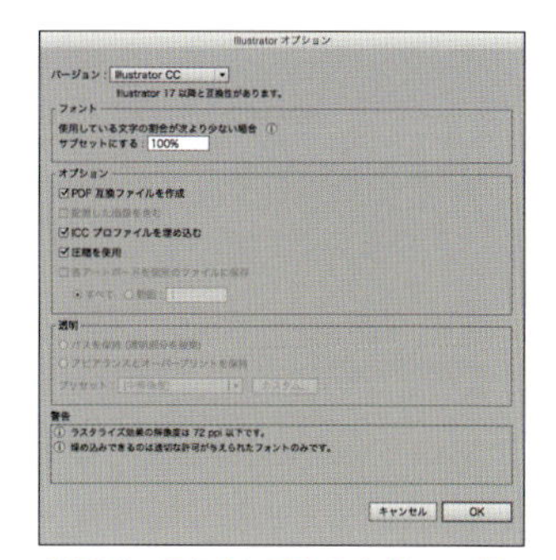

AI 形式で保存時に現れるオプションダイアログ。保存するバージョンを指定したり、PDF 互換ファイルを作成できる

悩み 024 情報をわかりやすく表現したい。どんな方法があるの？

- グラフ、チャート、地図などのダイアグラムの種類を知っておこう。
- 表はテキストを整理して、わかりやすく伝えることができます。
- ダイアグラムの作成に適したアプリケーションを知ろう。

ダイアグラムの種類

グラフ　フローチャート　組織図

地図　構成図　透視図

ダイアグラムを使って視覚的にわかりやすくする

ダイアグラムは、情報を平面のグラフィックに置き換えて、数値データや、複雑なしくみなどをわかりやすく伝えるものです。

上図に示したようにさまざまな種類があります。グラフは数値データを面積の大小に置き換えることで、視覚的な理解を助けます。地図は目的地にたどり着くまでの経路を示すもので、東西南北の方角や、目印になる大きな建物、通りの名称などを記しておきましょう。透視図は、本来は見えない機械の内部の様子などを示すものです。

精密なダイアグラムのイラストは、Adobe Illustartorなどのドロー系アプリケーションで作成するとよいでしょう。

表組みを活用してテキストを整理して伝える

テキストデータを整理して表したい場合は表組みを利用するとよいでしょう。

表は、必要な行数（横列）、列数（縦列）をカウントしてフレームを作成します。必要に応じてヘッダを追加し、各列の内容を表す簡潔なテキストを入力します。

内容に応じて列または行を色分けすると、視線が安定して見やすくなります。右図のような旅程表では、絵文字を作成してテキストの中に埋め込むと、読者は情報を素早く読み取ることができますし、文字数を抑えることもできます（130ページ参照）。

旅程表を表組でつくる

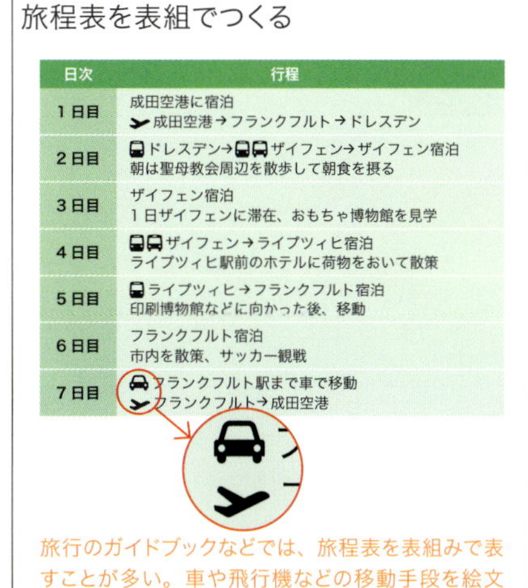

日次	行程
1日目	成田空港に宿泊 ✈成田空港→フランクフルト→ドレスデン
2日目	🚃ドレスデン→🚃🚃ザイフェン→ザイフェン宿泊 朝は聖母教会周辺を散歩して朝食を摂る
3日目	ザイフェン宿泊 1日ザイフェンに滞在、おもちゃ博物館を見学
4日目	🚃🚃ザイフェン→ライプツィヒ宿泊 ライプツィヒ駅前のホテルに荷物をおいて散策
5日目	🚃ライプツィヒ→フランクフルト宿泊 印刷博物館などに向かった後、移動
6日目	フランクフルト宿泊 市内を散策、サッカー観戦
7日目	🚗フランクフルト駅まで車で移動 ✈フランクフルト→成田空港

旅行のガイドブックなどでは、旅程表を表組みで表すことが多い。車や飛行機などの移動手段を絵文字で表すと、さらに伝わりやすくなる

APPLICATION

ダイアグラムを作成するアプリケーション

ダイアグラムの多くはAdobe Illustratorを使って作成することができます。精密な線画でチャートや地図、図面、立体図などを作成できます。グラフツールも搭載されており、数値データと連動させたグラフが作れます（124ページ参照）。InDesignでは表を作成する機能が搭載されているので、効率的に表を作成することができます（128ページ参照）。

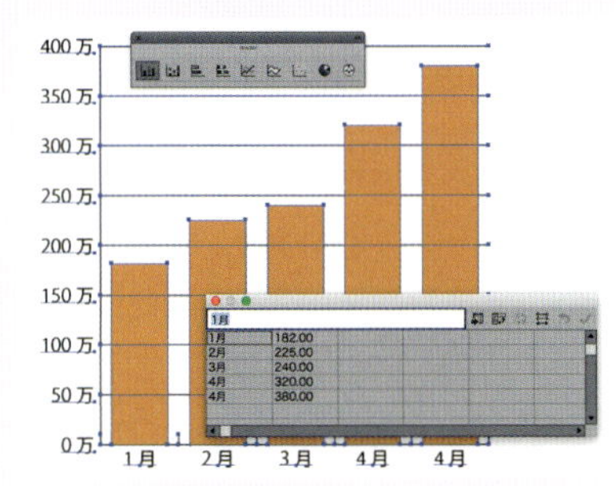

Illustrator のグラフツールを使うと数値データを入力して、棒グラフ、折れ線グラフ、円グラフなどを作成できる

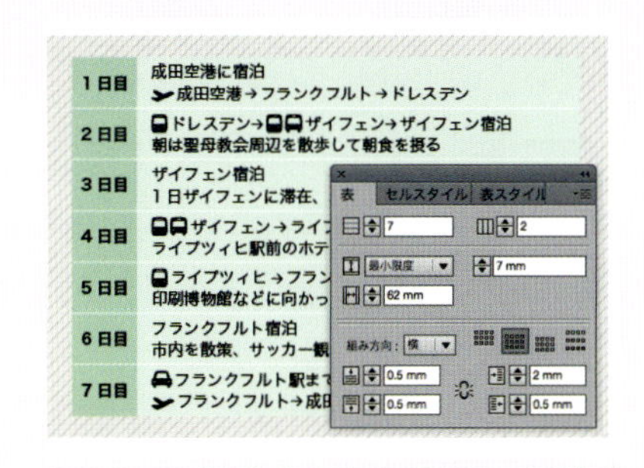

InDesign は表を作成するための専用ツールが搭載されている。複雑な形の表組みも作成可能だ

図形をサイズ指定し正確に配置したい。どんな方法で行えばいいの？

- 変形パネルでオブジェクトのサイズや座標値を指定できます。
- 描画ツールでサイズを指定して図形を作成することができます。
- 定規の原点を変更する方法をマスターしましょう。

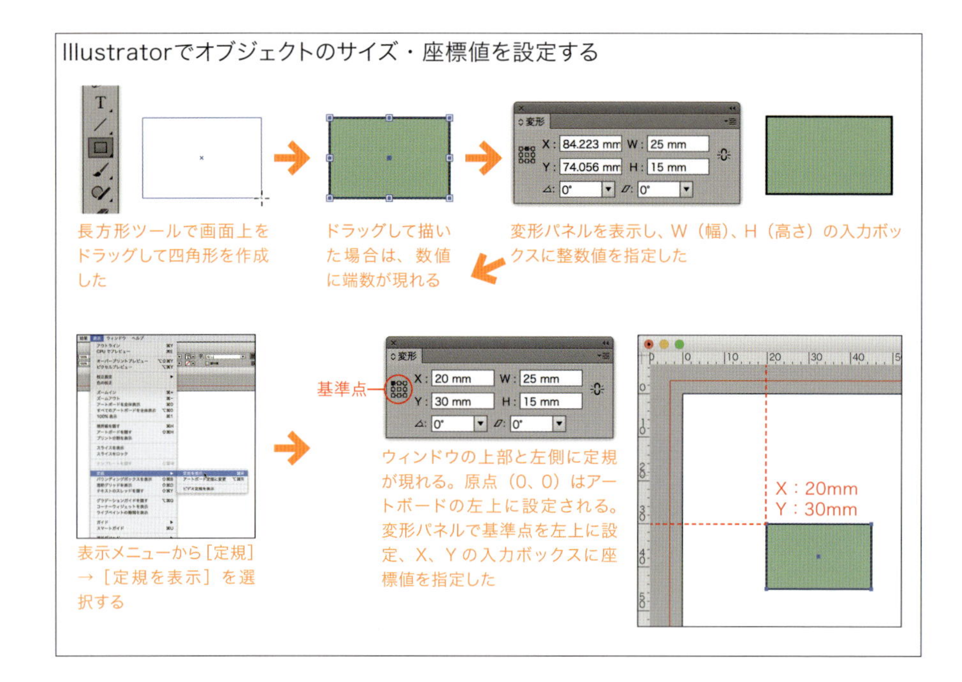

オブジェクトのサイズを指定し、座標値を指定して配置する

デザイン作業では、図形などのオブジェクトをミリやピクセルなどの単位でサイズ指定をし、さらに座標値を指定して正確な位置に配置する作業が不可欠です。オブジェクトのサイズや座標値は変形パネルやコントロールパネルに表示されますので、そこに直接数値を入力して指定することができます。座標値は定規で表示される数値です。上図ではIllustratorで長方形をドラッグ操作で作成した後、サイズを指定し直し、目的の位置に座標値を指定して配置する工程を示しました。

サイズを指定してオブジェクトを描く

描画ツールは、ツールを選んで画面上をクリックしてダイアログを表示させ、オブジェクトのサイズや辺の数、半径の値などを指定して作成することもできます。

描画ツールでサイズを指定して描く

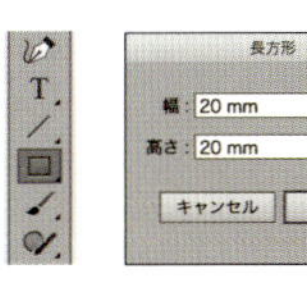

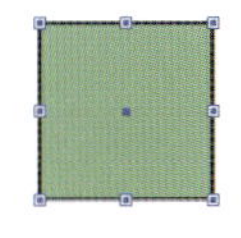

Illustratorで、長方形ツールを選び画面上をクリックしてダイアログを表示する。[幅][高さ]を数値で指定できる

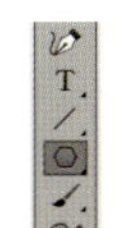
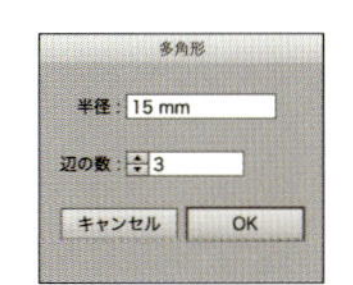

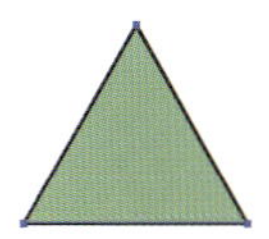

多角形ツールを選び画面上をクリックしてダイアログを表示する。[半径][辺の数]を数値で指定できる

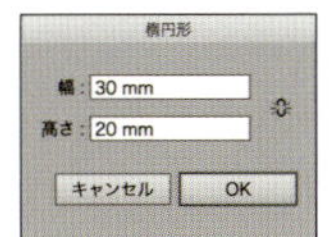

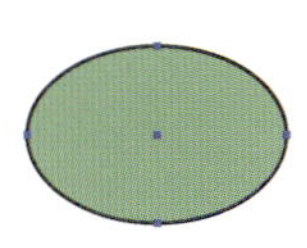

楕円形ツールを選び画面上をクリックしてダイアログを表示する。[幅][高さ]を数値で指定できる

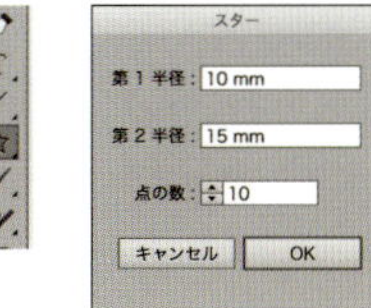

スターツールを選び画面上をクリックしてダイアログを表示する。[第1半径][第2半径][点の数]を数値で指定できる

定規の原点を変更する

デフォルトでは定規の原点はアートボードの左上に設定されています。定規の原点の位置は、必要に応じて変更することができます。

定規の原点を変更する

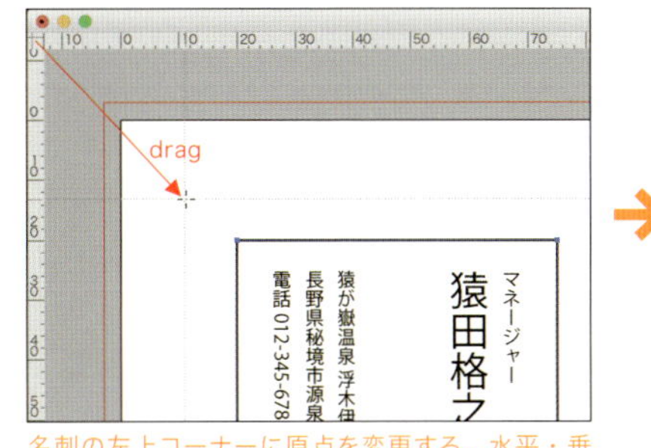

名刺の左上コーナーに原点を変更する。水平・垂直の定規が交差する四角形の位置からドラッグを始め、名刺の左上コーナーの位置まで移動する

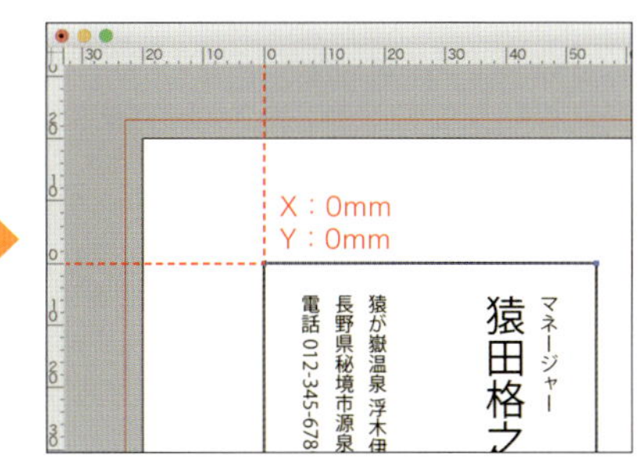

マウスボタンを放すと、放した位置が定規の新しい原点に設定される

ベジェ曲線って難しそう。ペンツールで描く方法を教えて！

- グラフィックソフトウェアではベジェ曲線で図形を描きます。
- ペンツールを使うとベジェ曲線で自由な形を作成できます。
- ペンツールの基本操作を覚えましょう。

ペンツールとベジェ曲線

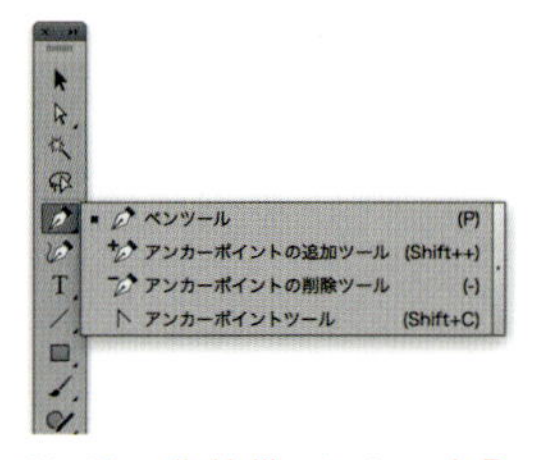

ペンツールはIllustrator、InDesign、Photoshopのソフトウェアに搭載されており、どのソフトウェアでも使い方は共通している。
直線や曲線はアンカーポイント間を結ぶセグメントでできている。曲線は、アンカーポイントから伸びる方向線の角度や長さで形状が決まる。ペンツールでは、クリックしてアンカーポイントの位置を定め、そのままドラッグしてアンカーポイントから方向線を引き出すことができる

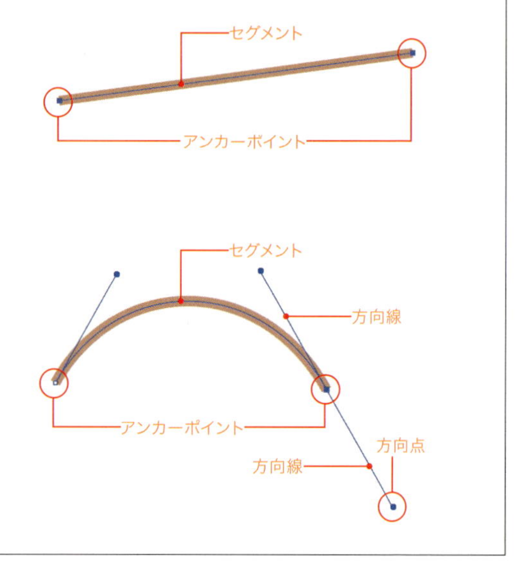

ベジェ曲線とペンツールの基本操作

IllustratorやInDesignのグラフィックソフトウェアでは、図形はベジェ曲線で描きます。ベジェ曲線はさまざまな描画ツールで描くことができますが、ペンツールを使うとベジェ曲線で自在に描くことができます。ペンツールの操作は慣れが必要なため、ソフトウェアを習得するうえでの最初のハードルになるでしょう。

ペンツールで直線や曲線を描く基本操作を右ページに掲載しました。この基本操作をマスターすれば、どのような図形でも描けるようになります。描いた後でダイレクト選択ツールで修正することもできますので、気を楽にして描いてみてください。

ペンツールの基本操作

直線、または連続した直線を描く

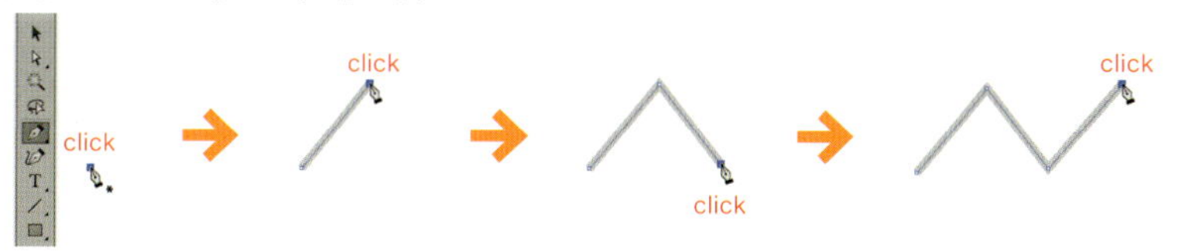

直線は、ペンツールで 2 点間をクリックする操作で描ける。連続して直線を描く場合は、続けて次の場所でクリックする。描画を終えるには、一時的に command キーを押して余白部分でクリックする

曲線、または連続した曲線を描く

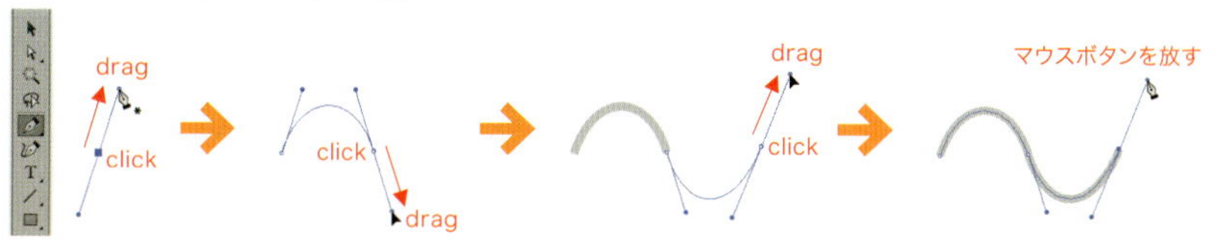

曲線は、ペンツールで始点の位置でクリックしてアンカーポイントを定め、そのままドラッグして方向線を引き出す。次の場所でもクリック&ドラッグを繰り返す。マウスボタンを放すと曲線の形状が確定する

曲線から直線を描く

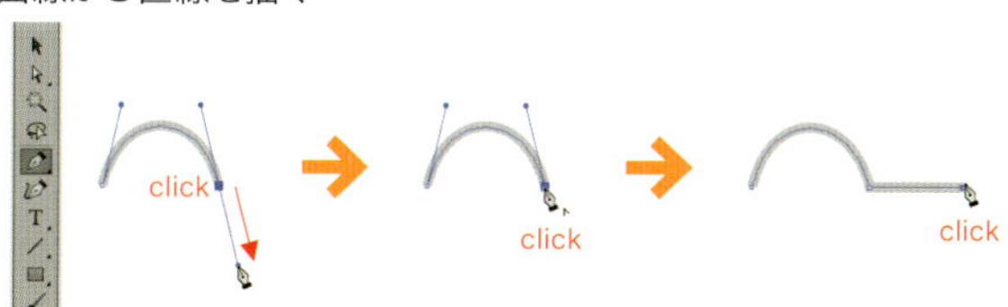

まず、クリック&ドラッグの操作で曲線を描く。一旦、マウスボタンを放し、最後のアンカーポイントの上をクリックする。この操作で次の曲線を操作する方向線が消える。離れた場所でクリックすると直線が描かれる

直線から曲線を描く

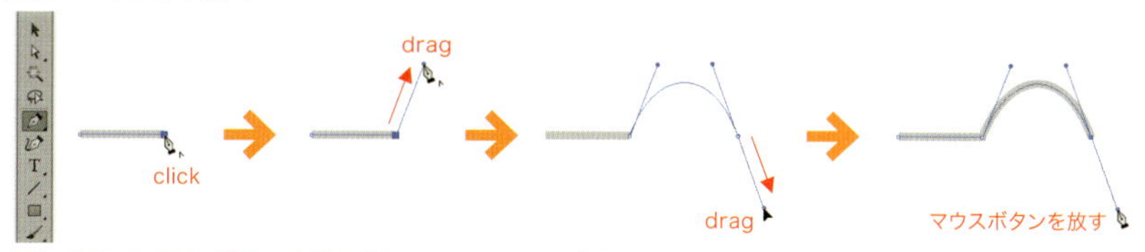

まず、クリックだけの操作で直線を描く。一旦、マウスボタンを放し、最後のアンカーポイントの上にカーソルを重ねクリックし、そのままドラッグすると方向線が伸びる。続けて別の場所でクリック&ドラッグして曲線を描く

角が尖った曲線を描く

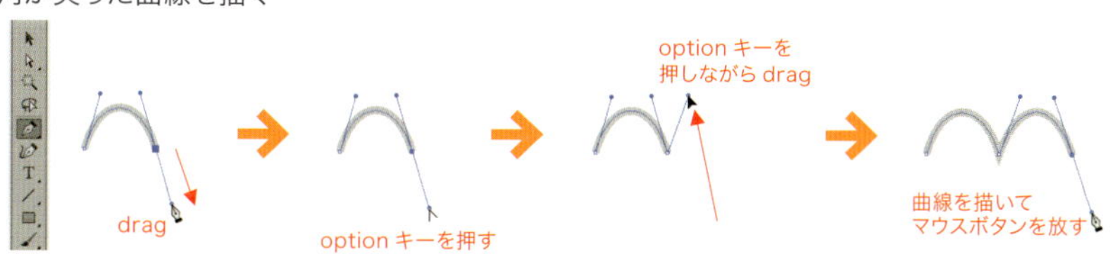

まず、クリック&ドラッグの操作で曲線を描く。一旦、マウスボタンを放し、一時的に option キーを押しながら方向点（方向線の先端の丸い部分）をつかんでドラッグする。続けて別の場所でクリック&ドラッグして曲線を描く

COLUMN

作品をプリントして、遠くから眺めてみよう

●読者の視線に立ち、俯瞰して眺める

パソコンの前でデザイン作業を行っていると、細かい部分に気をとられ、全体の雰囲気を確認する作業がおろそかになりがちです。パソコンの画面では拡大表示ができますので、小さすぎて読めない文字も、画面上では読めてしまう場合があります。読者の立場に立って、全体を俯瞰して眺める作業が必要です。

印刷物の場合は、一旦紙にプリントして、仕上がりサイズの大きさで確認するプロセスが欠かせません。ポスターの場合は、本来は通路に貼って遠くから眺めるものですので、可能であれば実寸大でプリントしたものを貼って、遠くから眺めてみることをお勧めします。

Webサイトの場合は、パソコンで作成したページを書き出して（あるいはサーバにアップして）、手持ちのスマートフォンやタブレットの画面で表示して確認しましょう。Webでは画面サイズがさまざまなので、画面サイズに合わせたデザインを複数用意することもあります。

●紙面全体を“かたまり”としてとらえる

パソコンの画面で近くから見ている場合でも、遠くで眺めているような感覚で紙面全体を俯瞰して観察する方法があります。

手っ取り早い方法は、目をすぼめて画面に焦点を合わさないようにします。画面上のテキストや画像がぼやけて見えるはずです。あるいは、遠くを眺めながら手元の画面に意識を向けたり、頭で別のことを考えながら画面を見る方法でも、同様の効果が得られるでしょう。要は、オブジェクトをぼんやりとした“かたまり”としてとらえることがポイントです。

“かたまり”としてとらえることができたら、“かたまり”同士のバランスや、余白とのバランスに意識が向くようになります。さらに、読者に最初に視線を向けてほしいタイトルやキャッチコピーやメインビジュアルの効果も、どれくらい効き目があるのかを検証してみましょう。

作品をプリントして壁に貼り、遠くから俯瞰して眺めて検証する。 貼付用のボードを部屋に設置しておくと便利だ

2部

応用編

コンテンツの作成

タイポグラフィ、写真、イラストなど、デザイン素材の作成方法を解説します。デザインに必要なコンテンツをグラフィックソフトウェアで作成していきます。

悩み 027

書体の選択に迷ってしまう。フォントの選び方のコツを教えて！

- タイトルやキャッチコピーで使用するフォントは感情を伝えます。
- 本文で使用するフォントは誌面全体の雰囲気を決めます。
- アプリケーションでフォントを検索する方法を知っておきましょう。

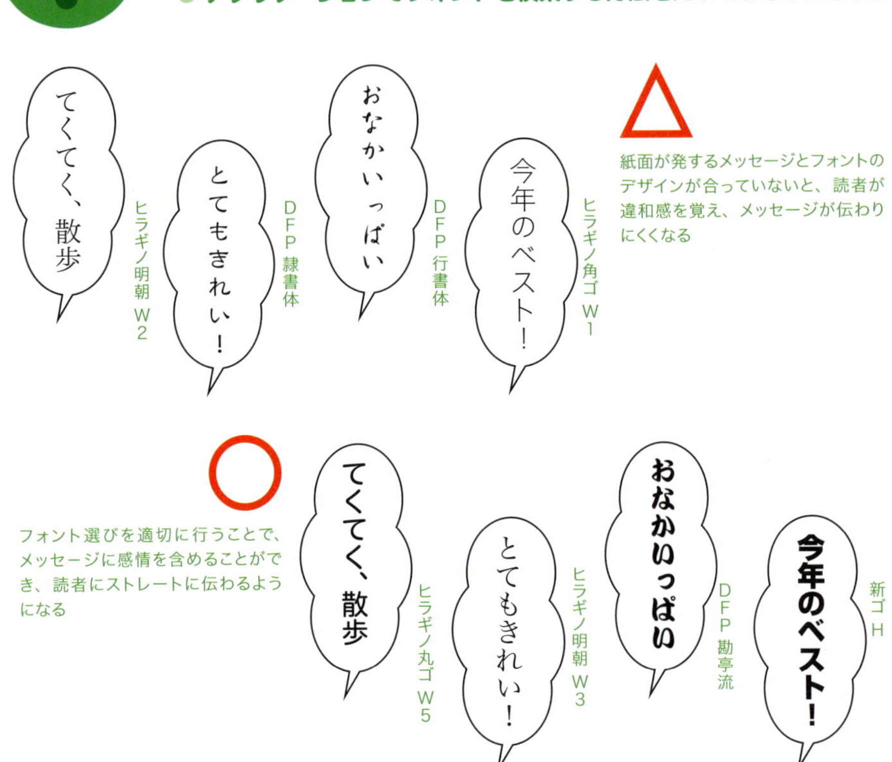

タイトルやキャッチコピーで使用するフォントは感情を伝える

文字サイズを大きくすると、読む人は書体のデザインからある種の感情を受け取ります。たとえば、線幅を太くすると、強調の度合いが高まります。字画が角ばっていると真面目な印象を与え、丸みがあるデザインだと親しみやすい印象になります。書体がどんな感情を引き起こすかを判断しながらフォントを選ぶようにしましょう。

訴求力アップ　伝わりやすさアップ

●本文で使用するフォントは誌面全体の雰囲気を決める

本文は広い面積で利用されることが多いので、書体の選択で誌面全体のイメージが左右されます。明朝体は漢字を素早く読み取ることができ、意味を汲み取りやすくなるので、本文組みに向いています。ゴシック体はカジュアルな雰囲気になりますが、太い書体を使用するとページ全体が黒っぽく見えるので注意が必要です。

ヒラギノ丸ゴ W4

吾輩は猫である。名前はまだ無い。どこで生れたかとんと見当がつかぬ。何でも薄暗いじめじめした所でニャーニャー泣いていた事だけは記憶している。吾輩はここで始めて人間というものを見た。

ヒラギノ角ゴ W3

吾輩は猫である。名前はまだ無い。どこで生れたかとんと見当がつかぬ。何でも薄暗いじめじめした所でニャーニャー泣いていた事だけは記憶している。吾輩はここで始めて人間というものを見た。

教科書ICA R

吾輩は猫である。名前はまだ無い。どこで生れたかとんと見当がつかぬ。何でも薄暗いじめじめした所でニャーニャー泣いていた事だけは記憶している。吾輩はここで始めて人間というものを見た。

ヒラギノ明朝 W3

吾輩は猫である。名前はまだ無い。どこで生れたかとんと見当がつかぬ。何でも薄暗いじめじめした所でニャーニャー泣いていた事だけは記憶している。吾輩はここで始めて人間というものを見た。

APPLICATION

フォントを素早く選ぶ方法

IllustratorやInDesignでフォントを選ぶ際は、フォントの数が多くなると、リストから目的のフォントを探すのに時間がかかります。最新バージョンでは、フォントの検索機能が強化されているので、以下に示す方法で目的のフォントを探すことができます。

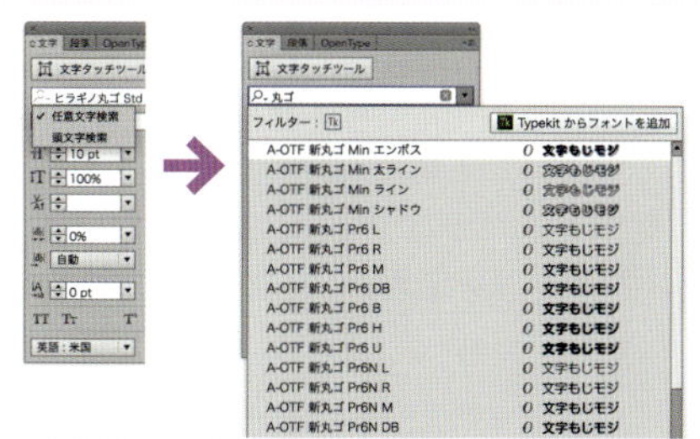

フォントの検索条件として［任意文字検索］を選び、フォントの入力ボックスに任意の文字を入力すると、その文字が含まれるフォントがリスト表示される

文字を選択し、さらにフォント名を上図のように選択して上下のカーソルキーを押すと、フォントのリスト順にフォントが切り替わる

悩み028 文字の行揃えの種類に迷ってしまう。効果の違いを知りたい！

- 広告紙面では、文字の見やすさ、読みやすさと印象が大事。
- 名刺では、テキスト情報を読みやすく配置することが大事。
- レイアウトソフトでオブジェクトを揃える方法を知っておこう。

左揃え

中央揃え

右揃え

上揃え

中央揃え

下揃え

広告のキャッチコピーの行揃え

広告ではメインビジュアルとキャッチコピーが主題になりますが、文字とビジュアルの配置や揃え方でずいぶん見え方が変わります。一般的に言えることは、左揃えや上揃えは、行頭が揃うので可読性に優れています。中央揃えは、左右（上下）対称になるため、バランスよく見えます。右揃えや下揃えは、読みながら次の行頭を探さなければならないので、可読性が落ちますが、強い印象を与える効果が期待できます。

●名刺のテキストの行揃え

名刺では、受け取った人が素早く情報を読み取れるように配慮しましょう。可読性が良いのは、横組みでは左揃え、縦組みでは上揃えでしょう。以下に行揃えのパターンを示しましたが、これらを組み合わせてレイアウトする手法もあります。

左揃え

中央揃え

右揃え

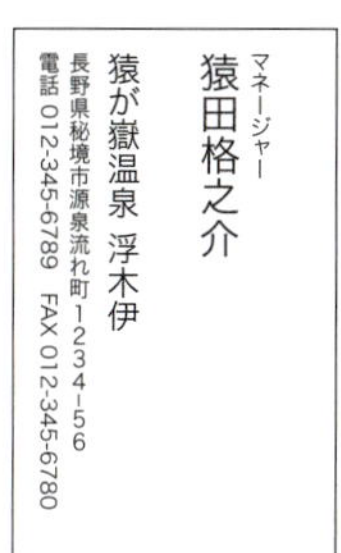

上揃え

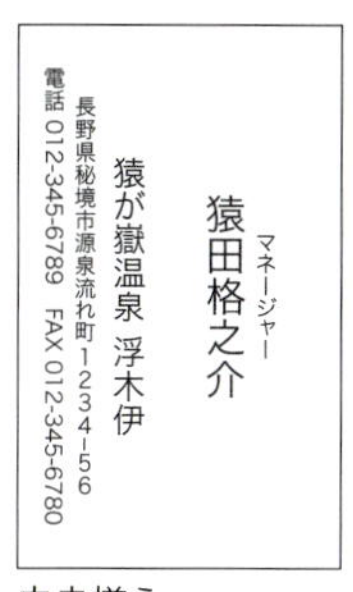

中央揃え

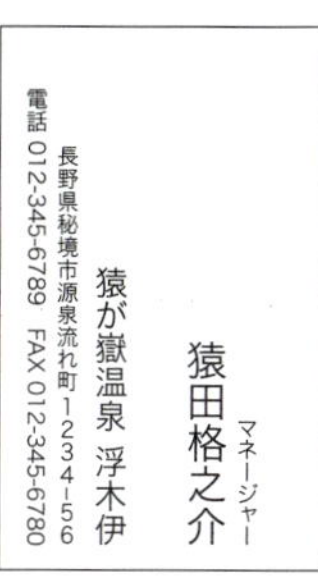

下揃え

APPLICATION

段落パネル、整列パネルで文字やオブジェクトを揃える

IllustratorやInDesignでは、段落パネルを使って行揃えを指定します。オブジェクトがバラバラの場合は、整列パネルを使って水平／垂直方向に揃えることができます。

秘境の湯
ぽっかぽかの
夢心地

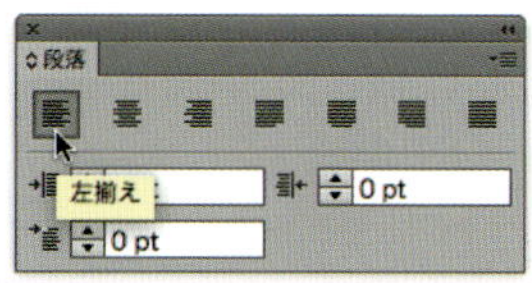

上図では、3行のテキストを選択し、段落パネルで左揃えを指定した

秘境の湯
ぽっかぽかの
夢心地

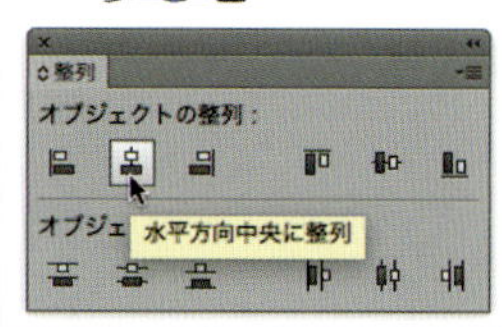

上図では、3つのテキストオブジェクトを選択し、整列パネルで水平方向中央に揃えた

悩み029 文中に欧文が混じると行末が揃わない。きれいに見せる方法を教えて！

- 均等配置を選び、ハイフネーションを有効にしてみましょう。
- 欧文組版で行揃えやハイフネーションを活用しましょう。
- ジャスティフィケーションとハイフネーションはカスタマイズできます。

コンピュータのOSの代表的なものに、Windowsと
Macintoshがあります。OS
にはバージョンがあります。
Adobe PhotoshopやAdobe
Illustratorのソフトウェアの必要システムを確認しましょう。

和文の中に欧文が混在すると、改行の位置が行ごとに異なり、行末が揃わなくなる

コンピュータのOSの代表的なも　の　に、Windows　と
Macintosh があります。OS
にはバージョンがあります。
Adobe Photoshop や Adobe
Illustratorのソフトウェアの必要システムを確認しましょう。

段落の行揃えを［均等配置（最終行左揃え）］に変更する。行末は揃うが、文字間隔が空きすぎる箇所が出てきた

コンピュータのOSの代表的なものに、Windows と Macin-
tosh があります。OS にはバージョンがあります。Adobe
Photoshop や Adobe Illus-
trator のソフトウェアの必要システムを確認しましょう。

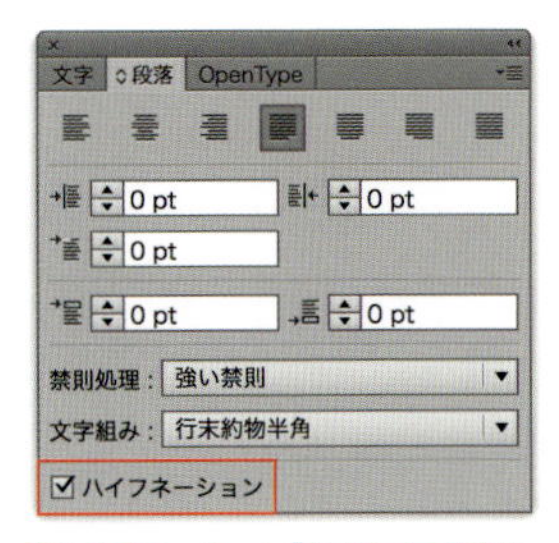

［ハイフネーション］をオンにすると、英単語にハイフンが挿入されて分割されるので、字間の広がりが目立たなくなる

均等配置を選び、ハイフネーションを有効にする

和文の中に欧文が混在した文字組みのことを「和欧混植」といいます。和欧混植では、欧文の単語の長さが異なるために改行の位置が不規則になり、行末が凸凹になる傾向が強まります。段落の行揃えを［均等配置（最終行左揃え）］を選ぶと、行末がテキストフレームの終端に揃うようになります。字間が極端に広がる箇所が目立つ場合は、［ハイフネーション］をオンにして、見栄えを整えます。

●欧文組版で文字組みをきれいに見せる

左ページで見た、和欧混植の行揃えやハイフネーションのしくみを理解しておけば、欧文で組版を行うときにも役に立ちます。欧文組版の場合も、単語間隔や文字間隔が不自然に見えないようにすることがポイントです。

An operating system is
system software that
manages computer
hardware and software
resources and provides
common services for
computer programs.

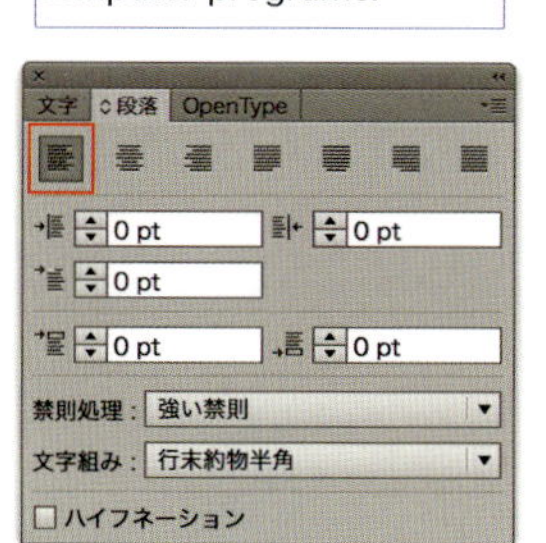

欧文で行揃えを［左揃え］にした。この組み方でもかまわないが、改行の位置が行ごとに異なり、行末が揃わなくなる

An operating system is
system software that
manages computer
hardware and software
resources and provides
common services for
computer programs.

段落の行揃えを［均等配置（最終行左揃え）］に変更する。行末は揃うが、文字間隔が空きすぎる箇所がでてきた

An operating system is
system software that man-
ages computer hardware
and software resources and
provides common services
for computer programs.

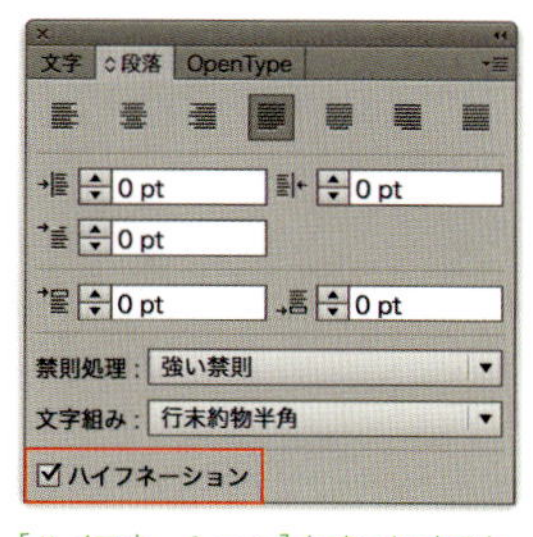

［ハイフネーション］をオンにすると、英単語にハイフンが挿入されて分割されるので、字間の広がりが目立たなくなる

●ジャスティフィケーションとハイフネーションの設定

均等配置にした場合の単語間隔や文字間隔の微調整は、段落パネルメニューの［ジャスティフィケーション］を選んで行います。ハイフネーションの細かな設定も、段落パネルメニューの［ハイフネーション］を選んで行います。

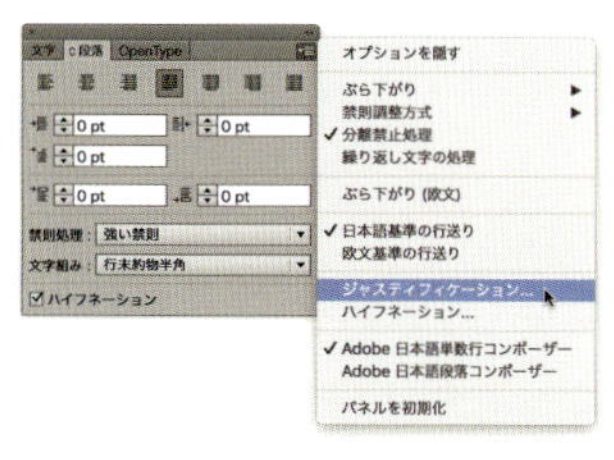

段落パネルメニューから［ジャスティフィケーション］あるいは［ハイフネーション］を選ぶ

ジャスティフィケーション設定

	最小	最適	最大
単語間隔：	80%	100%	133%
文字間隔：	0%	0%	0%
グリフ幅拡大 / 縮小：	100%	100%	100%

自動行送り：175%
1単語揃え：両端揃え
プレビュー　キャンセル　OK

［ジャスティフィケーション設定］ダイアログでは［単語間隔］や［文字間隔］の最小、最適、最大を％（パーセンテージ）で指定する。このダイアログでは、自動行送りの値も％で指定できる

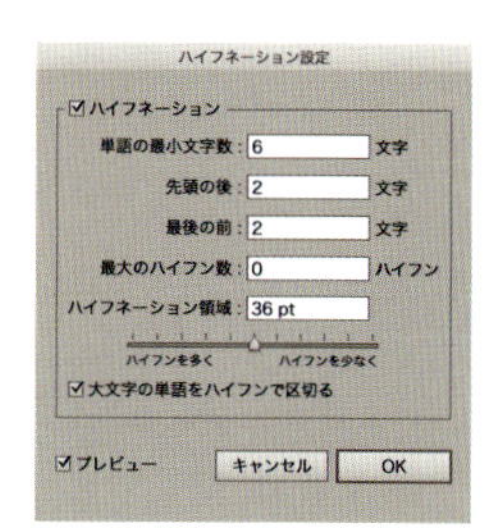

［ハイフネーション設定］ダイアログでは、単語の最小文字数や、大文字の単語をハイフンで区切るかを指定できる

悩み 030

文中に大小の文字が混在する。文字の揃え方を教えて！

- 文字パネルメニューの［文字揃え］で大小の文字の位置を揃えます。
- 文中の文字を大きくする場合は、行送りを広めに設定します。
- 段落の先頭文字を大きくして目立たせる技法があります。

欧文ベースライン　4月 April

仮想ボディの上／右　4月 April

中央　4月 April

仮想ボディの下／左　4月 April

平均字面の上／右　4月 April

平均字面の下／左　4月 April

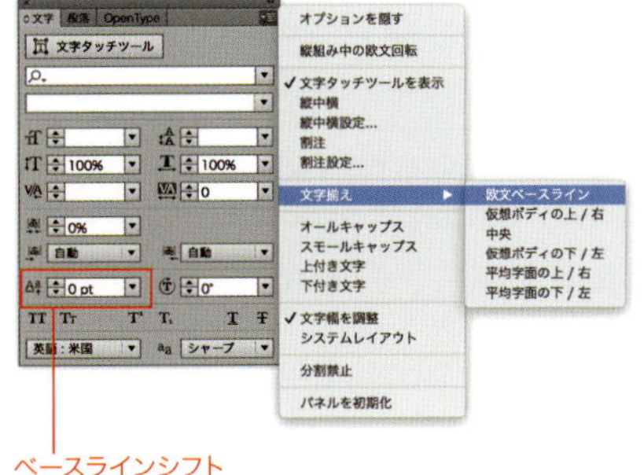

テキストオブジェクトの中に大小の文字が混在する場合は、文字パネルメニューから［文字揃え］を選び、揃えるラインを指定する。左図は、Illustratorの文字オブジェクトを選択し、［文字揃え］を指定した結果を示したもの。どのように変化するか確認してほしい。
文字位置をわずかに移動して調整した場合は、移動したいテキストを選択し、［ベースラインシフト］に移動する距離を指定して微調整することもできる

［文字揃え］で文字位置を揃える

1行の中に大きさの異なる文字が混在した場合の処理について考えてみましょう。グラフィックソフトウェアには［文字揃え］のコマンドがあり、揃えたいラインを指定することができます。大きい文字を基準にして、上辺、中央、ベースライン、下辺に揃えるよう指定します。位置をわずかに移動したい場合は［ベースラインシフト］の値を指定して、上下（縦組みの場合は左右）方向に文字位置を移動することもできます。

おぼえておこう

見栄えアップ

● 文中の文字を大きくする

本文中の文字を大きくする場合は、行送り値を一番大きな文字に合わせるとよいでしょう。行送りを［自動］にすると、大きな文字を含んだ行のみの行間を広げることもできますが、行送り値を数値で指定して全体を揃えたほうが読みやすいでしょう。

吾輩は猫である。名前はまだ無い。どこで生れたかとんと見当がつかぬ。何でも薄暗いじめじめした所でニャーニャー泣いていた事だけは記憶している。吾輩はここで始めて人間というものを見た。

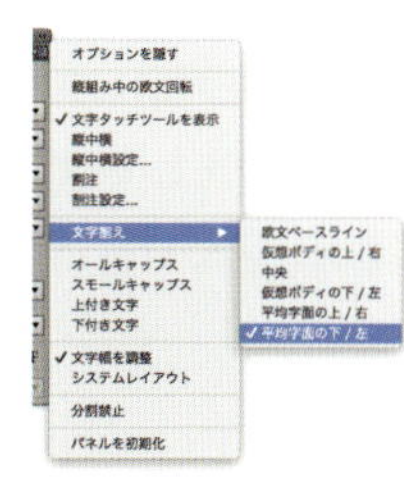

本文 10pt のサイズであるが、強調したい文字を 15pt に設定した。行送りは大きい文字サイズを基準に考え、22pt に設定している。文字パネルメニューで［文字揃え］を選び、［平均字面の下／左］を選んだ

吾輩は猫である。名前はまだ無い。どこで生れたかとんと見当がつかぬ。何でも薄暗いじめじめした所でニャーニャー泣いていた事だけは記憶している。吾輩はここで始めて人間というものを見た。

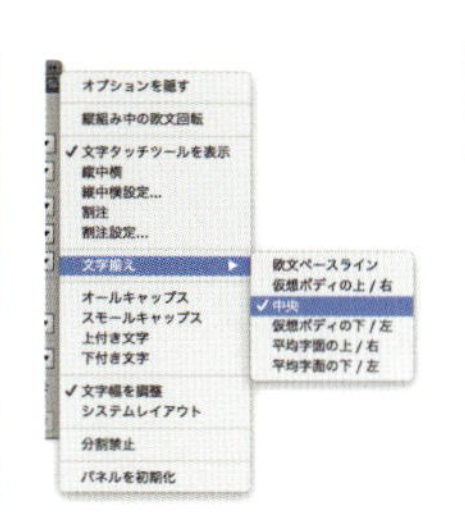

文字パネルメニューで［文字揃え］を選び、［中央］を選んだ。大きな文字が文字のラインの中央に揃うようになる

● 段落の始まりの文字を大きくする

段落の始まりの文字を大きくする処理を「ドロップキャップ」と呼びます。ドロップキャップは欧米の書籍や雑誌などでよく見かける技法です。先頭の文字を大きくし、さらに装飾性の高い文字に置き換え、格調高い紙面を演出します。

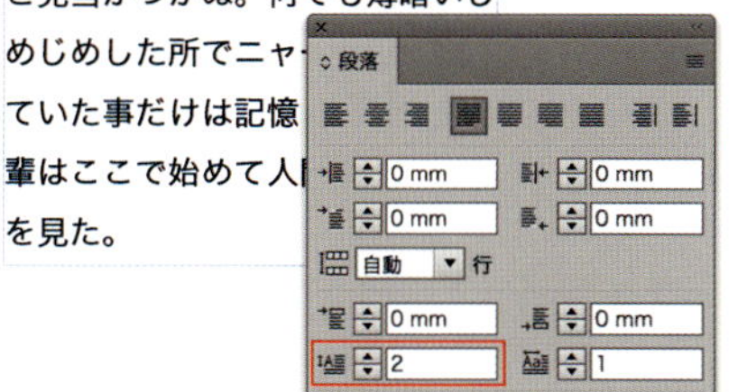

段落パネルで［行のドロップキャップ数：2］に指定すると、文字サイズが 2 行分の大きさになる

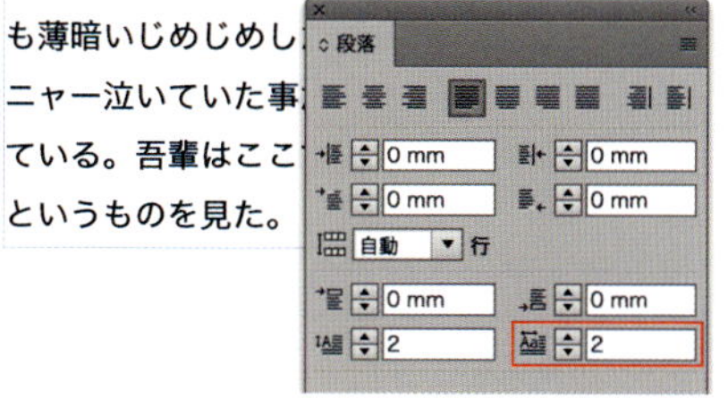

段落パネルで［1 またはそれ以上の文字のドロプキャップ：2］に指定すると、先頭の 2 文字が大きくなる

悩み031 スペース内に文字が収まらない。文字を押し込む方法はあるの？

- 「トラッキング」「文字ツメ」を利用して字間を詰めることができます。
- 「水平比率」「垂直比率」を変更して文字を圧縮する方法があります。
- 本文などの長文の文章は、詰めないほうが可読性が高まります。

[トラッキング] で詰める

0 マッキントッシュとウィンドウズ

-50 マッキントッシュとウィンドウズ

-100 マッキントッシュとウィンドウズ

-150 マッキントッシュとウィンドウズ

-200 マッキントッシュとウィンドウズ

-250 マッキントッシュとウィンドウズ

トラッキングは文字を一律に詰める手法。文字全体を選択し、マイナスの値を適用すると文字間が一律に詰まる。プラスの値を適用すると、一律に広がる

[文字ツメ] で詰める

0% マッキントッシュとウィンドウズ

20% マッキントッシュとウィンドウズ

40% マッキントッシュとウィンドウズ

60% マッキントッシュとウィンドウズ

80% マッキントッシュとウィンドウズ

100% マッキントッシュとウィンドウズ

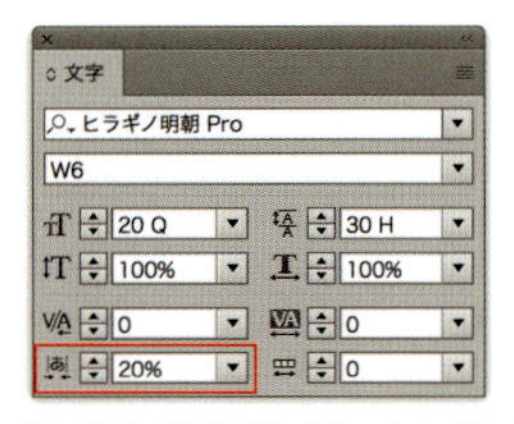

[文字ツメ] は%（パーセンテージ）で文字を詰める度合いを調整できる。個々の文字幅を考慮して文字間を詰める「プロポーショナル詰め」が可能

「トラッキング」「文字ツメ」を利用して文字間を詰める

見出し文字で、限られたスペースに文字が入らない場合は、文字間を詰めることでうまく収まる場合があります。レイアウトソフトにある「トラッキング」や「文字ツメ」を利用すると、値を指定して段階的に詰めることができます。

●「水平比率」「垂直比率」を変更する

水平方向に圧縮した文字を「長体」、垂直方向に圧縮した文字を「平体」と呼びます。文字を変形することでスペースが節約できます。長体や平体の圧縮は、いわば最終手段です。どうしても収まらない場合にだけ利用してください。

[水平比率]で長体に変形

100% 文字を変形して圧縮する

95% 文字を変形して圧縮する

90% 文字を変形して圧縮する

85% 文字を変形して圧縮する

80% 文字を変形して圧縮する

[垂直比率]で平体に変形

100% 文字を変形して圧縮する

95% 文字を変形して圧縮する

90% 文字を変形して圧縮する

85% 文字を変形して圧縮する

80% 文字を変形して圧縮する

文字を変形するとスペースを節約できる。しかし、長体にすると縦線が細くなり、平体にすると横線が細くなり、文字本来のデザインが崩れ可読性が低下するので注意すること

●本文組みを詰めたり、変形すると読みにくくなる

長文の本文の文字組みの場合は、ベタで組むのが最適です。文字間を詰めたり、水平比率や垂直比率を下げることでスペースが節約できますが、可読性が落ちます。文字の変形は文字本来のデザインが崩れるので、かけすぎないようにしましょう。

ヒラギノ明朝 W3 12Q 垂直比率90%

吾輩は猫である。名前はまだ無い。どこで生れたかとんと見当がつかぬ。何でも薄暗いじめじめした所でニャーニャー泣いていた事だけは記憶している。吾輩はここで始めて人間というものを見た。

ヒラギノ明朝 W3 12Q 字送り11H

吾輩は猫である。名前はまだ無い。どこで生れたかとんと見当がつかぬ。何でも薄暗いじめじめした所でニャーニャー泣いていた事だけは記憶している。吾輩はここで始めて人間というものを見た。

ヒラギノ明朝 W3 12Q ベタ組み

吾輩は猫である。名前はまだ無い。どこで生れたかとんと見当がつかぬ。何でも薄暗いじめじめした所でニャーニャー泣いていた事だけは記憶している。吾輩はここで始めて人間というものを見た。

左：ベタで組んだ状態
中：字間を -1H に設定して、文字間隔を詰めた例
右：文字の垂直比率を90% に設定した例

新聞の活字は狭いスペースに文字を収めるため、垂直方向に変形がかかっているように見えるが、平体にしても読みやすくなるよう、あらかじめ文字がデザインされている

上付き・下付き、下線・打ち消し線など、文字の特殊な処理方法を教えて！

- Illustratorで作成できる文字の特殊な処理方法を覚えましょう。
- InDesignでは「圏点」の処理が可能です。
- InDesignでは「下線」をカスタマイズすることができます。

オールキャップ

design → DESIGN

スモールキャップ

Design → DESIGN

上付き文字

28＝256 → 2^8＝256

下付き文字

CO2 → CO_2

下線

下線 → <u>下線</u>

打ち消し線

打ち消し線 → ~~打ち消し線~~

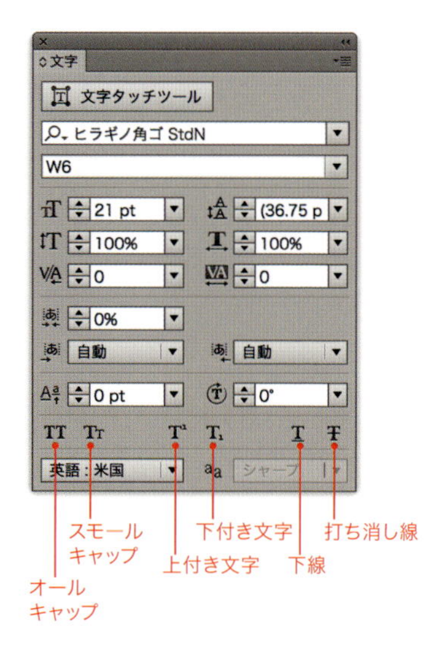

Illustrator の文字パネルでは上図のような文字スタイルがボタンで設定できる。変更したい文字列を選択し、目的のボタンをクリックすれば適用できる。解除するには、再度ボタンをクリックする

文字パネルで行う特殊な文字処理

文字の特殊な処理を整理してみましょう。IllustratorやInDesignでは、上に示したような文字処理が可能です。オールキャップはすべてを大文字にし、スモールキャップは小文字の大きさで大文字に変更します。上付き文字、下付き文字は数学や化学の式などで利用します。下線や打ち消し線も適用できます。

●InDesignで圏点を適用する

文章中の一部を強調したいときに圏点を利用することがあります。InDesignでは圏点の設定が可能で、文字パネルのパネルメニューから選択して指定できます。種類が豊富で、カスタムの圏点を設定したり、カラーを指定することもできます。

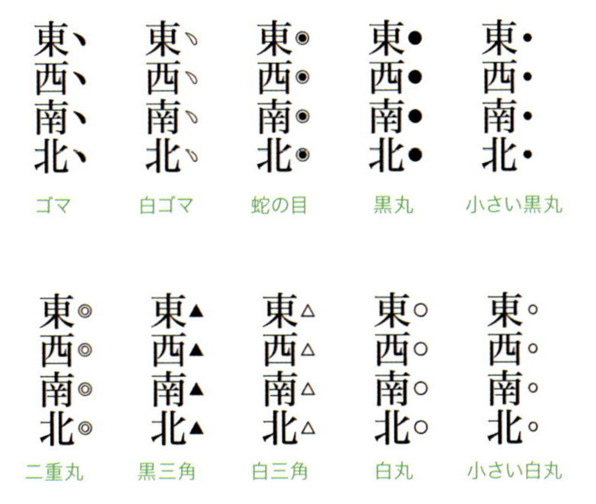

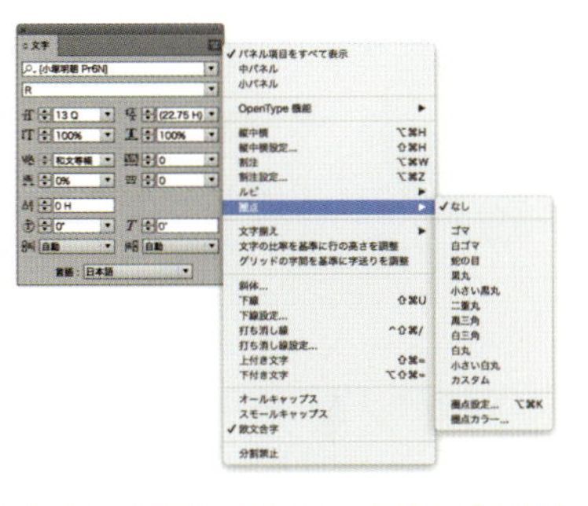

InDesign の文字パネルメニューで［圏点］を選び、サブメニューから圏点の種類を選択する。［圏点設定］でカスタマイズが可能。［圏点カラー］を選ぶと色を指定できる

●InDesignで下線をカスタマイズする

InDesignでは、下線をカスタマイズすることができます。この機能を利用すると、たとえば、テキストに蛍光マーカーでラインを引いて重要な箇所を強調したような表現ができます。線幅を文字の高さに合うように設定し、オフセットで位置を調整します。

下線をカスタマイズすると蛍光マーカーでラインを引いたようになります。

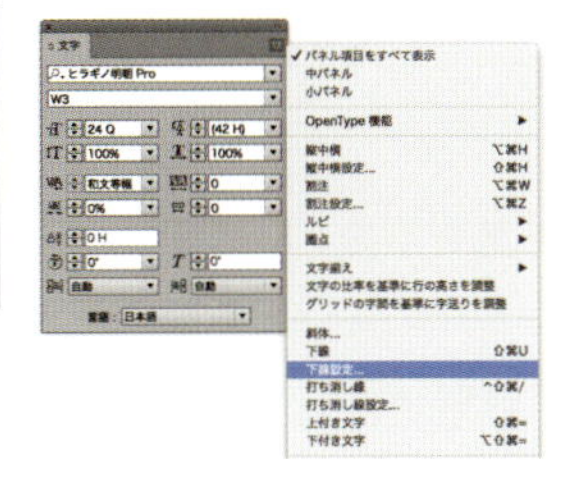

強調したい文字列を選択し、文字パネルメニューから［下線設定］を選択する

下線をカスタマイズすると蛍光マーカーでラインを引いたようになります。

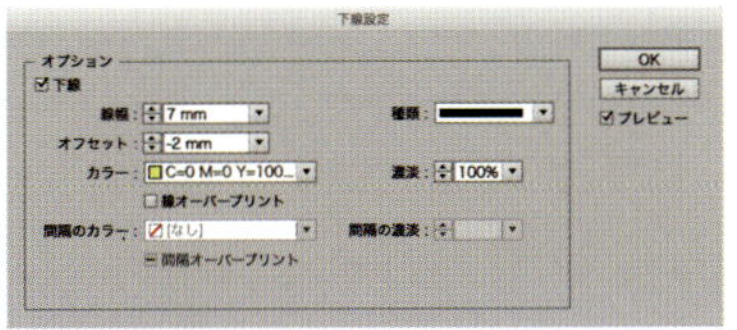

［下線設定］ダイアログボックスで、［線幅］［オフセット］［カラー］などのパラメーターを図のように変更した

子供向けの本をつくりたい。文字組みはどうすればいいの？

- 文字サイズは大きめに、ルビを付ける場合は行間は広めにしよう。
- 読者の年齢に合った文字サイズを設定しましょう。
- ルビには「モノルビ」と「グループルビ」の種類があります。

「どうも腹が空いた。さっきから横っ腹が痛くてたまらないんだ。」
「ぼくもそうだ。もうあんまりあるきたくないな。」
「あるきたくないよ。ああ困ったなあ、何かたべたいなあ。」

文字サイズ：12Q　行送り：16H（行間：4H）　ルビなし
小学生を対象にした場合は文字サイズが小さい。行間も狭く、読みにくい

「どうも腹(はら)が空(す)いた。さっきから横(よこ)っ腹(ぱら)が痛(いた)くてたまらないんだ。」
「ぼくもそうだ。もうあんまりあるきたくないな。」
「あるきたくないよ。ああ困(こま)ったなあ、何(なに)かたべたいなあ。」

文字サイズ：15Q　行送り：28H（行間：13H）　ルビつき
文字サイズを大きくした。ルビを付ける場合は、行間の空きが狭いと窮屈に見えるので、
広めに設定するのがコツ

学年に合わせて文字サイズを設定、ルビをつけると読みやすくなる

絵本など、子供向けの本をつくりたい場合は、対象となる読者の年齢層に合わせて、文字組みを読みやすくする工夫が必要です。

文字サイズは、読者の学年により大きさを変えるのがよいでしょう（右ページ参照）。特に未就学の児童の場合は文字サイズをかなり大きめに設定してください。

行送り（行間）は、文字サイズに合わせて値を変えます。行送りは文字サイズの1.5〜2倍に設定します。

児童向けの本では漢字にルビを付けることが多いでしょう。すべての漢字にルビを振ることを「総ルビ」と言います。必要な漢字にのみ部分的にルビを振ることを「パラルビ」と言います。

読者層に適した文字サイズ

子供向けの本（あるいはキッズ向けのサイト）は、文字サイズを大きめに設定します。幼児向けの本は両親が読み聞かせる場合も想定し、遠くから見ても読めるくらいの大きさにするとよいでしょう。以下に学年別の文字サイズの目安を示しました。

読者層による文字サイズの設定

がたがたがたがた、ふるえだしてもうものが言えませんでした。
中学生以上　8 ポイント、12Q 以上

がたがたがたがた、ふるえだしてもうものが言えませんでした。
小学校 5・6 年生　9 ポイント、13Q 以上

がたがたがたがた、ふるえだしてもうものが言えませんでした。
小学校 3・4 年生　10 ポイント、14Q 以上

がたがたがたがた、ふるえだしてもうものが言えませんでした。
小学校 1・2 年生　12 ポイント、15Q 以上

がたがたがたがた、ふるえだしてもうもの
未就学児童　16 ポイント、24Q 以上

ルビの種類

難読の漢字にはルビを付けて読みやすくすることができます。ルビは「モノルビ」と「グループルビ」の種類があります。ルビを付けるのは漢字に限りません。「JPEG（ジェイペグ）」のように読みが難しい用語にルビを振る場合もあります。

ルビの種類

モノルビ・肩付き

児（じ）童（どう）書（しょ）

モノルビ・中付き

児（じ）童（どう）書（しょ）

グループルビ

紅葉（もみじ）　百日紅（さるすべり）　紫陽花（あじさい）

モノルビは一つひとつの文字に対してルビを付ける。縦組みでは肩付き、横組みでは中付きに設定する

グループルビは「昨日（きのう）」「今日（きょう）」などの熟字訓（漢字 2 字以上の塾字全体に日本語の訓を当てて読むこと）や当て字に用いられる

悩み 034

和文の縦組みに英数字が混在している。どうすればいいの？

解決

- 縦組みの和文の中に英数字を混在させる方法を知っておこう。
- InDesignの「縦組み中の欧文回転」を使った処理を覚えよう。
- InDesignの「自動縦中横設定」を使った処理を覚えよう。

左：和文を全角、英数字は英数入力モードでテキスト入力すると、縦組みでは作例のように英数字が横になる

中：InDesign の「縦組み中の欧文回転」機能を使い、英数字をすべて回転させた

右：英文はそのままで、4桁の数字の年号は全角で入力した。2桁の組数字は半角字形で入力し直し、「自動縦中横設定」で回転させた

○

映画『スター・ウォーズ／フォースの覚醒』(原題：STAR WARS: THE FORCE AWAKENS)は、２０１５年12月に公開された。

○

映画『スター・ウォーズ／フォースの覚醒』(原題：STAR WARS: THE FORCE AWAKENS)は、２０１５年１２月に公開された。

映画『スター・ウォーズ／フォースの覚醒』(原題：STAR WARS: THE FORCE AWAKENS) は、2015年12月に公開された。

縦組みの和文の中に英数字を混在させる

和文の縦組みの中に英数字が混在すると、それらの文字が横になって表示されてしまいます。事前に縦組みで組版することがわかっているのであれば、全角の英数字、あるいは一、二、三、四などの漢数字でテキスト入力すれば、縦組み時に回転しなくなります。

英数入力のテキストを回転させて処理することもできます。InDesignの「縦組み中の欧文回転」や「自動縦中横設定」を使うと、上図のような変換が可能です。

組版を行う際は、事前に表記のルールを定め、テキストを入力する人にも伝えておくとよいでしょう。

●InDesignの「縦組み中の欧文回転」を使った処理

InDesignの「縦組み中の欧文回転」を利用すると、英数字を回転させることができます。テキストをすべて選択してまとめて処理することができます。

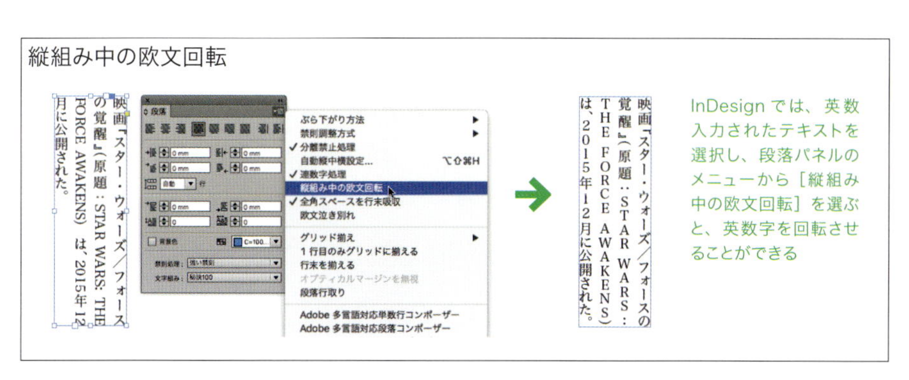

●InDesignの「自動縦中横設定」を使った処理

［縦中横］の機能はIllustratorにもありますが、InDesignでは［自動縦中横設定］を使って、組数字をまとめて回転させることができます。

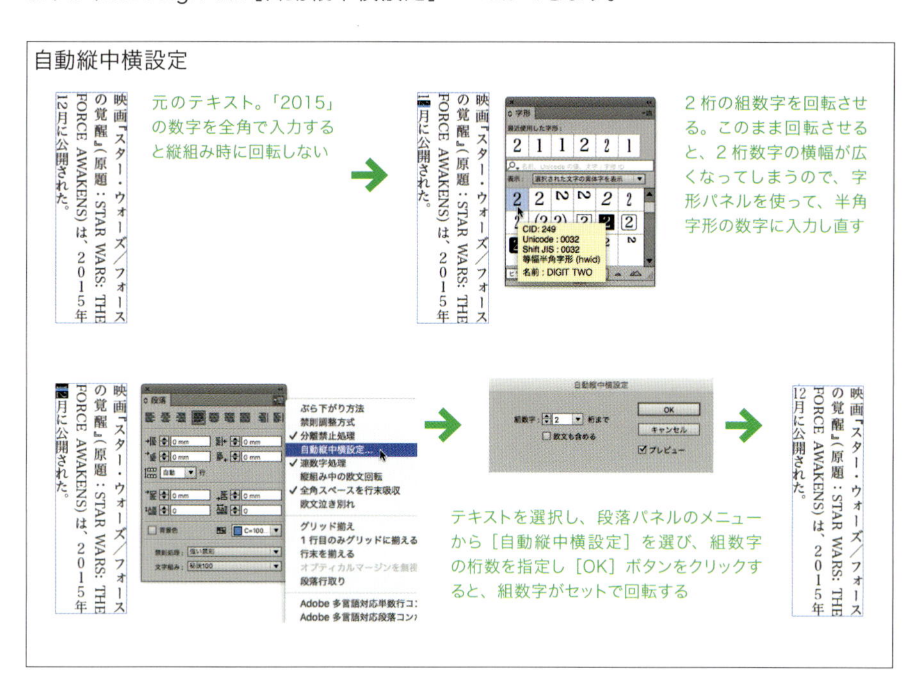

文字組みの設定について知りたい。どんな違いがあるか教えて！

- 文字組みの基本設定の指定方法を覚えましょう。
- Illustratorの［文字組み］の登録済みの設定を適用してみましょう。
- InDesignの［文字組み］の登録済みの設定を適用してみましょう。

約物半角

「組版」は文字や図版などの要素を配置し、紙面を構成すること。「組み付け」とも言う。現在では、「レイアウトソフト」を用いて、紙面をつくることを指す。

行末約物半角

「組版」は文字や図版などの要素を配置し、紙面を構成すること。「組み付け」とも言う。現在では、「レイアウトソフト」を用いて、紙面をつくることを指す。

行末約物全角

「組版」は文字や図版などの要素を配置し、紙面を構成すること。「組み付け」とも言う。現在では、「レイアウトソフト」を用いて、紙面をつくることを指す。

約物全角

「組版」は文字や図版などの要素を配置し、紙面を構成すること。「組み付け」とも言う。現在では、「レイアウトソフト」を用いて、紙面をつくることを指す。

Illustrator、InDesign の段落パネルにある［文字組み］では、登録済みの各種設定から選択できる。適用方法は、テキストを選択し、［文字組み］のポップアップメニューで希望の設定を選ぶ。［文字組み］は、カスタマイズして名前を付けて登録して利用することも可能

Illustrator の段落パネル

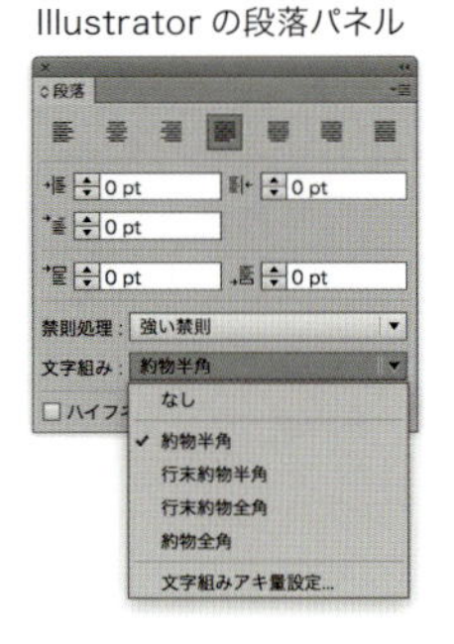

InDesign の段落パネル

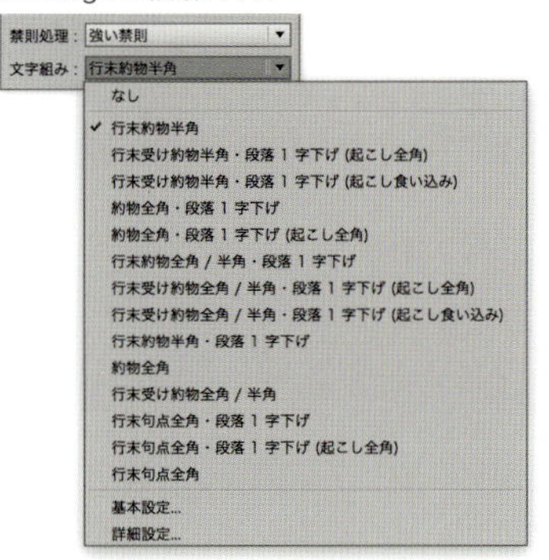

Illustratorの［文字組み］設定

IllustratorやInDesignの段落パネルにある［文字組み］では、文字組みの基本設定を選択します。Illustratorはデフォルトで4種類（上図参照）、InDesignでは14種類の設定が登録されています（右ページ参照）。Illustratorの［文字組み］では、約物を全角あるいは半角にしたり、約物の行末の処理方法を選べます。

●InDesignの［文字組み］設定

InDesignの文字組みは、登録済みの14種類の設定から選べます。段落1字下げの方法を4種類から選べるほか、約物を全角あるいは半角で処理するかを選択できます。下に、テキストに適用した場合の一覧を示しましたので参考にしてください。

行末約物半角

「組版」は文字や図版などの要素を配置し、
紙面を構成すること。「組み付け」とも言う。
現在では、「レイアウトソフト」を用いて、
紙面をつくることを指す。

行末受け約物半角・段落１字下げ（起こし食い込み）

「組版」は文字や図版などの要素を配置し、
紙面を構成すること。「組み付け」とも言う。
現在では、「レイアウトソフト」を用いて、
紙面をつくることを指す。

約物全角・段落１字下げ（起こし全角）

　「組版」は文字や図版などの要素を配置
し、紙面を構成すること。「組み付け」とも
言う。現在では、「レイアウトソフト」を用
いて、紙面をつくることを指す。

行末受け約物全角/半角・段落１字下げ（起こし全角）

　「組版」は文字や図版などの要素を配置
し、紙面を構成すること。「組み付け」とも
言う。現在では、「レイアウトソフト」を用
いて、紙面をつくることを指す。

行末約物半角・段落１字下げ

「組版」は文字や図版などの要素を配置し、
紙面を構成すること。「組み付け」とも言う。
現在では、「レイアウトソフト」を用いて、
紙面をつくることを指す。

行末受け約物全角/半角

「組版」は文字や図版などの要素を配置し、
紙面を構成すること。「組み付け」とも言う。
現在では、「レイアウトソフト」を用いて、
紙面をつくることを指す。

行末句点全角・段落１字下げ（起こし全角）

　「組版」は文字や図版などの要素を配置
し、紙面を構成すること。「組み付け」とも
言う。現在では、「レイアウトソフト」を用
いて、紙面をつくることを指す。

行末受け約物半角・段落１字下げ（起こし全角）

　「組版」は文字や図版などの要素を配置
し、紙面を構成すること。「組み付け」とも
言う。現在では、「レイアウトソフト」を用
いて、紙面をつくることを指す。

約物全角・段落１字下げ

　「組版」は文字や図版などの要素を配置
し、紙面を構成すること。「組み付け」とも
言う。現在では、「レイアウトソフト」を用
いて、紙面をつくることを指す。

行末約物全角/半角・段落１字下げ

「組版」は文字や図版などの要素を配置し、
紙面を構成すること。「組み付け」とも言う。
現在では、「レイアウトソフト」を用いて、
紙面をつくることを指す。

行末受け約物全角/半角・段落１字下げ（起こし食い込み）

「組版」は文字や図版などの要素を配置し、
紙面を構成すること。「組み付け」とも言う。
現在では、「レイアウトソフト」を用いて、
紙面をつくることを指す。

約物全角

「組版」は文字や図版などの要素を配置し、
紙面を構成すること。「組み付け」とも言う。
現在では、「レイアウトソフト」を用いて、
紙面をつくることを指す。

行末句点全角・段落１字下げ

「組版」は文字や図版などの要素を配置し、
紙面を構成すること。「組み付け」とも言う。
現在では、「レイアウトソフト」を用いて、
紙面をつくることを指す。

行末句点全角

「組版」は文字や図版などの要素を配置し、
紙面を構成すること。「組み付け」とも言う。
現在では、「レイアウトソフト」を用いて、
紙面をつくることを指す。

日本語組版の禁則処理って何？どうやってコントロールするの？

- 禁則処理の種類を切り替えて、効果の違いを見てみよう。
- ［禁則設定］のダイアログで、禁則文字の種類を調べてみよう。
- 「ぶら下がり」を利用すると、句読点をぶら下げることができます。

禁則処理：なし

吾輩は猫である。名前はまだ無い。ど
こで生れたかとんと見当がつかぬ。何
でも薄暗いじめじめした所でニャーニ
ャー泣いていた事だけは記憶している
。吾輩はここで始めて人間というもの
を見た。

禁則処理：弱い禁則

吾輩は猫である。名前はまだ無い。ど
こで生れたかとんと見当がつかぬ。何
でも薄暗いじめじめした所でニャーニ
ャー泣いていた事だけは記憶してい
る。吾輩はここで始めて人間というも
のを見た。

禁則処理：強い禁則

吾輩は猫である。名前はまだ無い。ど
こで生れたかとんと見当がつかぬ。何
でも薄暗いじめじめした所でニャー
ニャー泣いていた事だけは記憶してい
る。吾輩はここで始めて人間というも
のを見た。

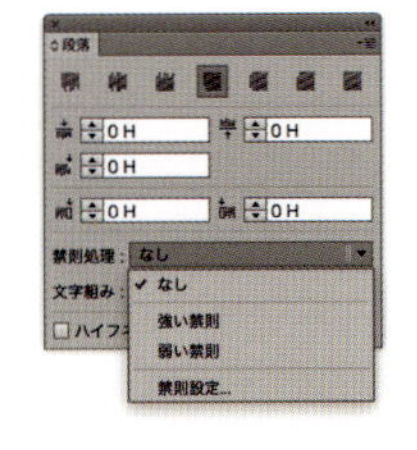

禁則処理は、段落パネルの［禁則処理］のポップアップメニューで設定する。［禁則処理］を［なし］にすると、句読点や括弧類が不自然な位置にきてしまう。［強い禁則］を選ぶと、拗音や促音、音引が禁則の対象になる。上図の作例では「ニャーニャー」の部分で禁則処理設定の違いが確認できる。［弱い禁則］を選ぶと、拗音や促音、音引が禁則の対象からはずれる

禁則処理を適用する

禁則処理は、日本語の組版において、「約物などが行頭・行末などにあってはならない」などとされる禁止事項です。たとえば、句読点が行頭に来てはならない、起こしの括弧が文末に来てはならない、などのルールがあります。IllustratorやInDesignでは、段落パネルで禁則処理の強弱を選択することができます。

●禁則文字の種類

禁則文字の種類を確認してみましょう。段落パネルの[禁則処理]のポップアップメニューから[禁則設定]を選び、[禁則処理]の種類を切り替えると、禁則の対象になる文字種を確認することができます。このダイアログではカスタマイズも可能です。

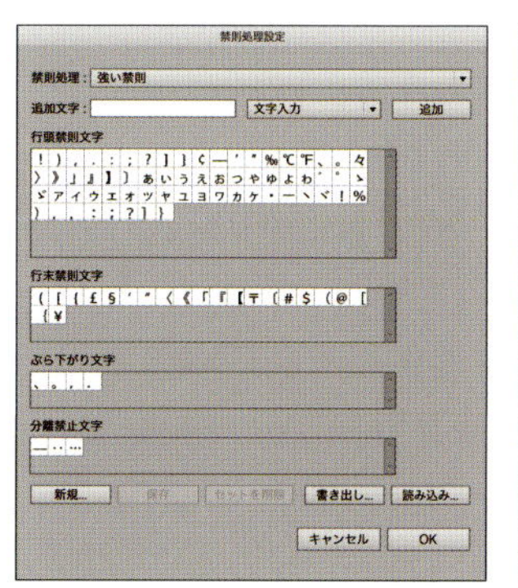

強い禁則

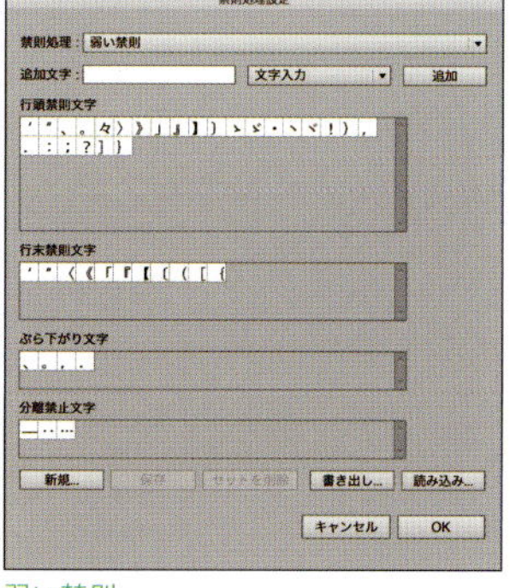

弱い禁則

[禁則処理設定]のダイアログボックスで[禁則処理]の種類から[強い禁則]と[弱い禁則]を選ぶ。このダイアログで、[行頭禁則文字]と[行末禁則文字]の文字種を確認できる。強い禁則では「ゃ」や「っ」などの拗音・促音や音引が禁則の対象になっている。そのほか、[ぶら下がり文字]や[分離禁止文字]の文字種も確認できる

●「ぶら下がり」を利用する

「ぶら下がり」を適用すると、句読点が行末に来た場合、フレームの外側にぶら下げることができます。[標準]では、禁則処理で次行に送られる句読点がぶら下がります。[強制]では、行末の句読点が強制的にぶら下がります。

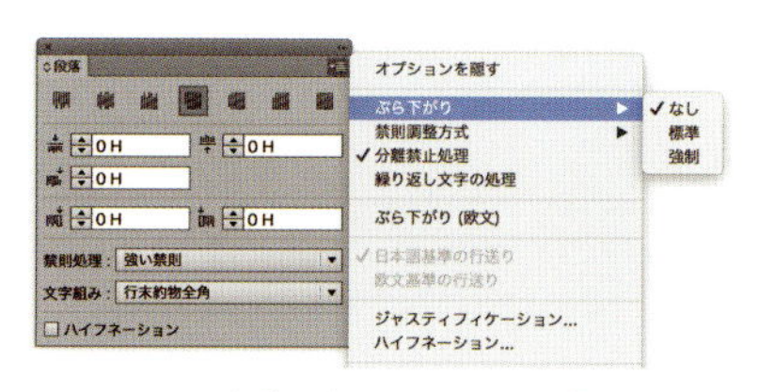

Illustratorの段落パネルメニューから[ぶら下がり]を設定できる。InDesignにも同様の機能がある

ぶら下がり：なし

吾輩は猫である。名前はまだ無い。
どこで生れたかとんと見当がつか
ぬ。何でも薄暗いじめじめした所で
ニャーニャー泣いていた事だけは記
憶している。吾輩はここで始めて人
間というものを見た。

ぶら下がり：標準

吾輩は猫である。名前はまだ無い。
どこで生れたかとんと見当がつかぬ。
何でも薄暗いじめじめした所で
ニャーニャー泣いていた事だけは記
憶している。吾輩はここで始めて人
間というものを見た。

ぶら下がり：強制

吾輩は猫である。名前はまだ無い。
どこで生れたかとんと見当がつかぬ。
何でも薄暗いじめじめした所で
ニャーニャー泣いていた事だけは記
憶している。吾輩はここで始めて人
間というものを見た。

悩み
037

特種な記号や約物を使いたい。欧文の合字って何？

- 和文フォントに入っている特殊記号などの約物を入力してみよう。
- 欧文には、複数の文字を合成して１文字にする合字があります。
- 特殊な記号や約物、異体字などを入力するツールがあります。

単位記号

時速１８０ｋｍのサーブ ×

時速 180km のサーブ ○

時速 180㎞ のサーブ ○

数字は英数入力モードが原則。「km」「kg」などの英数で表される記号も全角で入力すると見栄えが悪くなる（上）。英数は英数入力モードの半角で入力したり（中）、約物の記号を使う（下）のが原則

特殊な文字

株式会社ボーンデジタル ○

（株）ボーンデジタル

㈱ボーンデジタル

㍿ボーンデジタル

「株式会社」を「(株)」のように略す場合がある。フォントに含まれている約物の中から「㈱」の字形を使うと１文字で表すことができる。「㍿」の特殊記号もあるが、本文組版の中では使わないのが原則

特殊な記号や約物を使う

　和文や欧文フォントのパッケージには、特殊な記号や約物が含まれています。たとえば、通貨記号を表す「¥」や「$」はキーボードから直接入力できます。温度を表す「℃」や「°」は、漢字変換を使って入力できるでしょう。漢字変換では現れない記号を入力するには、ソフトウェアのツールを使って入力します（右ページコラム参照）。

●欧文の合字を利用する

合字は、複数の文字を合成して1文字にしたものです。合字は「リガチャ」（Ligature）とも呼ばれます。合字に切り替えることで、読みやすくなる効果が得られます。

欧文フォントでは、「ff」「fi」「fl」などの文字の組み合わせの場合、合字に切り替えて表示することができます。操作はアプリケーションによって異なります。右図ではAdobe Illustratorの例を示しました。

フォントの種類によっては合字の文字を含んでいない場合があります。合字に切り替わらない場合は、別のフォントを選んで試してください。

Adobe Illustrator の OpenType パネルでは、欧文文字の合字のオン／オフを切り替えることができる。上がオフ、下がオンの状態

字形パネルの使い方

OpenTypeフォントのプロ用のフォントでは、特殊な記号や約物が豊富に含まれています。これらの文字を入力するには、ソフトウェアのツールを利用します。アドビシステムズ社のソフトウェアでは字形パネルを使って、特殊な文字を入力することができます。

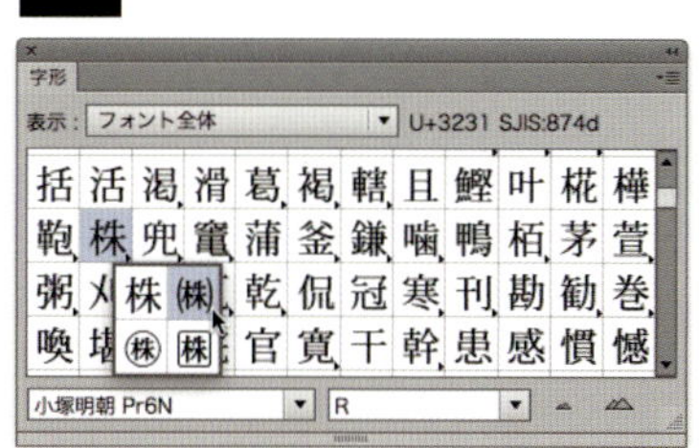

文字を選択して字形パネルでクリックすると、異体字の候補が表示される

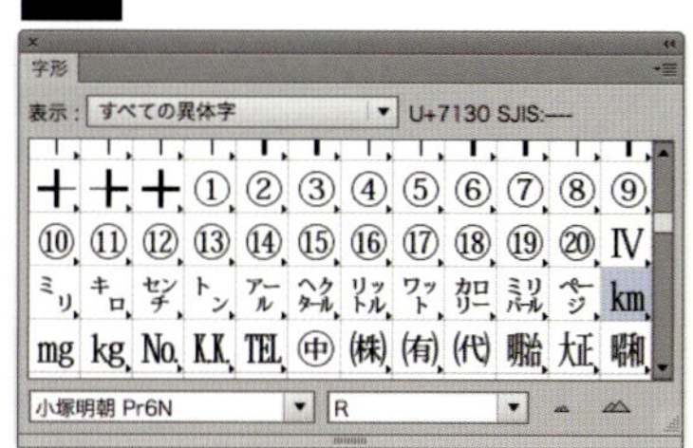

［表示］のドロップダウンリストで［すべての異体字］を選び「km」の記号をダブルクリックして入力した

カラーのトーンを揃えたい。どのようにしたらいいの？

- 同系統のトーンのカラーグループを作ってみましょう。
- トーンを揃えて配色すると、イメージが伝わりやすくなります。
- トーンが醸し出すイメージを考えてみましょう。

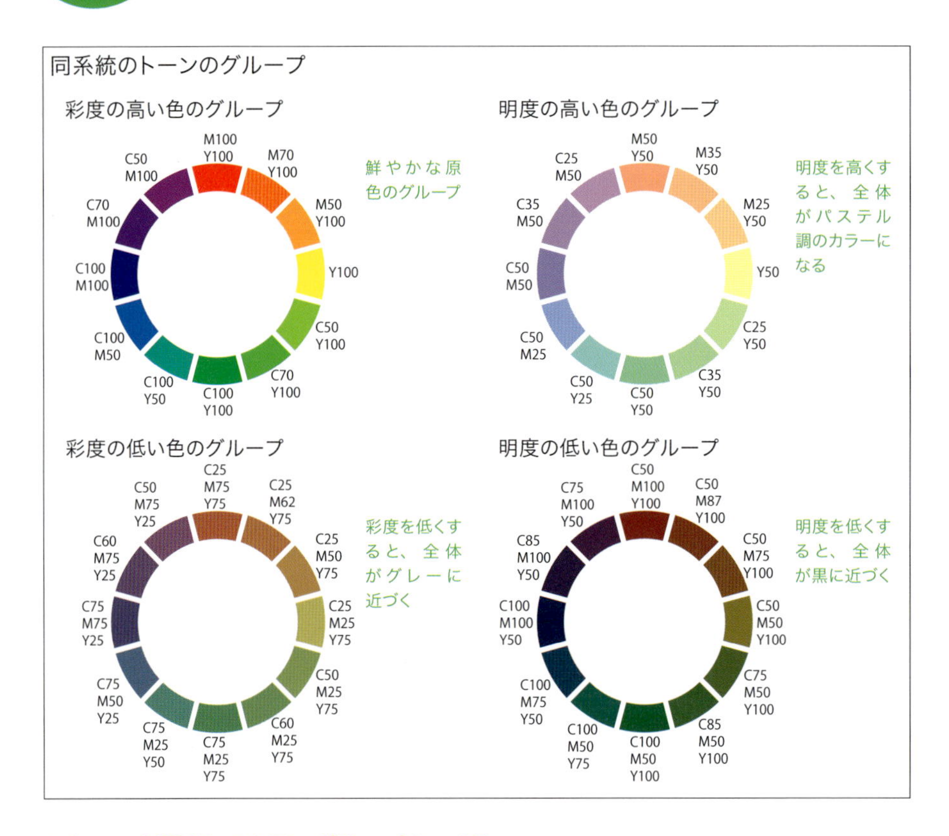

トーンを調整してカラーグループをつくる

トーンは色相以外の、彩度や明度の属性です。上図では、色相環で彩度や明度を調整して、同系統のトーンのカラーグループをつくってみました。上図では各色のCMYKのカラー値を示しました。カラー値を参考にして、実際にカラーを作ってみましょう。

●トーンを揃えて配色する

左ページの同系統のトーンのグループの中から2色を選択して配色した例を以下に示しました。ターゲット（読者層）に合った配色を考える際は、トーンを揃えることで紙面全体のイメージが統一され、色によるメッセージがより伝わりやすくなります。

トーンを揃えた配色例

彩度の高いグループから２色を選択

明度の高いグループから２色を選択

彩度の低いグループから２色を選択

明度の低いグループから２色を選択

●トーンとイメージの演出

カラーのトーンを揃えると、イメージが明確になります。彩度の高い色やパステルカラーを組み合わせると、幼児や子供らしさが高まります。彩度を抑えた配色では大人らしさが演出できます。明度を抑えた暗い色の配色は、暖かみが表現できます。

トーンとイメージ

幼児や子供向けの玩具は、原色や淡い色を組み合わせた識別しやすい配色がふさわしい

彩度を落としたグレイッシュなカラーの配色は、大人びた雰囲気を醸し出す効果が得られる

明度を落としたカラーの配色は、秋、冬のイメージ。濃いワインカラーは収穫の秋にふさわしい色

悩み039 見やすく、読みやすい配色にするにはどうすればいいの？

- 文字と背景に配色するときは、明度差を確保して読みやすくします。
- 文字色と背景色の明度差は、最低でも40〜50%必要です。
- 色弱者に見やすく、読みやすいデザインを心がけましょう。

SPRING　SUMMER
AUTUMN　WINTER

背景色と文字色が近似色で、文字の可読性、視認性が悪い

SPRING　SUMMER
AUTUMN　WINTER

上段は文字色、下段は背景色の明度を高めて明るくした作例。文字色と背景色のコントラストが高まり、視認性、可読性がよくなった

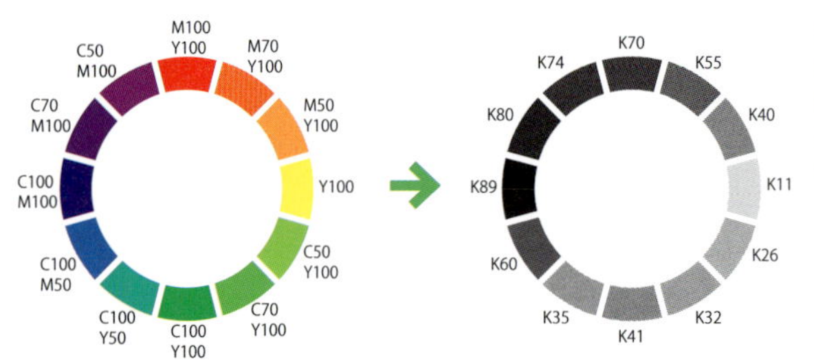

カラーの明るさを確認するには、グレースケールに置き換えてみるとよい。左の色相環をグレースケールに変換すると、右に示したようなグレーの値になる

可読性、視認性のよい配色

背景と文字にそれぞれカラー指定を行う場合は、明るさのコントラストに注意しましょう。コントラストが弱いと、可読性、視認性が著しく下がります。カラーは、明るさの属性を持っています。カラーの明るさを確認するには、モノクロのグレースケールに変換するとわかりやすいでしょう。明度差を十分に確保して配色してください。

●コントラストを高めて可読性、視認性を確保する

文字の背景に色を敷く場合は、どれくらいの明度差が必要かを見てみましょう。下図は、文字のカラーを50%のグレーに設定し、背景の濃度を変更したものです。可読性、視認性を確保するには、40〜50%の濃度差が必要であることがわかります。

文字色と背景色の明度差の比較

文字色 :K50%、背景色 :K0%	文字色 :K50%、背景色 :K60%
文字色 :K50%、背景色 :K10%	文字色 :K50%、背景色 :K70%
文字色 :K50%、背景色 :K20%	文字色 :K50%、背景色 :K80%
文字色 :K50%、背景色 :K30%	文字色 :K50%、背景色 :K90%
文字色 :K50%、背景色 :K40%	文字色 :K50%、背景色 :K100%

印刷では、K0% は紙色（一般には白）を表す。色紙に印刷する場合は、紙の色を考慮して文字色を設定する

●色弱者にやさしい配色

Photoshopには、CUD（カラーユニバーサルデザイン）のプルーフ機能が搭載されています。この機能を使うと、色弱者の色の見分けにくさを擬似変換で確認できます。見分けにくい配色は、別の色に変更して、わかりやすくしておきましょう。

カラーユニバーサルデザインの例

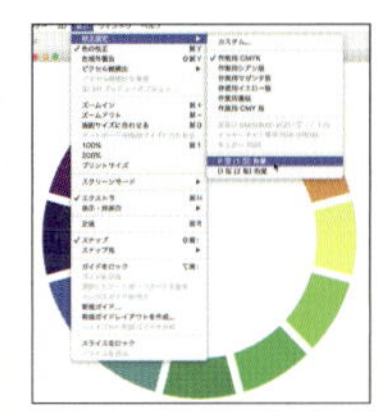

色相環の画像を開いて、Photoshop の 表示メニューから［校正設定］を選び、［P 型（1型）色覚］［D 型（2 型）色覚］を選ぶ。適用例は下図を参照

上図の配色では、一般色覚者（C 型）には左図のように見えるが、色弱者には右図のように見える

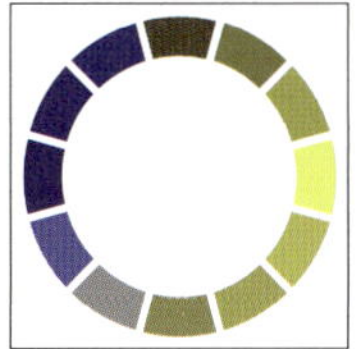

P 型（1 型）色覚を適用

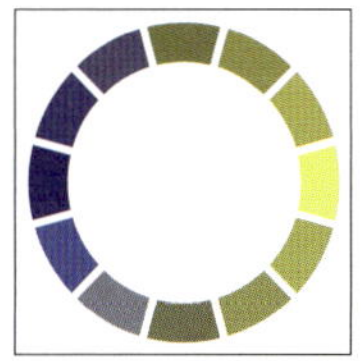

D 型（2 型）色覚を適用

左図のようにカラーを変更した。Photoshop の CUD プルーフ機能を使って確認すると右図のようになる

悩み 040

カラフルな写真の上に文字を置きたい。読みやすくなる方法を教えて！

解決

- 文字と背景の間にセパレーションカラーを挟むとよい。
- 背景の一部を淡くして文字を乗せると読みやすくなります。
- アプリケーションで白フチ文字、影文字をつくる方法を覚えましょう。

背景色と文字色が溶け合って、可読性、視認性が悪い

左は白フチ文字に加工した作例。文字色と背景色の間に白を挟むことで読みやすくなった。
右は影文字に加工した作例。文字色と背景色の間に黒を挟むことで読みやすくなった。

● 白フチ文字や影文字にして、セパレーションカラーを挿入する

写真の上に文字を乗せると、文字色と背景色との対比で文字が読みにくくなることがあります。文字色と背景色の間に、白や黒、グレーの無彩色を挟むと文字が読みやすくなります。間に挟んだ色は2つのカラーを分離する働きがあり、「セパレーションカラー」と呼びます。白フチ文字や影文字はセパレーションカラーを使った技法です。

●写真の一部を淡くして、文字を乗せる

写真の一部に白の半透明のオブジェクトを置くと、写真のイメージを生かして文字の可読性を上げることができます。こうした処理を「半調処理」と呼びます。

IllustratorやInDesignで角丸長方形を作成、塗りのカラーを白に設定する

Illustratorでは透明パネル、InDesignでは効果パネルで、白の不透明度を落とす（上図は60%）

背景が白っぽくなるので、スミ文字を乗せたときの可読性が向上する

APPLICATION

白フチ文字、影文字のつくり方

IllustratorやInDesignで白フチ文字や影文字をつくることができます。アプリケーションによって操作が若干異なりますので、注意してください。

InDesignやIllustratorでは文字のカラーと線のカラーを指定する。Illustratorの場合はアピアランスパネルで線のカラーを背面に送る必要がある

プランニング
メッセ開催

プランニング
メッセ開催

図はIllustratorの画面。影文字は2つのテキストを重ねて、塗りのカラーをそれぞれ指定する。影文字のほうを背面に送り、重ね具合を調整する

白フチ文字の完成

影文字の完成

写真の構図について知りたい。どんな構図があるの？

解決

- **被写体が決まったら、構図を考えてファインダーをのぞきましょう。**
- **人物は表情が大事。モデルさんにいろいろ動いてもらいましょう。**
- **静物は演出が決め手。小物に工夫して画面をつくり込みます。**

日の丸構図

2分割構図

3分割構図

曲線構図

斜線構図

放射構図

トンネル構図

シンメトリー構図

2／8構図

被写体を決めたら、写真の構図を考えよう

被写体を決めたら、次に写真の構図を考えましょう。撮りたいものを真ん中に収める日の丸構図にしたり、画面を2分割、3分割して配置を決めたりします。ファインダーの中にお気に入りのラインを見つけたら、その線に沿って構図を組み立てる方法も有効です。カメラを少し傾けるだけでも見栄えがずいぶん変わります。

●人物の構図とポーズのバリエーション

人物の構図は、体のどの部分を切り取るかで呼び名が変わります。モデルさんに近づいたり、遠ざかったりして構図を決めてください。顔の表情はもちろん大事ですが、目線を変えたり、手の仕草を加えたり、肩を少し振ってもらったりして、表情を盛り込みましょう。アングルを上下に移動させると雰囲気も変わってきます。

クローズアップ

人物写真のバリエーション。切り取り方で呼び方が変わる

バストショット

ニーショット

ロングショット

視線・ポーズ・表情

目線を下に向けたり、目を閉じてもらう

座ってもらいリラックスした表情をとらえる

撮影時に話しかけて会話しながら撮ると、自然な表情になる

●静物撮影では演出が大事

静物を撮るときは、背景や小物などの演出に気を配りましょう。料理の写真であれば、背景に飲み物や調味料を加えたり、二人分の料理を用意することで会話しているようなストーリーを組み立てることができます。お皿の下のマットを工夫したり、真上から撮影することで、構図に工夫を加えることができます。

二人分の料理を用意して、さわやかな朝のイメージを演出する

幾何学模様を意識した構図。真上から撮影して線の傾きをなくしている

パソコン、筆記具、ノート、時計を利用してビジネスを連想させる演出

悩み042 レンズの種類と特長を教えて欲しい。明るさやピントはどうやって決めるの？

解決

- レンズの種類を覚え、狙った構図に適したレンズで撮影しよう。
- 写真の明るさは露光量で変わることを覚えておこう。
- 狙った被写体に焦点を合わせ、被写界深度を決めよう。

標準レンズ

焦点距離 50mm を基準に 35 〜 70mm の範囲のレンズ。人間の目の視野角に近い

望遠レンズ

焦点距離 70mm 以上のレンズ。見た目より狭くなるが、遠くの被写体をアップで写せる

広角レンズ

焦点距離 35mm 以下のレンズ。見た目より広く写せる。上の写真では背景が広い範囲で写っているのがわかる

マクロレンズ

被写体に近づける距離が短いレンズ。被写体のすぐ近くまで寄って撮影が可能

狙った構図に適したレンズを選ぶ

レンズはさまざまな焦点距離があり、画角（見える範囲）が異なります。人間の目に近い画角を標準レンズと呼びます。遠くのものを大きくとらえたい場合は、望遠レンズを使用します。広い画角で背景をとらえたい場合は広角レンズを使用します。接写して大きくとらえたい場合は、マクロレンズが向いています。

明るさ（露出）を決める

カメラの設定で光量を調整することができます。光量を多くすると明るい写真になります。逆に暗くしたい場合は光量を抑えます。光量は、絞りやシャッタースピードを変更することで調整できます。デジタルカメラでは右図に示したような露出補正の調整画面で変更することができます。

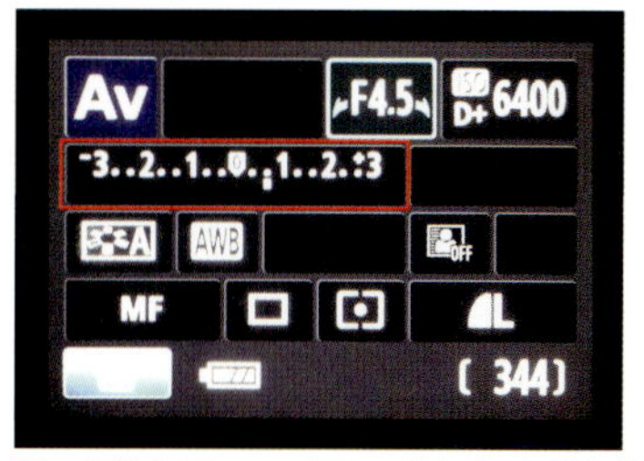

「0」を基点にして、プラスの値にすると露光量が増え明るくなり、マイナスの値にすると露光量が減り暗くなる

−1/3

0

＋1/3

露光量を変えて撮影した例。光量の変化は「段」あるいは「EV」という単位で表す。1段上げると光量は2倍、1段下げると光量は1/2になる。上図は「0」を基準に1/3刻みで光量を変えて撮影した例

焦点の範囲、被写界深度を決める

ターゲットの被写体に焦点を合わせます。前後にも被写体がある場合は、焦点を合わせる深さ（被写界深度）を決めます。被写界深度を浅くすると、背景や手前のオブジェクトがぼけるようになります。人物の場合は目に焦点を合わせるようにします。

人物に焦点を合わせ、手前のオブジェクトはぼかして撮影した

被写界深度は焦点が合う距離を指す。上図の場合は、手前の動物、人物、背後にある木に焦点が合っている

手前のサンタクロースのオブジェクトを主題にして焦点を合わせ、人物はぼかして撮影した

悩み
043

写真の明るさはどうやって判断するの？ヒストグラムの見方を教えて！

- ヒストグラムで写真のピクセルの明るさの分布を確認できます。
- 調整レイヤーで画像補正する方法を覚えましょう。
- レベル補正を使って、黒点と白点を補正してみましょう。

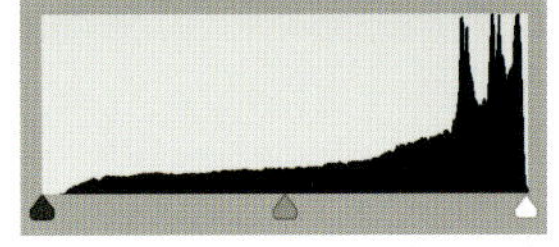

明るい写真では、ヒストグラムの山が右側に集まる

全体的に明るさの分布が広がっている写真の例

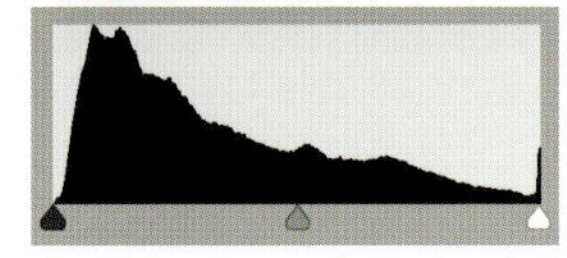

暗い写真では、ヒストグラムの山が左側に集まる

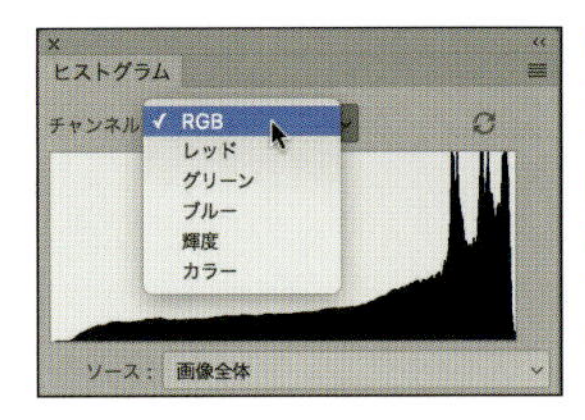

Photoshopのヒストグラムパネルで、いつでもヒストグラムを確認できる。チャンネルで表示内容を切り替えることも可能

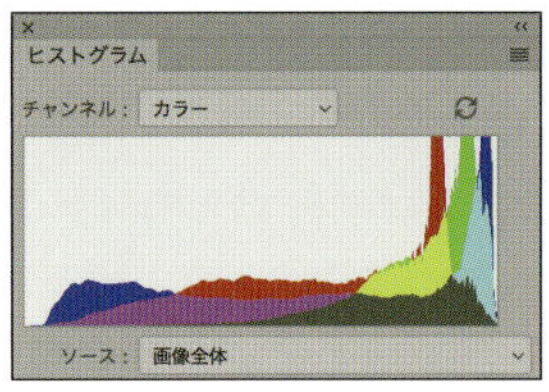

チャンネルでカラーを表示したところ。このモードでは、レッド、グリーン、ブルー各色の分布がカラーで確認できる

ヒストグラムでピクセルの明るさの分布を確認する

写真をPhotoshopで開いて、画像を構成するピクセルの明るさがどのような分布になっているかを確認することができます。ヒストグラムパネルを表示すると、ヒストグラムのグラフが確認できます。

グラフは右側が白、左側が黒で、中央部分が50%の明るさを示しています。ピクセルの分布は棒グラフで山のような形になって表されます。たとえば、明るい写真では山が右側に集まっていますし、暗い写真では左側に集まっています。

明るさの補正を行う場合は、「レベル補正」というコマンドを使用し、ヒストグラムを表示して補正します（右ページ参照）。

調整レイヤーで補正する

Photoshopで画像を補正したい場合は「調整レイヤー」という機能を使うと便利です。元画像は変更されずに残っているので、後で補正を取り消すことができます。また、レイヤーの不透明度を落として、適用の度合いを微調整することもできます。

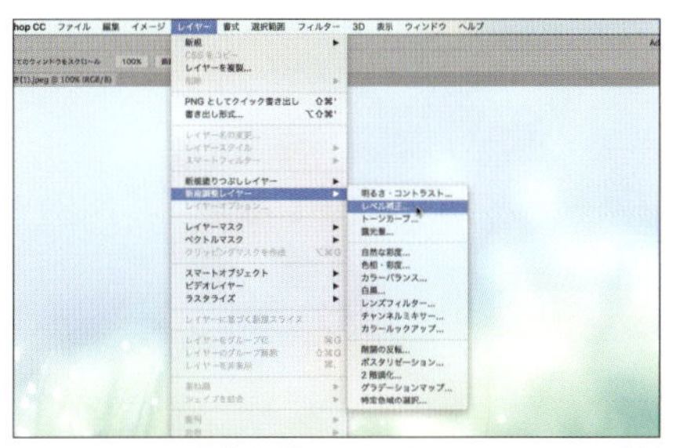

Photoshop で画像を開き、レイヤーメニューから［新規調整レイヤー］を選び、サブメニューに調整レイヤーの種類を選択できる

レイヤーパネル下の［塗りつぶしまたは調整レイヤーを新規作成］ボタンを押して調整レイヤーの種類を選ぶこともできる。上図は［レベル補正］を選び調整レイヤーをつくったところ

レベル補正で黒点、白点を調整する

写真のもっとも黒い部分と白い部分を調整してみましょう。まず、レベル補正を実行し、ヒストグラムの下の黒と白の三角スライダーの付近を確認します。そこにピクセルがなければ、黒または白のピクセルがないことを示しています。スライダーを山のふもと付近まで移動すると、黒白が明確になり、写真全体のカラー分布が調整されます。

曇りのときに撮った写真。ヒストグラムを確認すると、黒点、白点付近にピクセルがない。写真の中の黒い部分をより黒く、白い部分をより白くしてみよう

黒点、白点の三角スライダーをヒストグラムの山のふもとまで近づけた。ヒストグラムの山全体が広がり、白黒のコントラストが強まった

悩み044

中間調、ハイライト、シャドウの明るさを個別に補正するにはどうすればいいの？

- トーンカーブとレベル補正で中間調の明るさを変更してみよう。
- トーンカーブでは明るさの範囲を指定して補正できます。
- トーンカーブでコントラストを高めることができます。

元画像

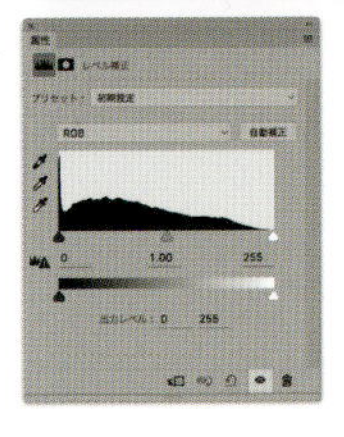

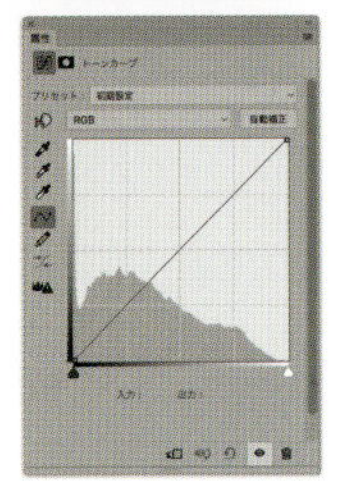

元画像とレベル補正、トーンカーブの初期設定の状態

レベル補正で全体を明るく補正

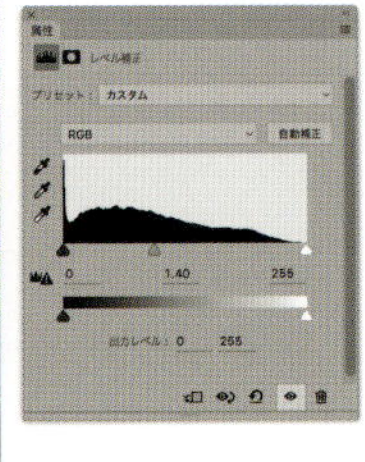

レベル補正で中間調の三角のスライダーを左側に移動させると、画像全体が明るくなる

トーンカーブで全体を明るく補正

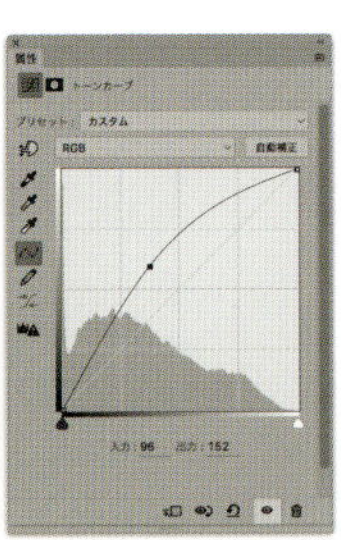

トーンカーブでグラフの真ん中にポイントを置き、上に持ち上げると、画像全体が明るくなる

中間調を基点に、画像全体の明るさを補正する

ここではレベル補正に加えて、トーンカーブで明るさを補正する方法を見ていきましょう。中間調を基点に画像全体を明るくしたい場合は、上図のような操作で実現できます。中間調の明るさを変化させると、画像全体の明るさが大きく変わります。明るさを部分的に補正したい場合は、右ページで示した方法が有効です。

●トーンカーブでハイライト、シャドウ部分を個別に補正する

トーンカーブを利用すると、中間調に加えて、ハイライト、シャドウ部分を個別に編集することができます。トーンカーブでは初期状態で直線のグラフが現れます。直線上をクリックして複数のポイントを置き、ポイントごとに上下に移動させることで、ハイライト、シャドウ、中間調の領域を個別に補正できます。

トーンカーブでハイライトを明るく補正

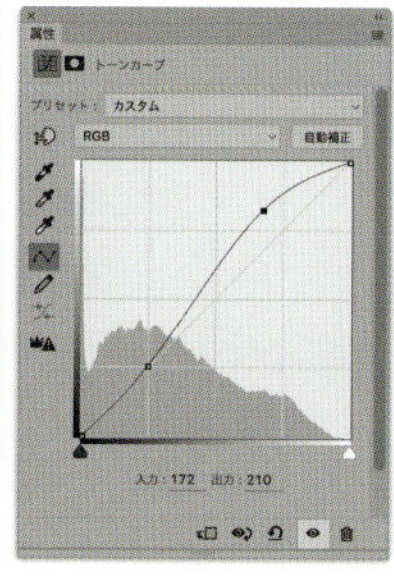

直線上の２箇所をクリックし、上のポイントのみ上方向にドラッグして移動すると、ハイライト部分がより明るくなる

トーンカーブでシャドウを暗く補正

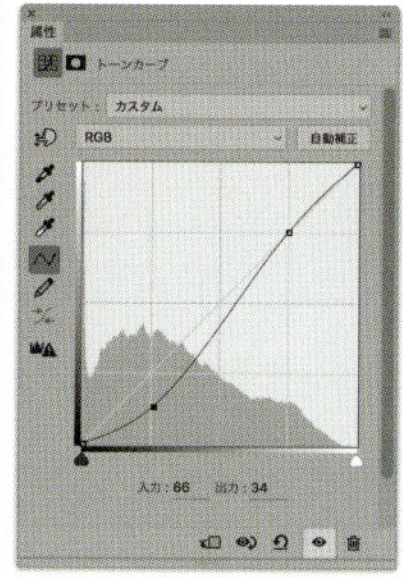

直線上の２箇所をクリックし、下のポイントのみ下方向にドラッグして移動すると、シャドウ部分がより暗くなる

トーンカーブでコントラストを強く補正

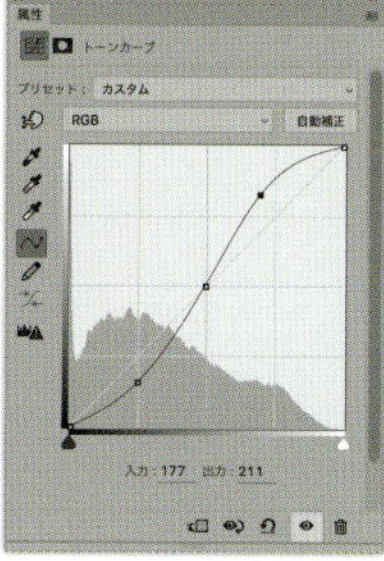

直線上の３箇所をクリックし、上のポイントを上方向に、下のポイントを下方向にドラッグして移動すると、明暗が強調されて、ハイライトが強まる。S字のようなグラフにすることから「S字補正」と呼ばれる

悩み045 写真のカラーを補正したい。どんなツールがあるの？

- 「特定色域の選択」を使って、特定の色だけを補正できます。
- 「カラーバランス」を使って、色かぶりを除去できます。
- 「トーンカーブ」でチャンネルを選んで、カラー補正できます。

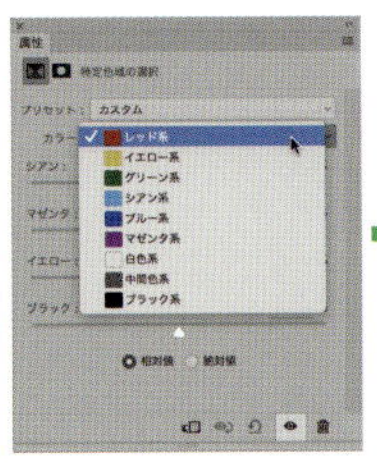

元画像。背景の青空、草原のイエロー、キリンの模様をそれぞれターゲットにしてカラー補正してみよう

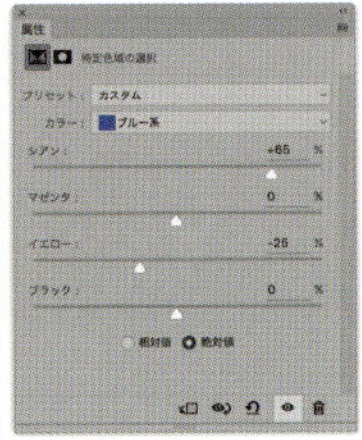

空の青を補正する。カラーのポップアップメニューで［ブルー系］を選び、スライダーを動かしてみた

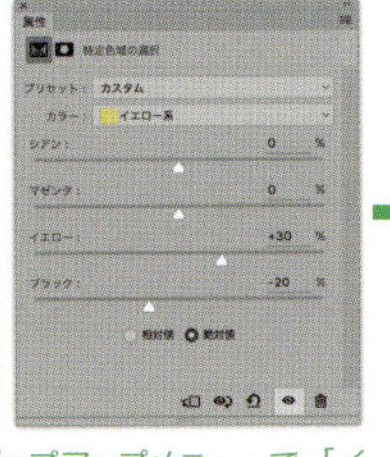

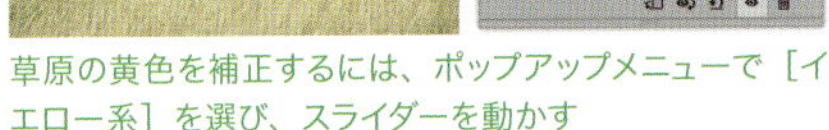

草原の黄色を補正するには、ポップアップメニューで［イエロー系］を選び、スライダーを動かす

キリンの胴体の模様を補正するには、ポップアップメニューで［レッド系］を選び、スライダーを動かす

「特定色域の選択」を使ってカラー補正する

「特定色域の選択」を選ぶと、ほかの色に影響を与えることなく、特定の色だけを選んで補正することができます。［カラー］のポップアップメニューから補正したいカラーを選択し、［シアン］［マゼンタ］［イエロー］［ブラック］のスライダーを動かして調整します。

RGB画像では、カラーの構成要素を知っておくと便利です。レッド系を補正するにはマゼンタとイエロー、グリーン系を補正するにはシアンとイエロー、ブルー系を補正するにはシアンとマゼンタを調整するとよいでしょう。［絶対値］を選ぶと色の変化の度合いが大きくなり、わかりやすくなります。

●カラーバランスで色かぶりを補正する

画像全体に特定の色がかぶってしまう現象を「色かぶり」と呼びます。たとえば古い蛍光灯の下で撮影した写真は、緑色が強くなる傾向があります。色かぶりした写真を「カラーバランス」機能を使って除去してみましょう。

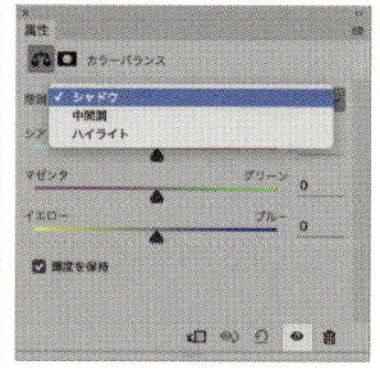

室内の蛍光灯の下で撮影した写真。全体がみどりがかっている。調整レイヤーで［カラーバランス］を適用し、カラーのポップアップメニューで［シャドウ］［中間調］［ハイライト］を選び、スライダーを使ってカラーを調整できる

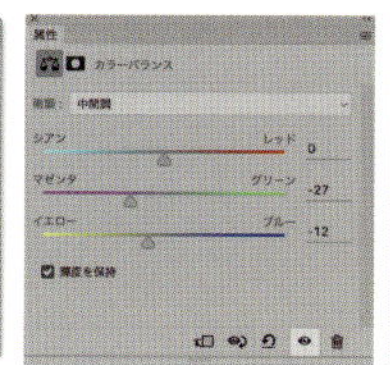
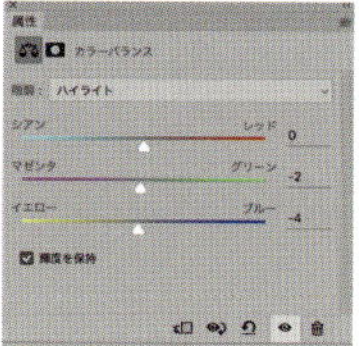

［シャドウ］［中間調］［ハイライト］で画面を見ながらカラー調整を行った。色の変化は画面全体が対象になる。特定の部分を補正したい場合は、マスクなどの処理が必要になる（マスクについては 106 ページを参照）

●トーンカーブでカラーチャンネルを指定して補正する

「トーンカーブ」は、チャンネルでRGBを選んでいる場合は、主に明るさが変わります。RGBの画像で色味を調整したい場合は、［レッド］［グリーン］［ブルー］のチャンネルを選び、それぞれのチャンネルのカラーを個別に補正することができます。たとえば、人物の肌色の赤みを調整したい場合は、トーンカーブで［レッド］チャンネルを選び、カーブの形状を変更して色味を変更することができます。

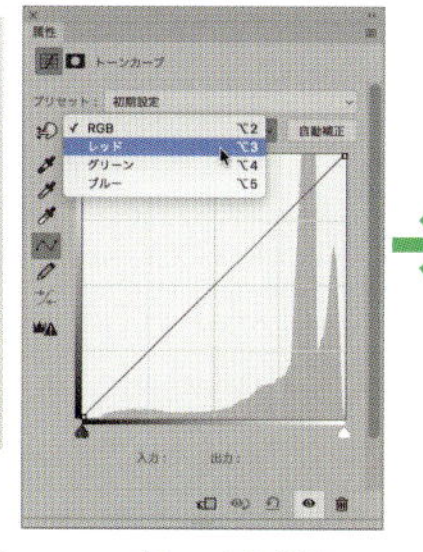

レベル補正では、ポップアップメニューで［レッド］［グリーン］［ブルー］のチャンネルを選んでカラー補正が行える

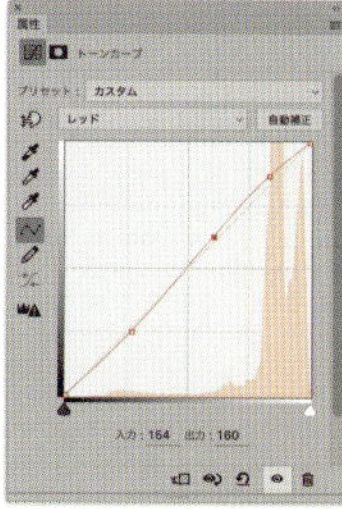

チャンネルのポップアップメニューで［レッド］を選び肌色の赤みを少しだけ強めた。肌色は、わずかな変化でも印象が大きく変わる

写真の彩度を調整したい。どんなツールがあるの？

- 「色相・彩度」を利用して彩度を補正してみよう。
- 「自然な彩度」は、彩度の高いカラーの影響を抑えて補正します。
- 「色域外警告」で印刷で再現できない色を表示することができます。

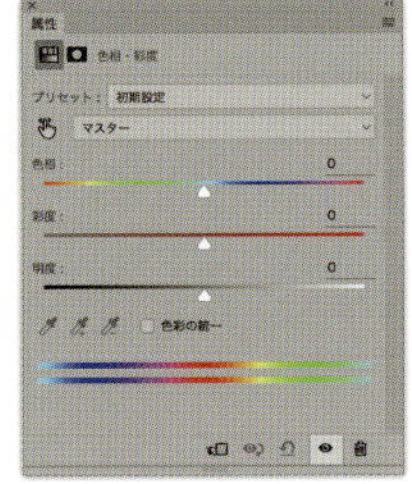

カラフルな色が含まれた写真を開き、彩度が変化する様子を見てみよう。[色相・彩度] の調整レイヤーを作成し、属性パネルを表示する

[彩度] スライダーを「＋40」に上げた。フルーツやアイスクリームの色が鮮やかに変化する（注：印刷では色の変化がわかりずらいので画面上で確認してほしい）

[彩度] スライダーを「－40」に下げた。画像全体がグレーっぽく変化する。[彩度] スライダーを左端まで移動するとモノクロ画像になる

「色相・彩度」を利用して彩度を補正する

画像の彩度、色の鮮やかさを変更してみましょう。色調補正は、イメージメニューの [色調補正] のサブメニューから選ぶこともできますが、調整レイヤーを作成して行うことで元画像に変更を加えることなく補正できます。レイヤーパネルで [塗りつぶしまたは調整レイヤーを新規作成] ボタンをクリックして [色相・彩度] を選びます。ここでは [彩度] スライダーを左右に動かして彩度を調整してみましょう。

●「自然な彩度」を利用して彩度を補正する

「自然な彩度」は彩度が高いカラーへの影響を抑えながら、彩度が低いカラーの彩度を調整することができます。この機能は人物の肌色などを抑え気味に補正したい場合に有効です。下にある「彩度」は彩度を均等に調整するため、効果が変わります。

［自然な彩度］には、2つのスライダーがある。
上の［自然な彩度］スライダーは、プラスにすると飽和している色の彩度は変わらず、飽和していない色の彩度が高くなる。
下の［彩度］スライダーは、すべてのカラーに同一に彩度が適用される

［自然な彩度］スライダーを「＋40」に上げた。手前の花の色は変化せず、空と木々の緑の彩度が上がる

［彩度］スライダーを「＋40」に上げた。写真全体の色の彩度が上がる

●「色域外警告」で印刷で再現できない色をチェックする

RGBカラーで彩度を上げても、色域の狭いCMYKカラーの印刷では再現できない場合があります。「色域外警告」ではこうした色をチェックすることができます。

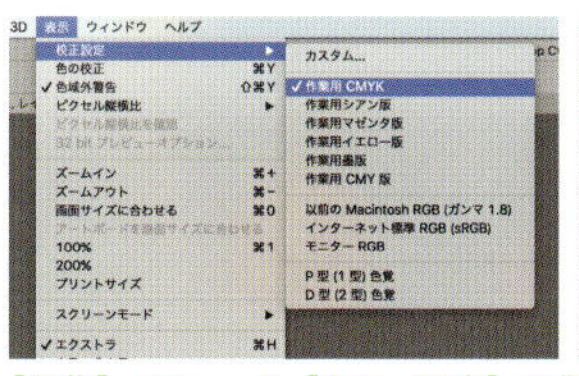

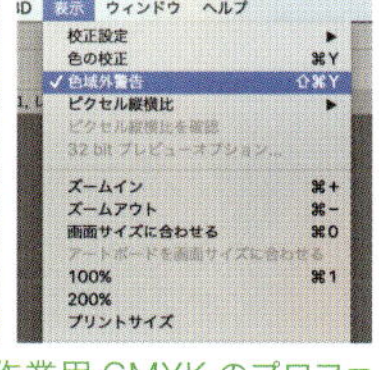

［編集］メニューの［カラー設定］で作業用CMYKのプロファイルを選ぶ（通常は「Japan Color 2001Coated」を選択）。表示メニューの［校正設定］から［作業用CMYK］を選ぶ。さらに表示メニューから［色域外警告］を選択すると、CMYKカラーに変換されたときに色再現できない色を確認できる

CMYKカラーで再現できない色がグレーで表示される

オブジェクトを切り抜いて別の画像と合成する方法を教えて！

- オブジェクトを切り抜き、背景を透明にする方法を覚えよう。
- 切り抜きが難しい画像の場合は、クイックマスクを利用するとよい。
- レイヤーを追加して、２枚の画像を合成してみよう。

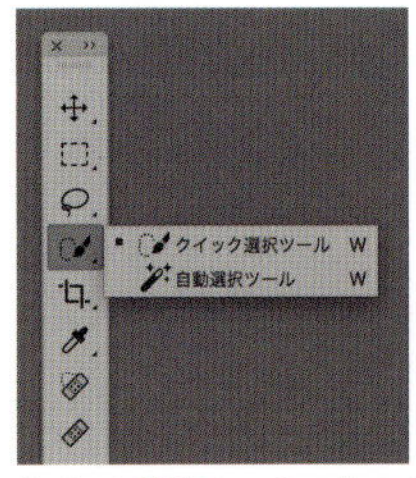

クイック選択ツールで花の上をドラッグし、花のオブジェクトの選択範囲を作成する。背景を選択しないように、ブラシのサイズを調整して作業しよう

選択範囲ができたら、レイヤーパネル下の［マスクを追加］ボタンをクリックする

背景画像がレイヤーに変換され、さらにレイヤーマスクが作成された。花のオブジェクトが切り抜かれ、背景が透明になる

レイターパネルでレイヤーマスクのプレビューアイコンをoption キーを押しながらクリックすると、レイヤーマスクが表示される。黒い部分がマスクされている領域

オブジェクトを切り抜き、背景を透明にする

オブジェクトを切り抜きたい場合は、撮影時に背景を白やグレーの単色にしておくと、後で切り抜きしやすくなります。Photoshopにあるクイック選択ツールや自動選択ツールを利用すると、目的のオブジェクトだけを選択することができます。オブジェクトの選択範囲ができたら、そのままレイヤーマスクを作成すると、背景が透明になり、オブジェクトだけが切り抜かれて表示されるようになります。

「クイックマスク」でペイントして選択範囲を作成する

自動選択ツールなどでオブジェクトをうまく選択できない場合は「クイックマスク」を利用する方法があります。選択範囲をブラシで塗っていく作業になりますが、思い通りの選択範囲がつくれます。作成した選択範囲は保存することもできます。

メインのオブジェクトと背景が近似色の画像。こうした画像は自動選択ツールでうまく選択できない場合がある

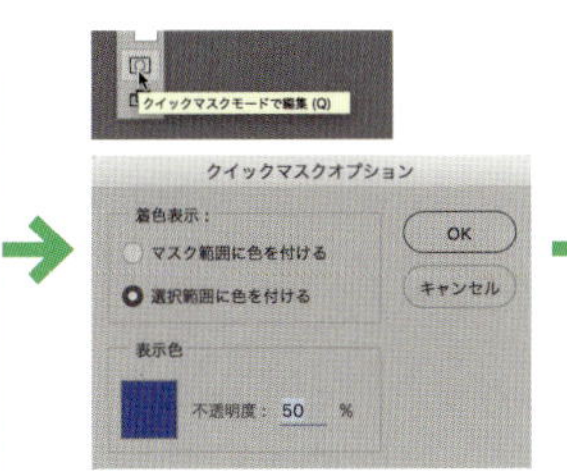

ツールパネル下の［クイックマスクモードで編集］ボタンをダブルクリックする。着色表示や表示色を指定する

クイックマスクモードでブラシを使って選択範囲をペイントする。クイックマスクモードを解除すると選択範囲が現れる。選択範囲メニューから［選択範囲を保存］を実行して選択範囲を保存することもできる

レイヤーを使って2枚の画像を合成する

切り抜いた画像と別の画像を合成します。レイヤーを追加して、カラーで塗りつぶしたり、別の画像をペーストしたりして、2枚の画像を合成してみましょう。

レイヤーパネル下の［新規レイヤーを作成］ボタンをクリックする

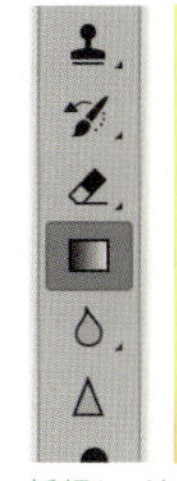
新規レイヤーが作成された。グラデーションツールで上図のように塗りつぶした

レイヤーパネルでレイヤーをドラッグして順番を入れ替えることができる。合成画像が完成した

さらに新規レイヤーを作成、空の画像をペーストし、2枚の画像を合成した

写真の一部分だけを補正したい。やり方を教えて！

- レイヤーマスクを適用し画像の一部分を補正することができます。
- レイヤーマスクの階調を反転し、効果を反転させることができます。
- 白いレイヤーマスク画像に直接ペイントすることもできます。

オブジェクト（花びら）の選択範囲を作成する

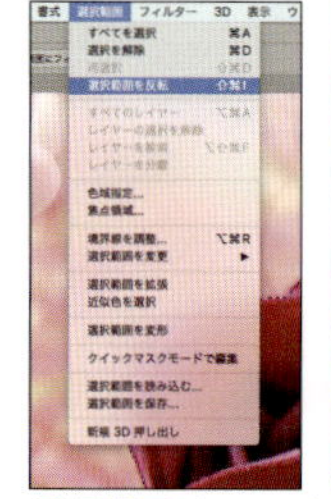

選択範囲メニューから［選択範囲を反転］を選ぶ。この操作で背景が選択されるようになる

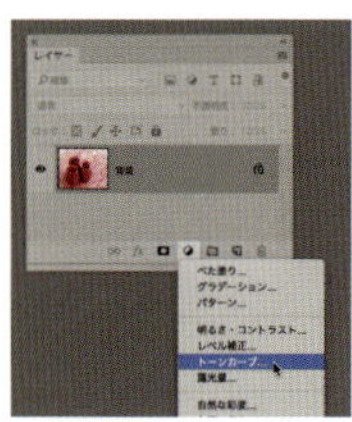

背景が選択された状態で、レイヤーパネルで［トーンカーブ］の調整レイヤーを作成する。マスクが適用された調整レイヤーができる

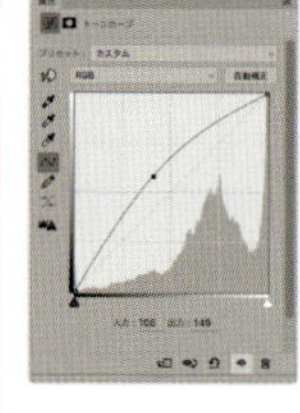

トーンカーブのグラフで中間調を持ち上げて明るく補正した。背景部分だけが明るくなっているのがわかる

レイヤーマスクを適用して画像の一部分を補正する

調整レイヤーにレイヤーマスクを適用すると、写真の一部分だけを補正することができます。上の作例では、写真の背景だけを明るくするプロセスを解説しています。まず、オブジェクト（花びら）の選択範囲を作成し、選択範囲を反転することで、背景が選択範囲になります。背景が選択された状態で調整レイヤーから［トーンカーブ］を選ぶと、レイヤーマスクが適用された状態で調整レイヤーが作成されます。

● レイヤーマスクの階調を反転する

レイヤーマスクはモノクロの画像です。階調を反転することで、マスクの効果も反転します。以下では、背景が白いマスクを反転し、背景を黒に変更しました。この操作で、背景がマスクされ、オブジェクトの花びらが補正されるようになります。

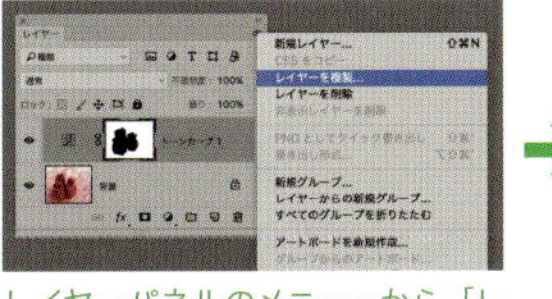

レイヤーパネルのメニューから［レイヤーを複製］を選びます

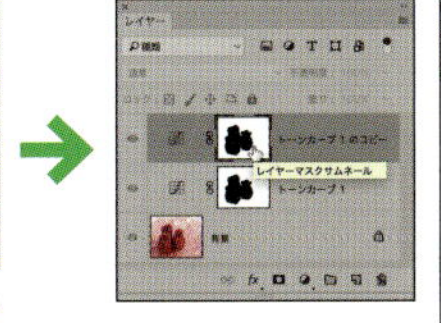

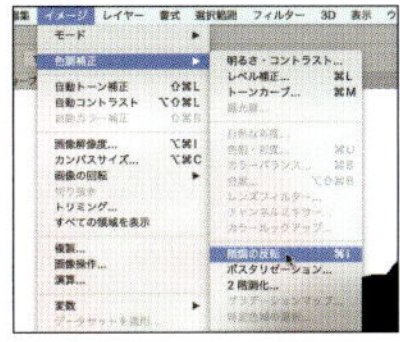

レイヤーマスクサムネールを option キーを押しながらクリックしてマスク画像に切り替える。イメージメニューから［色調補正］→［階調の反転］を実行する

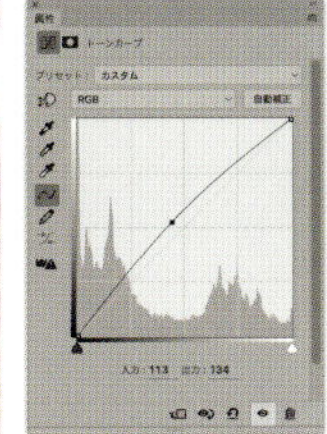

レイヤーパネルでレイヤーサムネールをクリックして画面を元に戻す。トーンカーブを補正してやや明るくした。補正は花びらだけに及ぶようになる

● レイヤーマスクに直接ペイントする

真っ白のレイヤーマスクを追加し、モノクロの画像を作成して効果を適用することもできます。下の作例ではグラーデーションで塗って、効果が徐々に消えていくようにしました。あるいはブラシでペイントしてモノクロ画像をつくってもかまいません。

選択範囲がない状態で調整レイヤーを作成すると、真っ白なレイヤーマスクが作成される。レイヤーマスクサムネールを option キーを押しながらクリックしてマスク画像に切り替え、全体を黒から白に変化するグラデーションで塗りつぶした

トーンカーブで明るく補正した。マスク画像の白い部分に効果が適用され、グラデーション部分で効果が徐々に消えていくようになる

悩み049 画像にフィルター効果を適用したい。どんな方法で行えばいいの？

解決

- フィルターを適用してぼかしたり、シャープにすることができます。
- 「フィルターギャラリー」で効果を適用することもできます。
- 元画像のデータを保持してフィルターを適用することもできます。

画像をぼかす

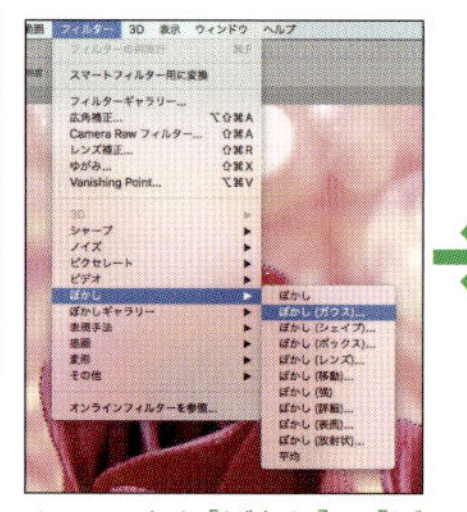

画像の背景を選択し、フィルターメニューから［ぼかし］→［ぼかし（ガウス）］を選択する

［ぼかし（ガウス）］の設定ダイアログが現れる。［半径］の値を変更し、プレビューで効果を確認する

画像をシャープにする

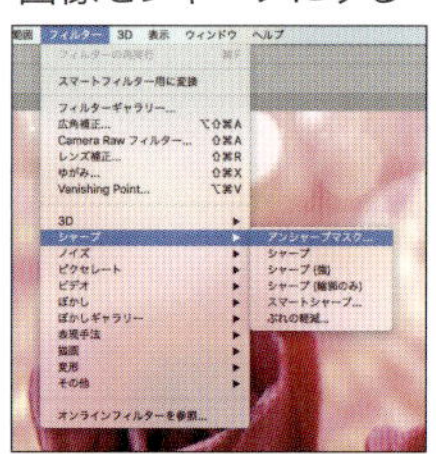

画像全体に効果を適用する。フィルターメニューから［シャープ］→［アンシャープマスク］を選択する

［アンシャープマスク］の設定ダイアログが現れる。［量］［半径］［しきい値］の値を変更し、プレビューで効果を確認する

フィルターを適用してぼかしたり、シャープにする

写真の背景をぼかすと、メインのオブジェクトがより引き立ちます。デザイン処理の上でも欠かせないテクニックです。Photoshopでは、フィルターメニューの［ぼかし］のサブメニューにさまざまなぼかしの効果が用意されています。

写真のエッジをシャープにすると、写真が締まって見えます。この効果はフィルターメニューの［シャープ］のサブメニューから実行できます。

●「フィルターギャラリー」を利用する

アーティスティックなフィルター効果には、さまざまな種類があります。フィルターギャラリーを使って、プレビューで効果を確認しながら適用できます。

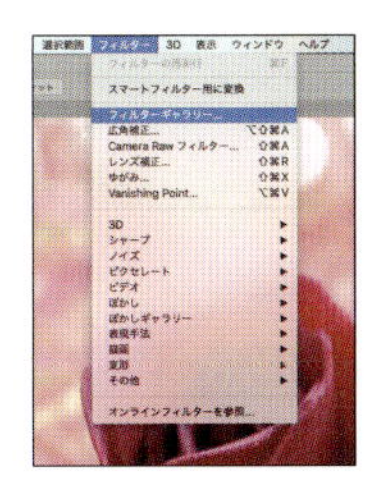

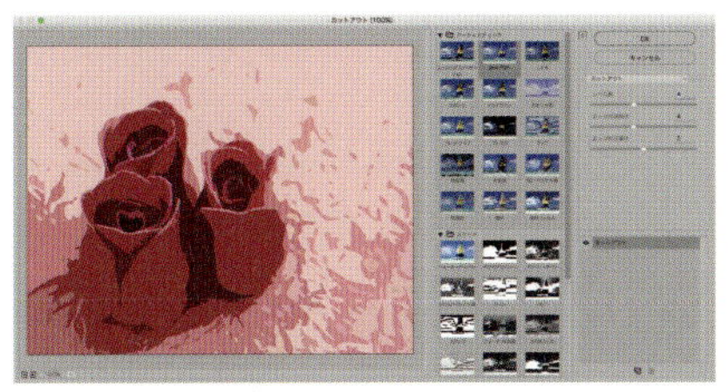

フィルターメニューから［フィルターギャラリー］を選ぶと、左図のようなダイアログが現れる。リストからフィルター効果を選び、プレビューで確認して適用が可能だ。効果の適用例の一部を以下に掲載した

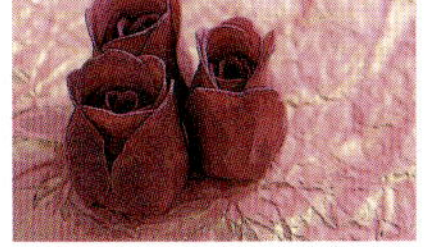
エッジのポスタリゼーション

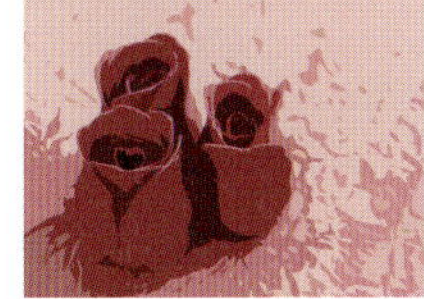
カットアウト

こする

スポンジ

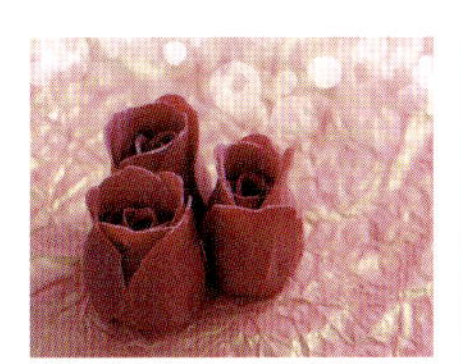
ドライブラシ

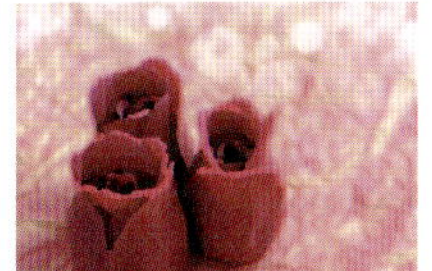
パレットナイフ

フレスコ

ラップ

●「スマートフィルター」機能を利用する

Photoshopの「スマートフィルター」機能を利用すると、元画像のデータを保持したままフィルターを適用できます。適用後にも調整が可能で、複数のフィルターを組み合わせることもできます。さらにフィルターを適用する順番の入れ替えも可能です。

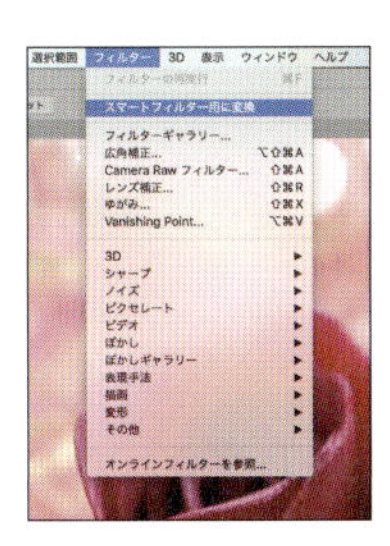

画像を開き、フィルターメニューから「スマートフィルター用に変換」を実行する。ダイアログが表示され、スマートオブジェクトに変換される

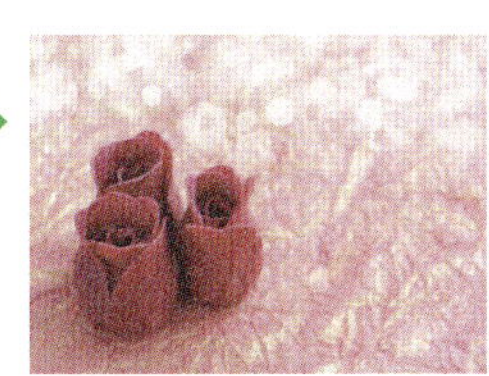

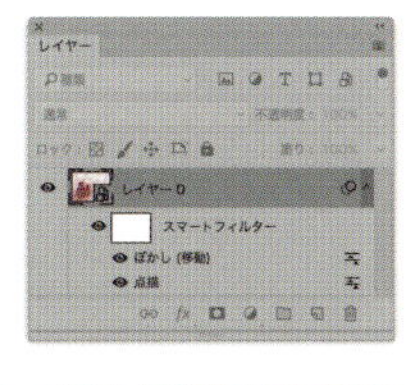

フィルターを適用すると、レイヤーパネルに効果が表示される。効果名の右側のアイコンをダブルクリックするとダイアログが現れ、再度調整することが可能。効果名をドラッグして上下に移動させると適用順を変更することもできる

被写体を切り抜いてレイアウトしたい。どんな手順でつくればいいの？

- ペンツールを使うと被写体を精密に切り抜くことができます。
- 背景を透明にした画像をレイアウトソフトに配置できます。
- クリッピングパスを利用して、レイアウトソフトに配置できます。

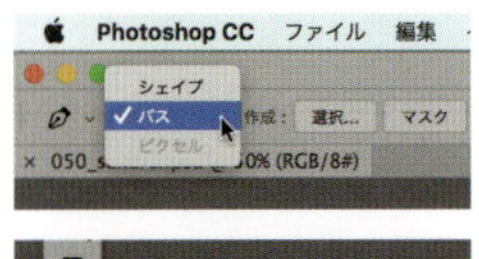

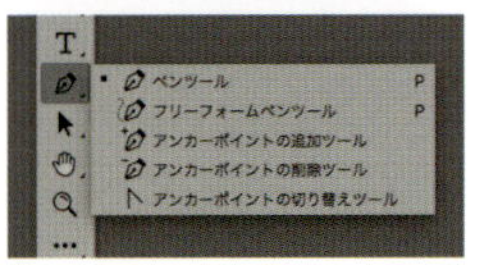

Photoshopでペンツールを選び、オプションバーで［パス］を選択する

被写体の輪郭に沿ってパスを作成する。Illustratorで行うペンツールの操作と同じような感覚だ。パスを作成すると、パスパネルに「作業用パス」という名前で表示される

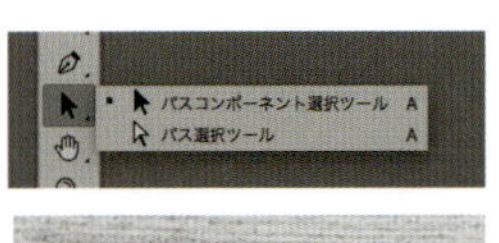

作成したパスを選択、編集する場合は、パスコンポーネント選択ツールやパス選択ツールを利用する

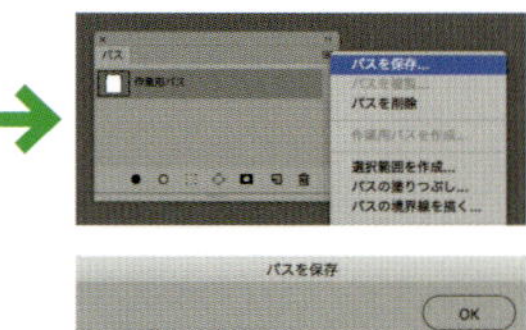

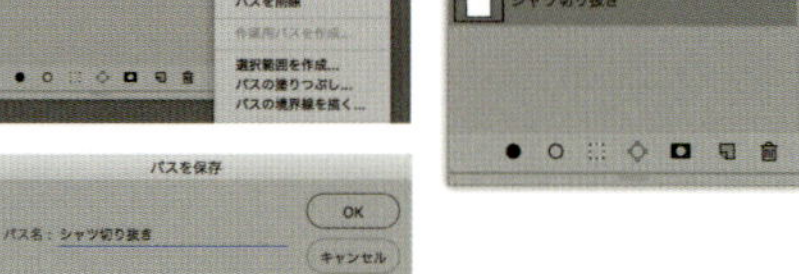

作成したパスは保存できる。パスパネルメニューから［パスを保存］を選び、パス名を付けて保存する

ペンツールで被写体を切り抜く

写真の被写体を切り抜いてレイアウトに使用する場合は、事前にPhotoshopで切り抜きの処理を済ませておきます。方法は、背景を透明にしておく方法と、切り抜き用のパスを作成する方法があります。パスの作成はペンツールを使いこなすことが前提になりますので初心者には難しいかもしれません。しかしペンツールを使うと、自在な形で被写体を切り抜けますし、シャープなエッジの切り抜き画像が得られます。

●背景を透明にして、レイアウトソフトに配置する

被写体の背景を透明にすると、レイアウトソフトに切り抜き画像として配置できます。パスを選択範囲に変換し、さらに選択範囲を反転、レイヤー状に浮かせた状態にすると、背景のピクセルを消去することができます。

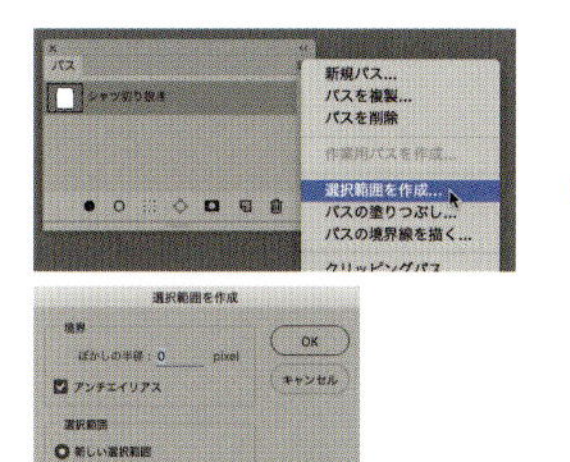

パスを選択し、パスパネルメニューから［選択範囲を作成］を選ぶ。ダイアログが表示されるので［OK］をクリック

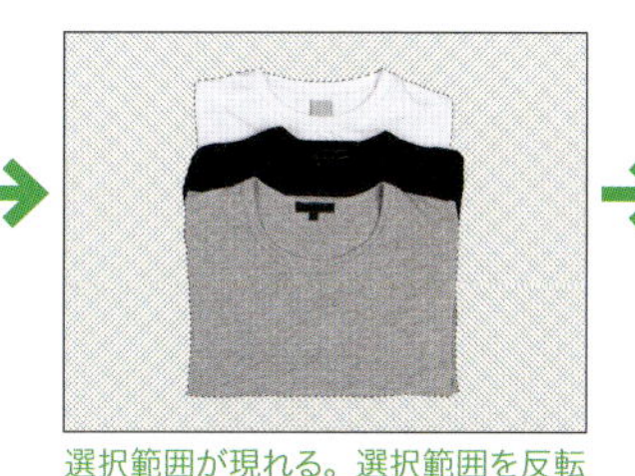

選択範囲が現れる。選択範囲を反転し背景を選択する。レイヤーパネルで「背景」をダブルクリックしてレイヤー状にし、delete ボタンを押すと背景のピクセルが消えて透明になる。この画像を Photoshop 形式で保存する

Illustrator に配置すると、背景が切り抜かれた状態で表示される

●クリッピングパスを利用して、レイアウトソフトに配置する

パスをクリッピングパスとして利用することができます。IllustratorやInDesignに配置すると、パスの情報を利用して切り抜いた画像が表示されます。

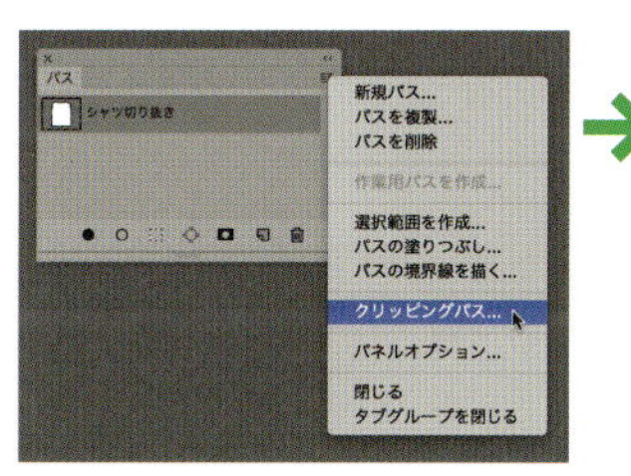

切り抜きに使用したいパスを選択し、パスパネルのメニューから［クリッピングパス］を選択する

パスのポップアップメニューから切り抜きに使用するパス名を選ぶ。平滑度の入力は行わなくてもかまわない

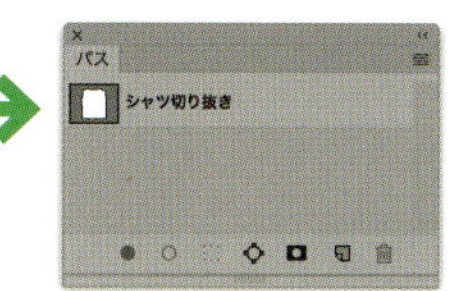

クリッピングパスを適用したパス名の名前が強調表示になる

パス情報を含めて画像を保存するには、Photoshop 形式を利用するとよい。左図は、Illustrator のドキュメントに画像を配置したところ

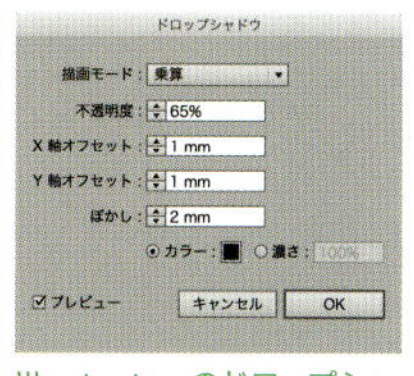

Illustrator のドロップシャドウ効果を適用すると、切り抜いたシャツの形に沿って効果が適用される

悩み051 画像をトリミングしてリサイズしたい。方法を教えて！

解決

- 写真を切り抜いて、印刷サイズ用にリサイズします。
- 切り抜きツールオプションを利用してサイズと解像度を指定します。
- レイアウトソフトには100%の比率で画像を配置しましょう。

Photoshopで画像を開き、画像解像度を確認し、印刷に必要な画像サイズがあることを確認する

切り抜きツールを選ぶ。周囲のハンドルをつかんでドラッグし、切り抜く領域を指定する

カーソルを外側に置いてドラッグすると、回転させて切り抜くこともできる

returnキーを押して切り抜きを実行する。イメージメニューから［画像解像度］を選び、［再サンプル］をオンにし、利用するサイズと解像度を入力してリサイズする

写真を切り抜いて、印刷サイズ用にリサイズする

写真をトリミングして、印刷用に最適のサイズに変更してみましょう。トリミングはPhotoshopの切り抜きツールで、切り抜きたい領域を指定してreturnキーを押します。トリミングが決まったら、次は印刷するサイズに合わせてリサイズします。イメージメニューから［画像解像度］を選び、サイズと解像度を指定して［OK］を押します。このとき、画像サイズが元画像より大きくならないように注意してください。

おぼえておこう

見栄えアップ

●切り抜きツールのオプションを利用して、サイズと解像度を指定する

切り抜きツールのオプションを利用すると、サイズと解像度を指定して切り抜きが行えますので、一度の操作で印刷に適したサイズと解像度にリサイズできます。

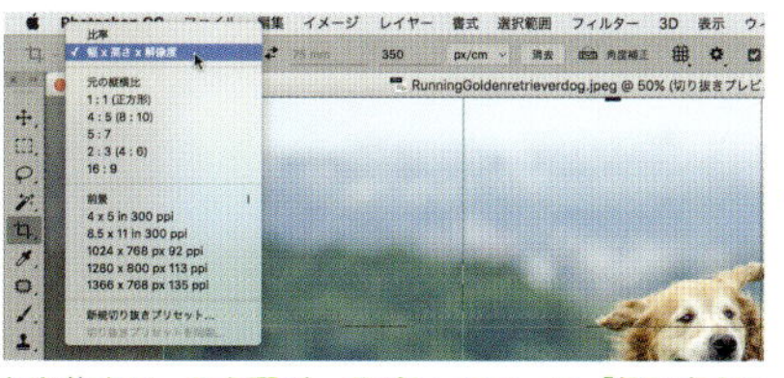

切り抜きツールを選び、オプションバーで［幅×高さ×解像度］を選ぶ

オプションバーの入力ボックスに［幅］［高さ］［解像度］を数値入力して指定する

ドラッグして切り抜く領域を選ぶ。このとき指定した幅と高さの比率で長方形が固定される

return キーを押して切り抜きを実行する。［画像解像度］コマンドで結果を確認すると、わずかに端数が出るが、指定したサイズと解像度で切り抜かれている

●レイアウトソフトに貼り付けた後の注意

Photoshopで印刷用のサイズと解像度を指定した画像は、IllustratorやInDesignのレイアウトソフトに配置するときは100%の比率で取り込みましょう。配置後に拡大すると、解像度が足りなくなってしまうことがあるので注意してください。

画像を配置するときは、図のようなプレビューアイコンが現れたら、クリック操作で配置する

変形　整列　パスファインダー
X：15.726 mm　W：100.003 m
Y：12.18 mm　H：74.966 mm
0°　0°

クリック操作で配置した画像は 100% の比率で取り込まれる。画像サイズを確認すると、Photoshop で指定したサイズで配置されていることが確認できる。上図は Illustrator の変形パネルでサイズを確認しているところ

図形を組み合わせたり、穴を空ける方法を教えて！

- 「パスファインダー」を使って図形同士を加算・減算できます。
- 「複合パス」を使って図形に穴を開けることができます。
- 複合シェイプを作成すると、後で編集が可能です。

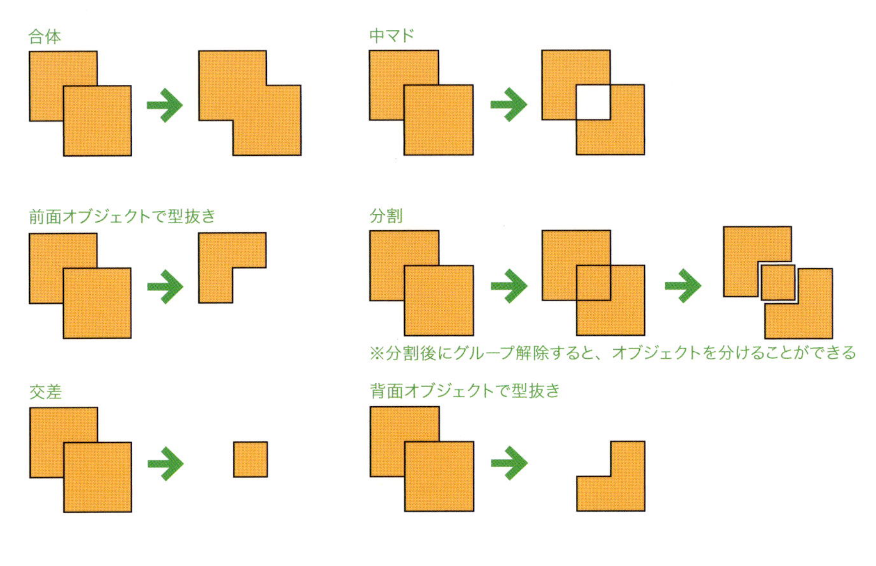

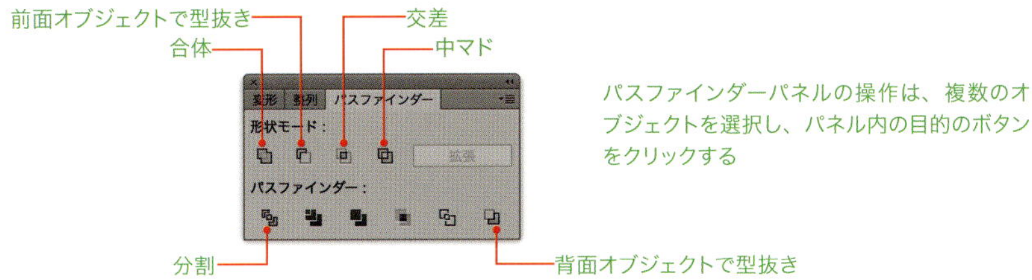

「パスファインダー」を使って図形同士を加算・減算する

パスファインダーを利用すると、複数のオブジェクトを合体させたり、型抜きしたり、分割することができます。この機能を利用すると、単純な図形を組み合わせて、より複雑な図形に変換することができ、アイコンやシンボルをつくるときに便利です。

●「複合パス」を使って図形に穴を開ける

パスファインダーパネルの［前面オブジェクトで型抜き］や［複合パス］コマンドを使うと、オブジェクトに穴を空けてドーナツのような形状に変換することができます。複数のオブジェクトを使って穴を空けることもできます。

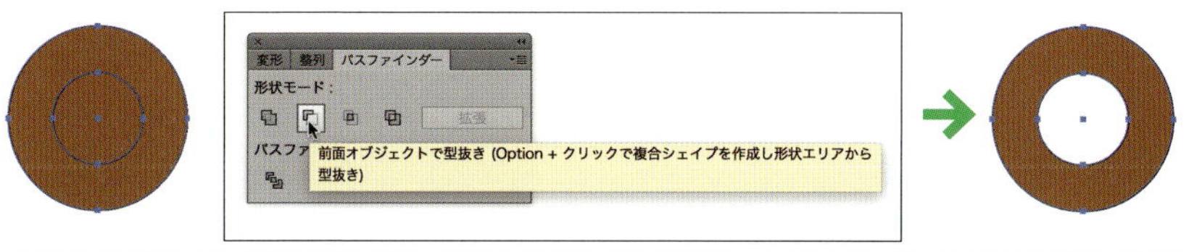

大小の円のオブジェクトを重ねて配置する。両方のオブジェクトを選択し、パスファインダーパネルから［前面オブジェクトで型抜き］を実行すると、オブジェクトに穴が空いて背景が透過するようになる

円の上に目と口のパーツをパスで作成する。すべてのオブジェクトを選択し、オブジェクトメニューから［複合パス］→［作成］を実行して、複数の穴を空けることができる

●複合シェイプを作成して、編集可能なオブジェクトをつくる

［合体］［前面オブジェクトで型抜き］［交差］［中マド］は、optionキーを押しながらクリックすることで複合シェイプを作成できます。複合シェイプは、元のオブジェクトの形状は残っているので、後でパーツを選択して位置を移動することができます。

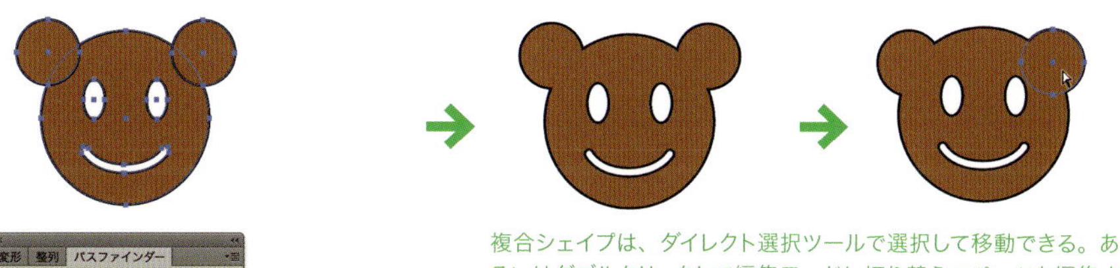

合体を実行するとき、option キーを押しながらクリックすると、複合シェイプにすることができる。複合シェイプは見かけ上、合体の効果が適用されているように見えるが、元のオブジェクトの形状が残っている

複合シェイプは、ダイレクト選択ツールで選択して移動できる。あるいはダブルクリックして編集モードに切り替えてパーツを編集することも可能

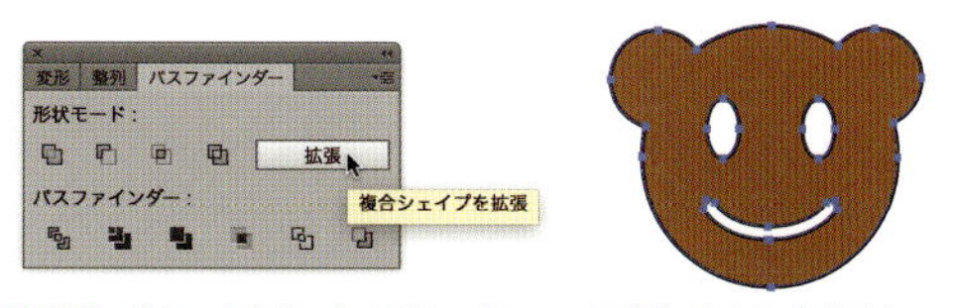

［拡張］ボタンをクリックすると、１つのオブジェクトに合体される

Illustratorで地図を作成したい。つくり方を教えて！

- 道路はペンツールで描き、線幅を変えて道幅を表現します。
- 線路はアピアランスパネルで新規線を追加し、破線に設定します。
- 矢印は、線パネルで形状を指定し、大きさを調整します。

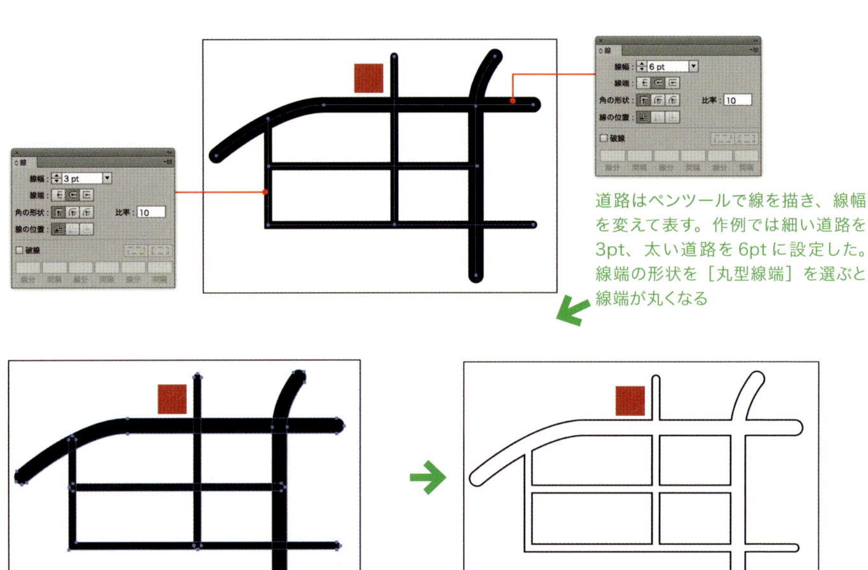

道路はペンツールで線を描き、線幅を変えて表す。作例では細い道路を3pt、太い道路を6ptに設定した。線端の形状を［丸型線端］を選ぶと線端が丸くなる

道路のオブジェクトを選んで、オブジェクトメニューから［パス］→［パスのアウトライン］を選ぶと、線の形状が塗りのオブジェクトに変換される

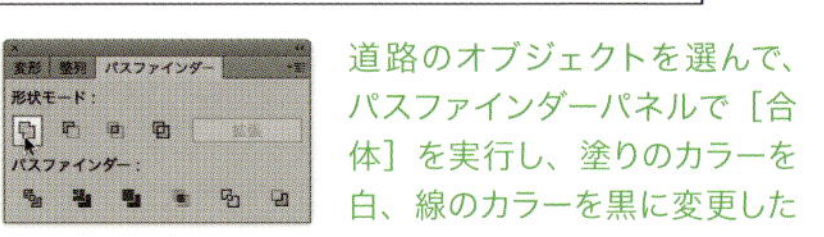

道路のオブジェクトを選んで、パスファインダーパネルで［合体］を実行し、塗りのカラーを白、線のカラーを黒に変更した

道路はペンツールで描き、線幅を変えて道幅を表現する

地図を描く方法をいくつか紹介します。道路は、ペンツールで直線や曲線を描いて、線幅を変えて道幅を表現するとよいでしょう。道路を描き終えたら、［パスのアウトライン］を実行して、線の形状を塗りのオブジェクトに変換します。さらにパスファインダーパネルで［合体］を実行して、道路全体に縁取りをつけることができます。

おぼえておこう

伝わりやすさアップ

●線路はアピアランスパネルで新規線を追加し、破線に設定する

線路は、基本となる黒い線をペンツールで描き、アピアランスパネルで［新規線を追加］を実行、線幅を細くし、［破線］を適用、線のカラーを白に設定します。

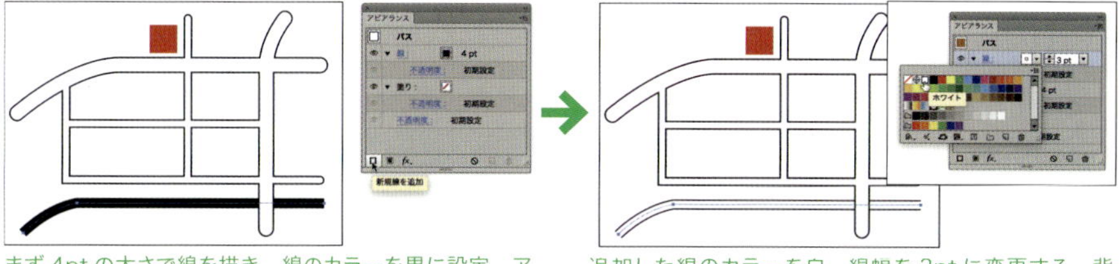

まず 4pt の太さで線を描き、線のカラーを黒に設定。アピアランスパネルで［新規線を追加］を実行する

追加した線のカラーを白、線幅を 3pt に変更する。背面の黒い線が 0.5pt の太さで現れる

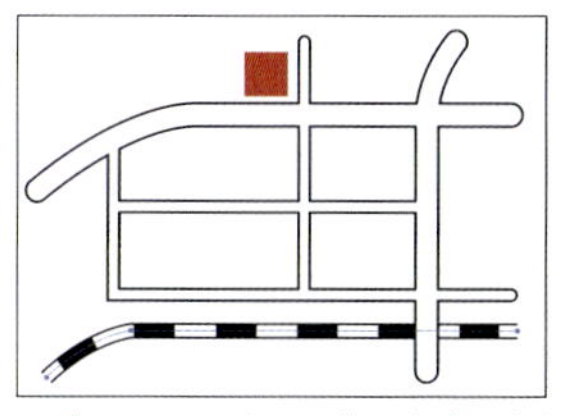

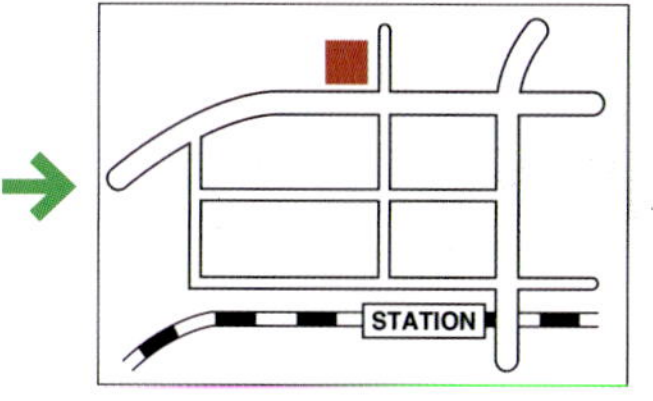

アピアランスパネルの線の文字の上をクリックすると線パネルが現れる。［破線］をチェックし、［線分］［間隔］を入力して破線にする

長方形ツールで駅のオブジェクトを配置し、文字を重ねた

●矢印は、線パネルで形状を指定し、大きさを調整する

方角を示す矢印は、線パネルで描くことができます。線の始点、終点に矢印の形状を指定し、矢印の大きさを％（パーセンテージ）で調整することができます。

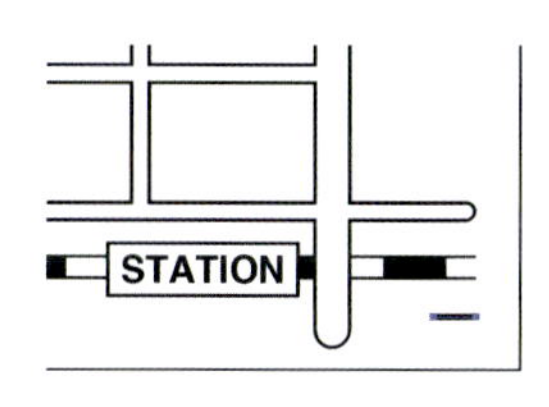

矢印の元になる線を描く。左の作例では短い直線を描いた

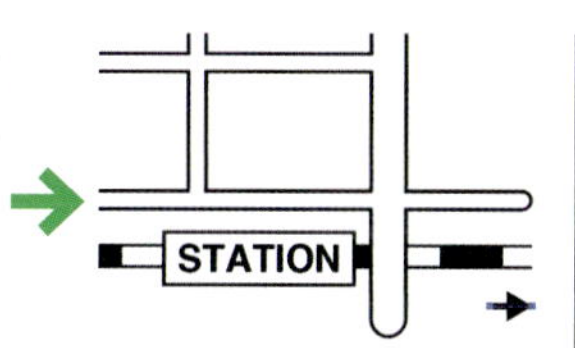

線を選択し、線パネルで矢印の形状を指定する。矢印の大きさは［倍率］の入力ボックスに％の値を指定して変更できる

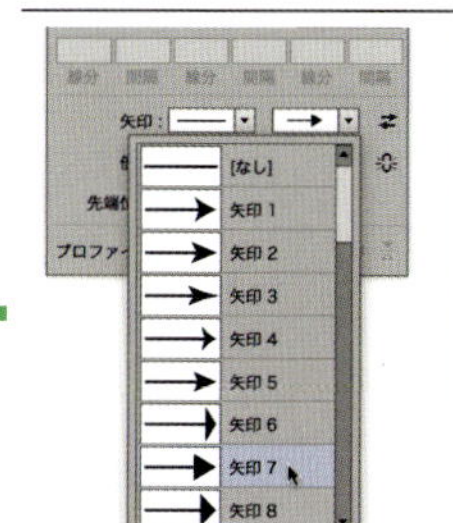

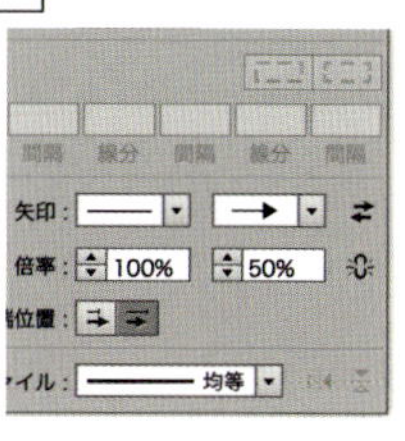

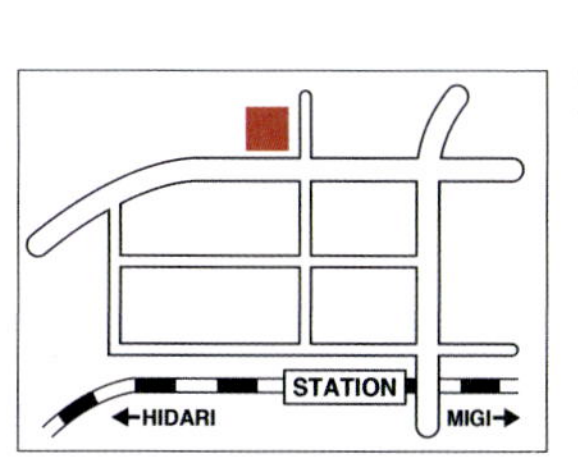

線路の下に左右方向の矢印を描いて、方角を示した

さまざまなタッチの線で描きたい。どうすればいいの？

- ブラシパネルで描線のタッチを選択し、ブラシツールで描きます。
- カリグラフィブラシで描いてみましょう。
- 散布ブラシで描いてみましょう。

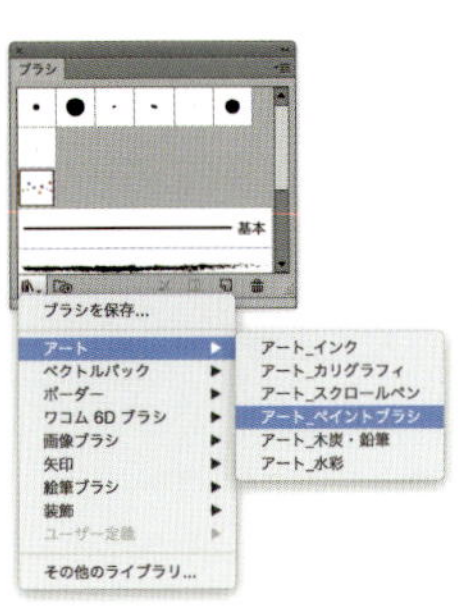

ブラシパネル下の［ブラシライブラリメニュー］をクリックしてブラシの種類を選択する。パネルが現れるので、好みのタッチを選択する

ブラシツールを選択し、フリーハンドで描線を描く。塗りは「なし」にし、線のカラーだけを設定する

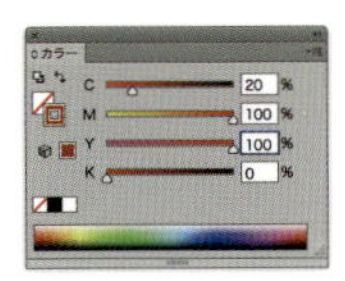

線のカラーを変更して、描線の色を指定できる

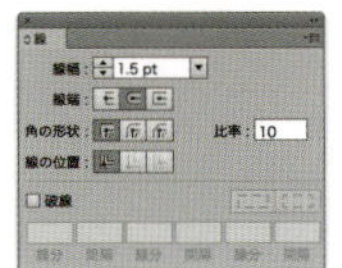

線幅を太くすると、描線のタッチも太く表現される

ブラシパネルで描線のタッチを選択し、ブラシツールで描く

ブラシパネル、ブラシツールを使うと、筆や木炭、チョークなどで描いたような描線を表現できます。

まず、ブラシパネルを表示し、［ブラシライブラリメニュー］からブラシの種類を選び、現れるパネルで好みのタッチを選択します。ブラシツールを選び、画面上でドラッグしてフリーハンドで描画します。線のカラーを指定し、線幅を設定して、好みのタッチに仕上げます。

カリグラフィブラシで描く

ブラシは、さまざまな種類があります。以下ではカリグラフィブラシの例を紹介します。カリグラフィは、ペン先がフラットな筆記具で描いたようなタッチを表現します。

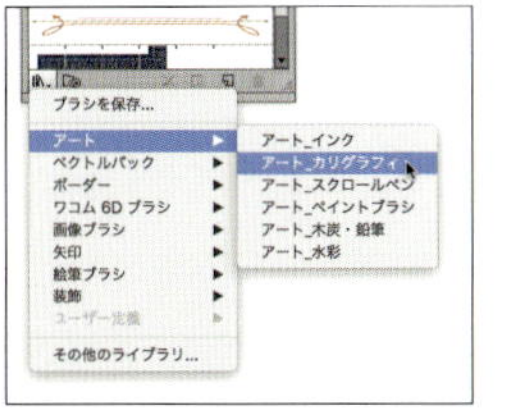

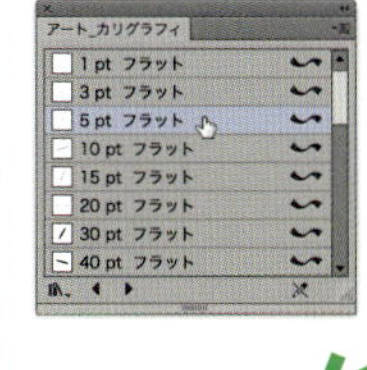

ブラシパネル下の［ブラシライブラリメニュー］から［アート］→［アート _ カリグラフィ］を選ぶ。現れるパネルで「5pt フラット」を選択

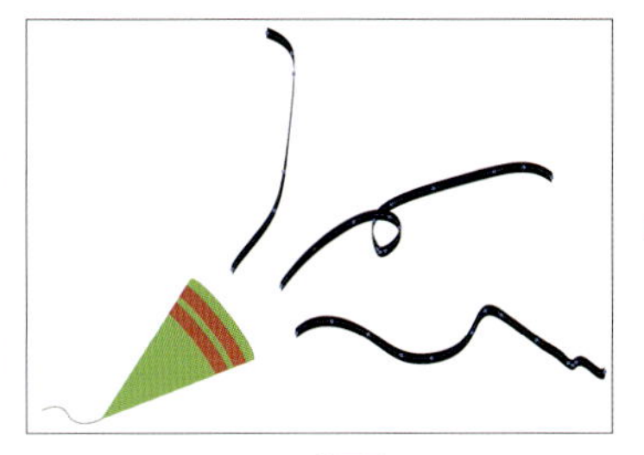

ブラシツールでフリーハンドで描画する

さらに線のカラーを変更し、カラフルな紙テープを表現した

散布ブラシで描く

散布ブラシを使うと、グラフィックなどのオブジェクトをパスに沿ってランダムに散布することができます。ここでは「紙吹雪」の散布ブラシを試してみましょう。

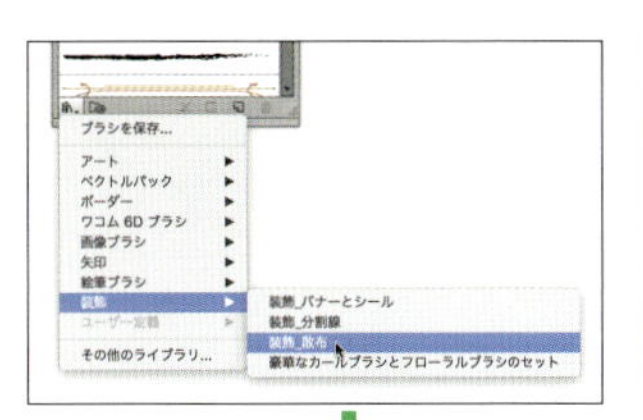

ブラシパネル下の［ブラシライブラリメニュー］から［装飾］→［装飾 _ 散布］を選ぶ。現れるパネルで「紙吹雪」を選択

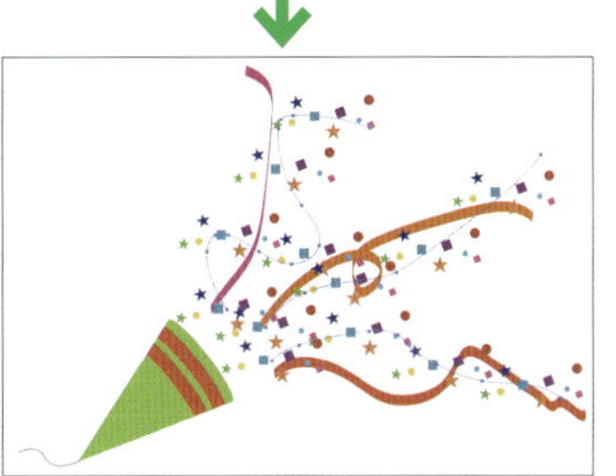

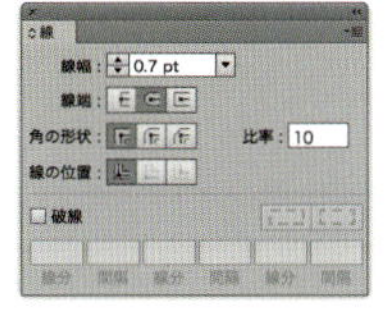

ブラシツールでフリーハンドで描画する。線幅を変更し、絵柄と合うように調整した

悩み055 柔らかいタッチのイラストを使いたい。データに変換する方法を教えて！

- モノクロの線画をスキャンしてPhotoshopで仕上げます。
- Illustratorで原画をトレースして着色して仕上げます。
- イラストを集めてラインスタンプをつくってみよう。

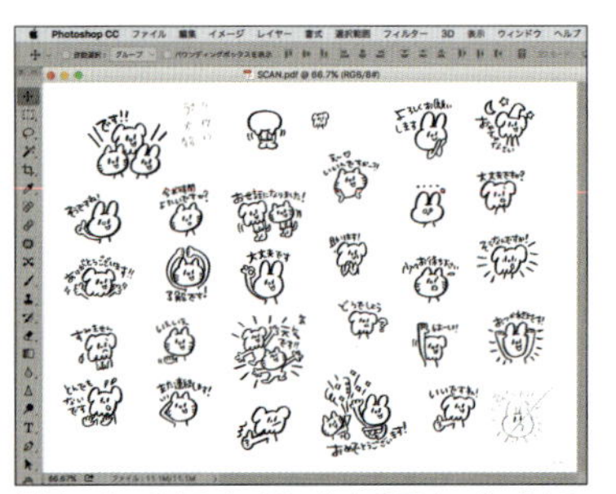

濃淡のはっきりしたイラストを手書きで作成する。スキャン後、Photoshop で開く

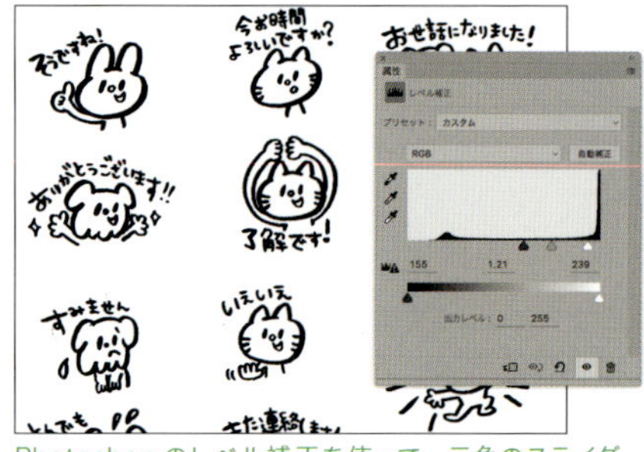

Photoshop のレベル補正を使って、三角のスライダーを動かして濃淡を調整する

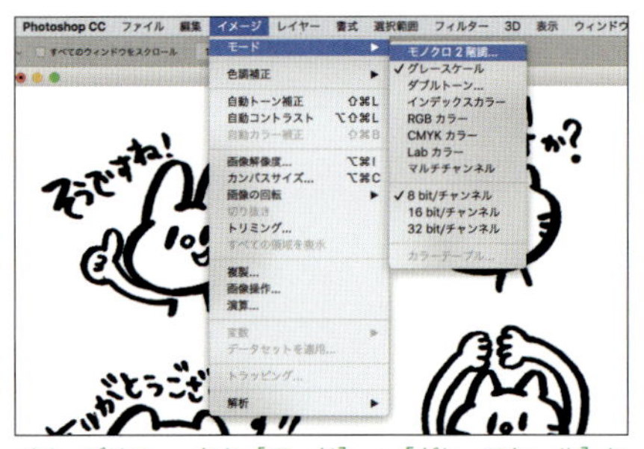

イメージメニューから［モード］→［グレースケール］に変換、さらに［モノクロ２階調］に変換する

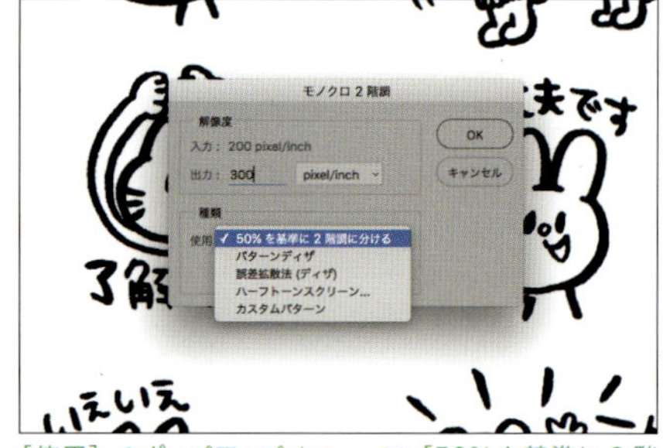

［使用］のポップアップメニューで［50% を基準に２階調に分ける］を選び、解像度を指定する

手書きのイラストをスキャンしてPhotoshopで仕上げる

手描きのイラスト原稿は、スキャンしてそのまま利用することができます。濃淡のはっきりした原稿を作成し、スキャンします。Photoshopの［レベル補正］などを使って白黒の濃淡を調整し、モノクロ２階調の画像に変換します。このまま利用することができますが、RGBカラーモードに戻して着色してカラー原稿にすることもできます。

Illustratorでトレースして仕上げる

Illustratorにスキャン画像を配置してトレースし、パスに変換できます。画像トレース機能を使うと、パスの精度をパラメーターで調整して自動でトレースすることができます。拡張してパスに変換し、グループ化や複合パスを解除すると、個々のパスを選んで着色できるようになります。

スキャン画像を配置し画像トレースの種類を選択する。上図では［スケッチアート］を選択した

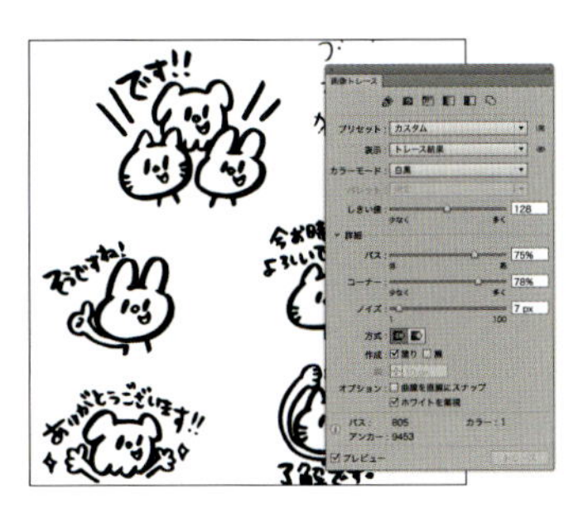

画像トレースパネルが現れるので、パラメーターを調整する

［拡張］ボタンをクリックすると、パスが現れる。グループ化を解除し、さらに複合パスを解除して、パスを複製しながら着色を行った

CLOSE-UP

ラインスタンプのイラストをつくってみよう

柔らかいタッチのイラストは、Webサイトや通信のコミュニケーションに役立ちます。ラインスタンプのイラストを作成して、表現やポーズなどを研究してみるとよいでしょう。

左「T-Rex And Friendz!」、右「犬猫うさぎ～敬語編～」LINE クリエイターズマーケットで購入できるLINE スタンプ。LINE アプリのスタンプショップで『colina』と検索するとほかのシリーズも閲覧できる
デザイン：colina　http://www.colinazroom.com

テクニカルイラストレーションを描きたい。どんな方法があるか教えて！

- コンピュータ本体をIllustratorで描画してみましょう。
- キーボードを自由変形し、パースをつけて立体感を表現します。
- マウスの形を描いて、オブジェクトを分割し、着色します。

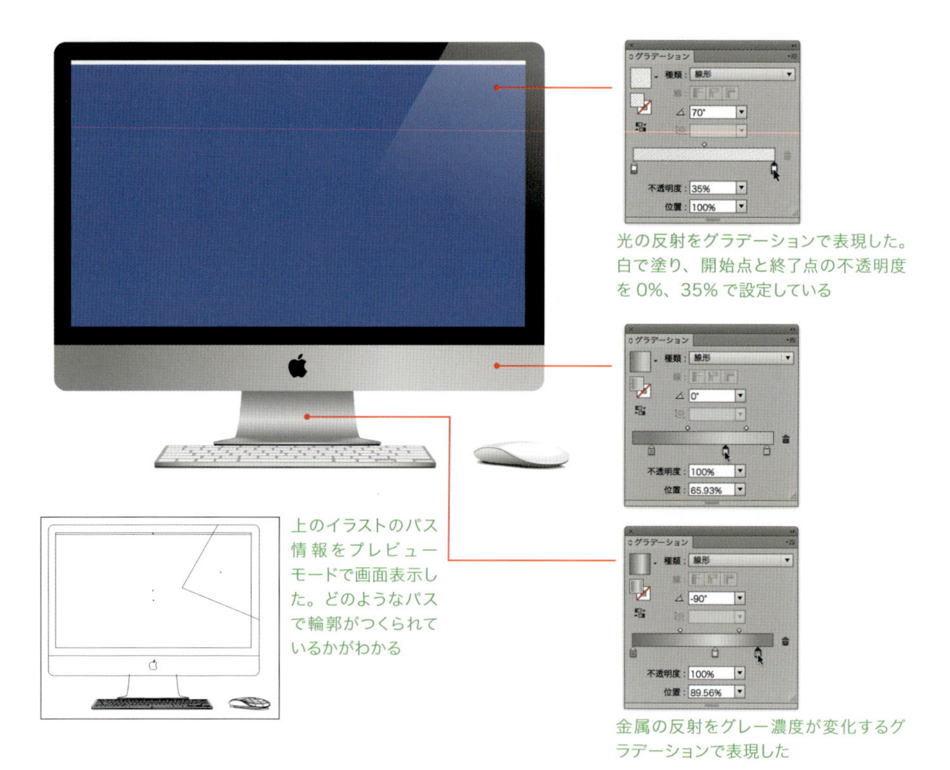

光の反射をグラデーションで表現した。白で塗り、開始点と終了点の不透明度を0%、35%で設定している

上のイラストのパス情報をプレビューモードで画面表示した。どのようなパスで輪郭がつくられているかがわかる

金属の反射をグレー濃度が変化するグラデーションで表現した

コンピュータ本体をIllustratorで描画する

精密なタッチのテクニカルイラストレーションはIllustratorでの描画が向いています。植物や動物などの有機的なものはPhotoshopなどのペイント系のアプリケーションが向いているでしょう。ここでは、Illustratorを使ってMacintoshのコンピュータを描いてみました。グラデーションの塗りをうまく設定するのがコツです。

●キーボードを自由変形し、立体感を表現する

キーボードの形は、真上から見た形を描き、自由変形ツールでパース状に変形し、手前が大きく、奥が小さくなるような透視図にして仕上げます。

キーボードを真上から見た図を角丸長方形を組み合わせて作成する

すべてを選択し、自由変形ツールの［自由変形］ボタンを押し、ハンドルをドラッグして垂直方向に圧縮する

自由変形ツールの［遠近変形］ボタンを押し、台形状に変形する

手前が大きく、奥が小さく見え、奥行きが表現できた。さらに厚みを描き e 加えて完成（完成は左ページ図参照）

●マウスの形を描いて、オブジェクトを分割し、着色する

マウスは４つのオブジェクトに分割してそれぞれの曲面を塗り分けます。複雑なグラデーションはグラデーションメッシュを使って着色するとよいでしょう。

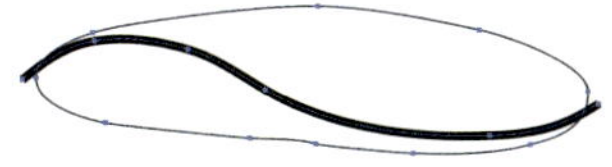

上図のようにペンツールで線を描く。中央を横切る線は太くしてはみ出るようにしている

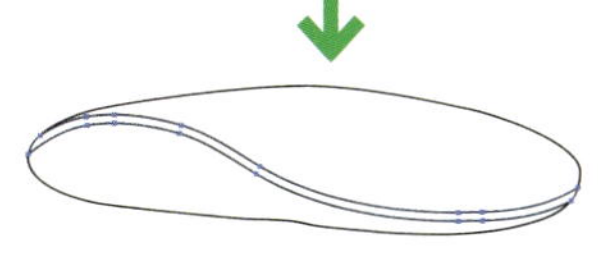

太い線のパスのアウトラインを作成し、パスファインダーの［分割］を実行、はみ出た部分を消去する

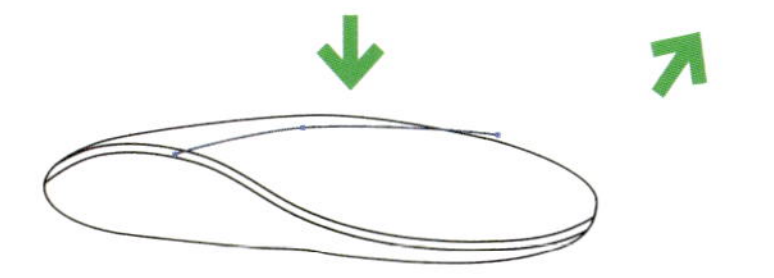

オブジェクトを分割するパスを上図のように加え、パスファインダーの［分割］を実行する

ここまでの操作で４つのオブジェクトができあがった。各面を塗り分けると上図のようになる

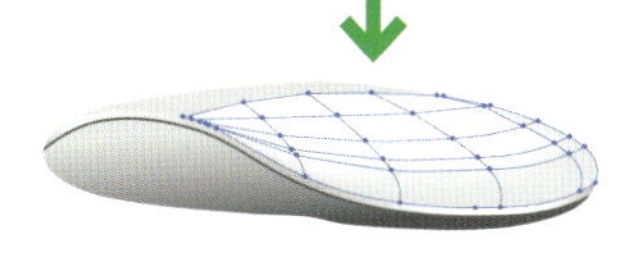

各面にグラデーションの塗りを設定する。上図はグラデーションメッシュで塗った箇所を示している

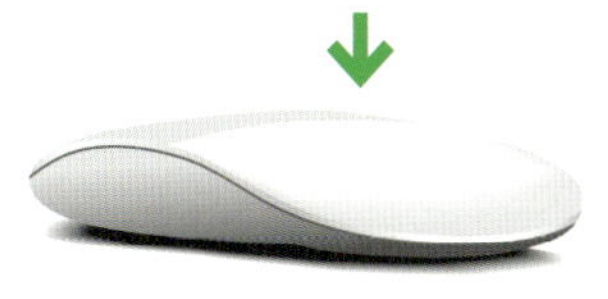

マウスの背面に影になるオブジェクトを作成、ブレンドでグラデーションを表現した

棒グラフや円グラフの図版が必要。つくり方を教えて！

- 棒グラフのつくり方をマスターしよう。
- 作成したグラフの見栄えをカスタマイズすることができます。
- 円グラフのつくり方をマスターしよう。

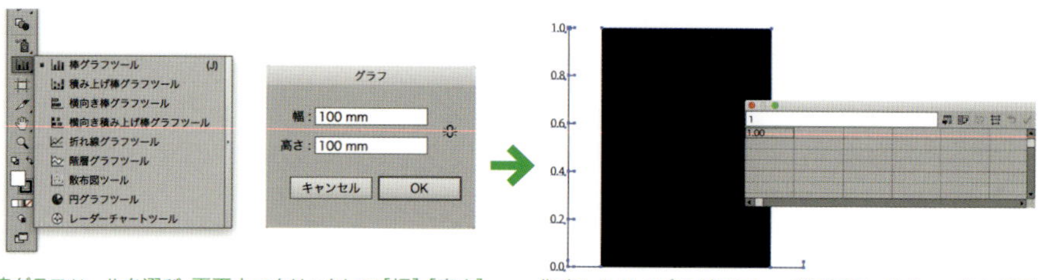

棒グラフツールを選び、画面上でクリックして［幅］［高さ］を入力し、［OK］をクリックする

指定したサイズのグラフと、グラフデータウィンドウが現れる

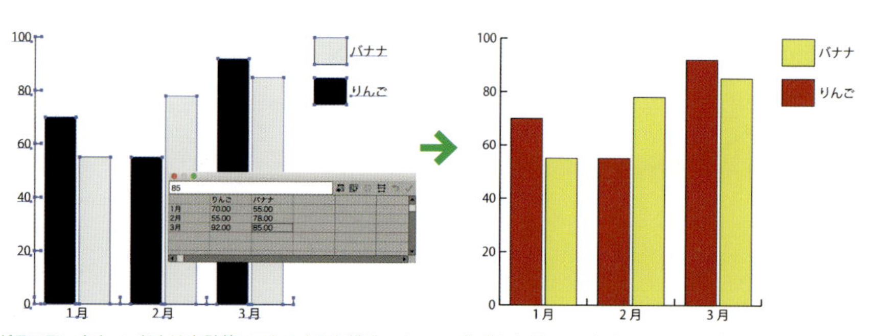

グラフデータウィンドウは表計算ソフトのような構造。セルに項目や数値を入力して［適用］ボタンをクリックする

作成したグラフの個々のパーツをダイレクト選択ツールやグループ選択ツールで選択し、色を指定した

棒グラフをつくる

Illustratorには多彩なグラフをつくるツールが搭載されています。上図では棒グラフをつくる工程を示しました。

グラフデータウィンドウに項目や数値を入力してグラフを作成し、ダイレクト選択ツールやグループ選択ツールでパーツを選んで色やフォントなどを指定できます。後からデータを入力し直すこともできます。

訴求力アップ

伝わりやすさアップ

●グラフの見栄えをカスタマイズする

グラフデータウィンドウを消去し、オブジェクトメニューから［グラフ］→［設定］を選ぶとグラフをカスタマイズできます。

グラフを選択し、オブジェクトメニューから［グラフ］→［設定］を選択する

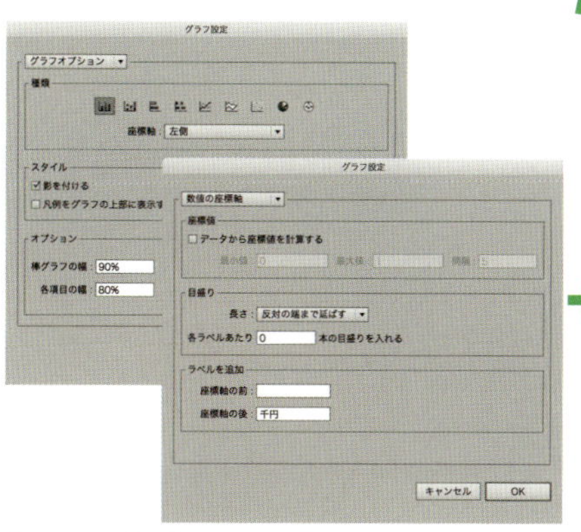

［グラフ設定］ダイアログで［グラフオプション］［数値の座標軸］［項目の座標軸］を選んでカスタマイズする

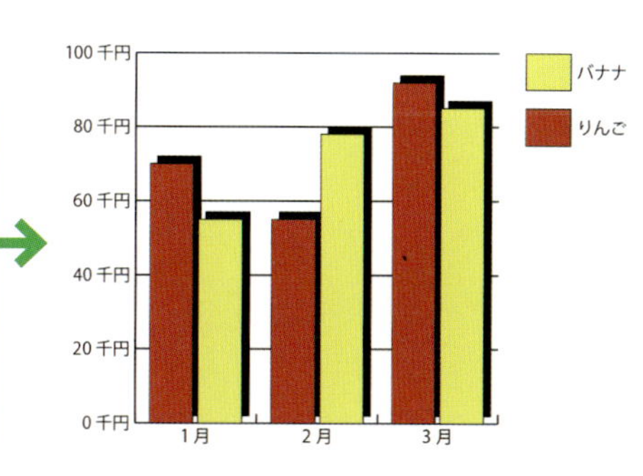

上図では、影を付け、目盛りをグラフの反対の端まで延ばし、数値の座標軸の後に「千円」のラベルをつけた

●円グラフの作成

円グラフも、棒グラフの場合と同じような流れで作成できます。円グラフの場合は、グラフデータウィンドウで項目を横方向に並べて数値入力するようにしてください。

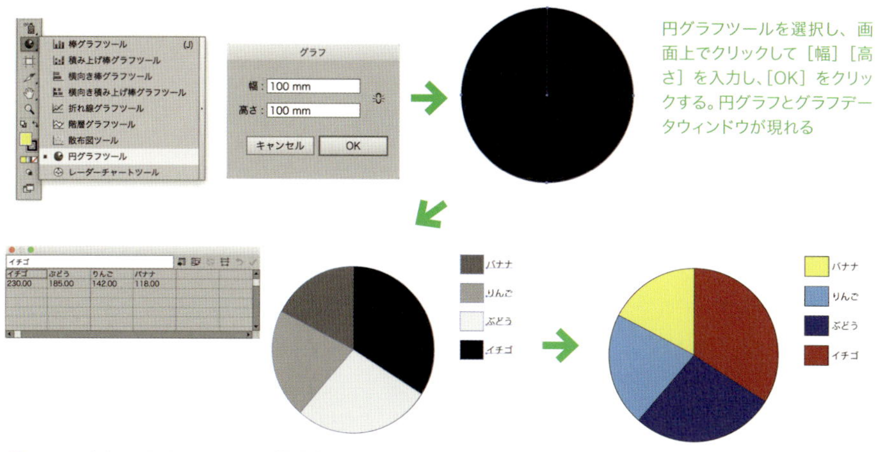

円グラフツールを選択し、画面上でクリックして［幅］［高さ］を入力し、[OK］をクリックする。円グラフとグラフデータウィンドウが現れる

グラフデータウィンドウでは、項目を横方向に並べて入力する。円グラフでは全体数に占める割合を円を分割して表すが、数値を百分率にする必要はなく、自動で計算してくれる

パーツをダイレクト選択ツールやグループ選択ツールで選択し、色を指定した

テキストを揃えて表をつくりたい。タブ揃えで表をつくる方法を教えて!

- 文字列の前にタブ挿入すると、文字列を揃えることができます。
- タブパネルのしくみと操作法を覚えましょう。
- タブを利用してリーダー罫をつくることができます。

Illustratorでポイント文字でテキストを入力した。[制御文字を表示]を選ぶとタブが矢印の記号で表示される。揃えたい文字列の前にタブを挿入する

品名»サイズ»型番¶
スケッチブック B5 » 182×257mm » A101¶
スケッチブック A4 » 210×297mm » A201¶
スケッチブック B4 » 257×364mm » A301¶
スケッチブック A3 » 297×424mm » A401#

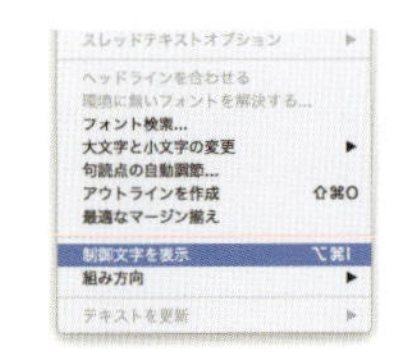

テキスト全体を選択し、タブパネルを表示する。テキストの上部にタブパネルが現れる。タブの種類のボタンをクリックして選択し、定規の目盛りの上の空白部分でクリックしてタブストップを表示する。タブストップをドラッグして移動すると、文字列も連動して動くようになる

品名 »	サイズ »	型番¶
スケッチブック B5 »	182×257mm »	A101¶
スケッチブック A4 »	210×297mm »	A201¶
スケッチブック B4 »	257×364mm »	A301¶
スケッチブック A3 »	297×424mm »	A401#

[制御文字を表示]をオフにし、テキストに下線を設定して、表の完成

品名	サイズ	型番
スケッチブック B5	182×257mm	A101
スケッチブック A4	210×297mm	A201
スケッチブック B4	257×364mm	A301
スケッチブック A3	297×424mm	A401

タブ揃えで表をつくる

テキストを行、列で揃える技法を覚えると、簡単な表をつくることができます。テキストを揃えるには、事前に揃えたい文字列の前にタブを挿入します。IllustratorやInDesignでは、タブパネルを表示させて、右揃え、中央揃え、左揃えのタブストップを配置して、文字を揃える位置をコントロールします。

●タブパネルの操作法

IllustratorやInDesignのタブパネルの操作は少し複雑です。タブを入力してタブパネルを表示させると、テキストの上部にタブパネルが現れます。揃えたいタブの種類を選択し、定規の上の白いスペースでクリックしてタブストップを配置します。

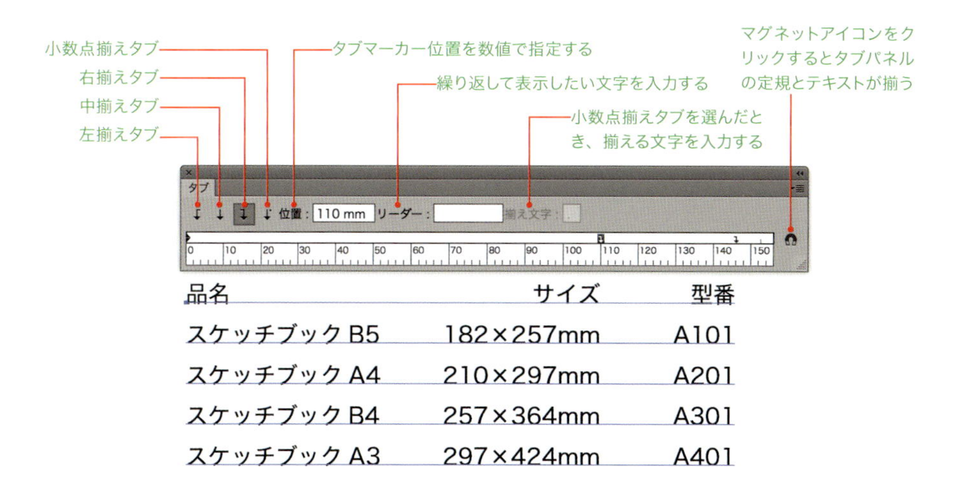

品名	サイズ	型番
スケッチブック B5	182×257mm	A101
スケッチブック A4	210×297mm	A201
スケッチブック B4	257×364mm	A301
スケッチブック A3	297×424mm	A401

●タブでリーダー罫をつくる

タブを利用して、特定の文字を繰り返し連続して配置することができます。文字に「.（ピリオド）」「・（中黒）」「‥（2点リーダー）」「…（3点リーダー）」を指定すると、目次や索引ページなどで利用できるリーダー罫になります。

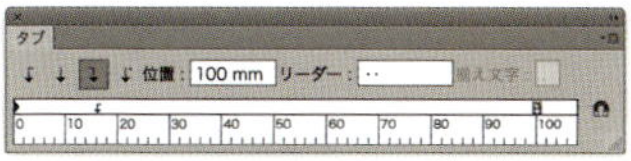

1章—文字組版»15¶
1-1»文字組版の基本»16¶
1-2»フォント»18¶
1-3»文字のサイズ»20¶
1-4»行送り»22¶
1-5»次送り»24¶
1-6»文字スタイル»24¶
1-7»段落スタイル»26#

図のようにタブを挿入したテキストを準備する

→

タブ 位置：100 mm リーダー：‥ 揃え文字：

1章—文字組版‥‥‥‥15¶
1-1»文字組版の基本‥‥‥‥16¶
1-2»フォント‥‥‥‥‥‥18¶
1-3»文字のサイズ‥‥‥‥20¶
1-4»行送り‥‥‥‥‥‥22¶
1-5»次送り‥‥‥‥‥‥24¶
1-6»文字スタイル‥‥‥‥24¶
1-7»段落スタイル‥‥‥‥26#

タブパネルを表示し、右揃えタブをクリックして選択し、リーダーの入力ボックスに「‥」（2点リーダー）を入力する

→

1章　文字組版‥‥‥‥‥15
1-1　文字組版の基本‥‥‥‥‥16
1-2　フォント‥‥‥‥‥‥‥‥18
1-3　文字のサイズ‥‥‥‥‥‥20
1-4　行送り‥‥‥‥‥‥‥‥‥22
1-5　次送り‥‥‥‥‥‥‥‥‥24
1-6　文字スタイル‥‥‥‥‥‥24
1-7　段落スタイル‥‥‥‥‥‥26

タブの範囲内に「‥」（2点リーダー）が連続して表示される

InDesignで表をつくりたい。つくり方を教えて！

- InDesignの表機能のしくみを学びましょう。
- 表パネルと表メニューで表の見栄えを整えることができます。
- 表の属性、セルの属性で塗りや罫線を変更できます。

品名 » サイズ » 型番¶
スケッチブック B5 » 182 × 257mm » A101¶
スケッチブック A4 » 210 × 297mm » A201¶
スケッチブック B4 » 257 × 364mm » A301¶
スケッチブック A3 » 297 × 424mm » A401#

InDesign で書式メニューから［制御文字を表示］を選び、揃えたい文字の前にタブを挿入する

品名 » サイズ » 型番
スケッチブック B5 » 182 × 257mm » A101
スケッチブック A4 » 210 × 297mm » A201
スケッチブック B4 » 257 × 364mm » A301
スケッチブック A3 » 297 × 424mm » A401

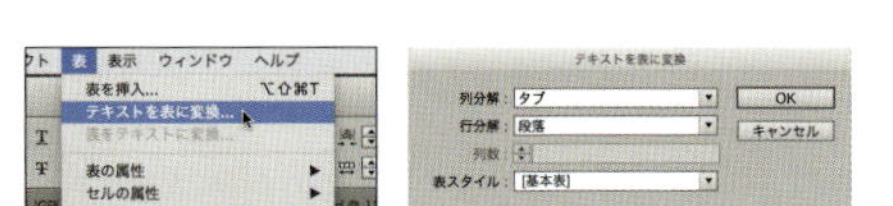

テキストを選択し、表メニューから［テキストを表に変換］を選ぶ。ダイアログが現れるので、上図のように設定して［OK］をクリックする

品名	サイズ	型番
スケッチブック B5	182 × 257mm	A101
スケッチブック A4	210 × 297mm	A201
スケッチブック B4	257 × 364mm	A301
スケッチブック A3	297 × 424mm	A401

タブと改行に沿って、図のような表組みの体裁に変換される。表内の個々のセルは文字ツールで選択できる

品名	サイズ	型番
スケッチブック B5	182 × 257mm	A101
スケッチブック A4	210 × 297mm	A201
スケッチブック B4	257 × 364mm	A301
スケッチブック A3	297 × 424mm	A401

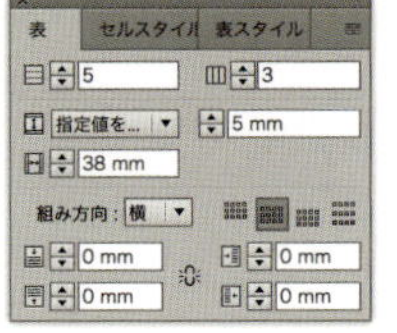

表パネルを表示すると、表の見栄えを変更できる。表パネルの詳細については右ページを参照

InDesignの表機能を利用する

InDesignには表作成の独自機能が搭載されています。Illustratorでも表をつくることができますが、一からオブジェクトを作成しなければならないので、InDesignのほうが短時間で作成できます。上図では、InDesignの表作成の流れを紹介します。さまざまな技法がありますので、詳細はInDesignのヘルプなどを参照してください。

● InDesignの表パネルと表メニュー

表の属性は、表パネルを利用して、見栄えを変更できます。表パネルの設定項目は、表を選択するとコントロールパネルにも表示されますので、どちらを使ってもかまいません。以下では、表パネルの主な機能を紹介します。

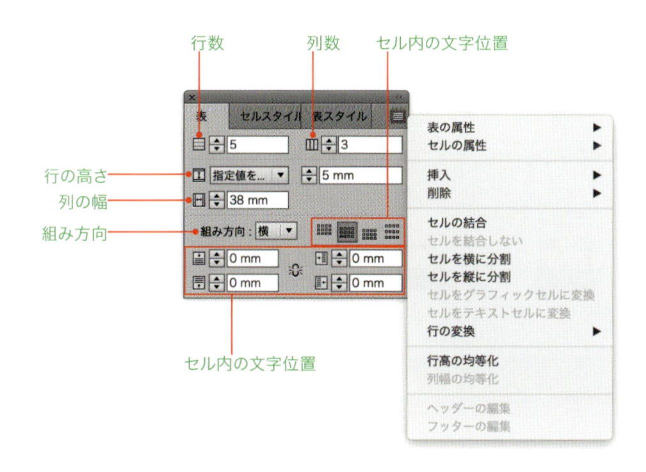

表パネルでは、文字ツールで表のセルを選択し、行数、列数、行の高さ、行の幅などを変更できます。
表メニューでは、表やセルの属性を変更したり、セルの結合や分割などが行えます。
テキストの属性は文字パネルやコントロールパネルでも変更できます。また、セルの塗りや線のカラーはスウォッチパネルやカラーパネルでも変更できます

● 表の属性、セルの属性

表メニュー、あるい表パネルのメニューを表示すると、表の見栄えを変更するさまざまなコマンドが現れます。スペースの都合ですべてを紹介できませんが、以下では[表の属性][セルの属性]のダイアログを紹介します。

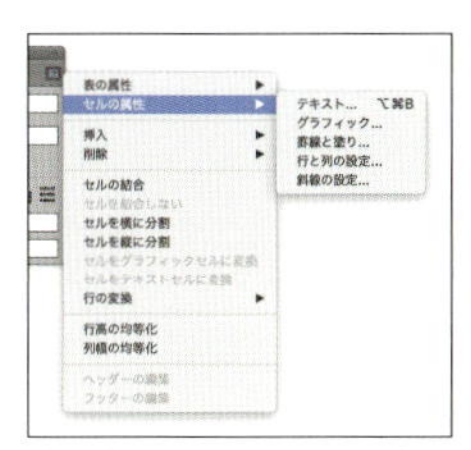

表パネルのメニューで、表の見栄えを変更するさまざまなコマンドが選択できる

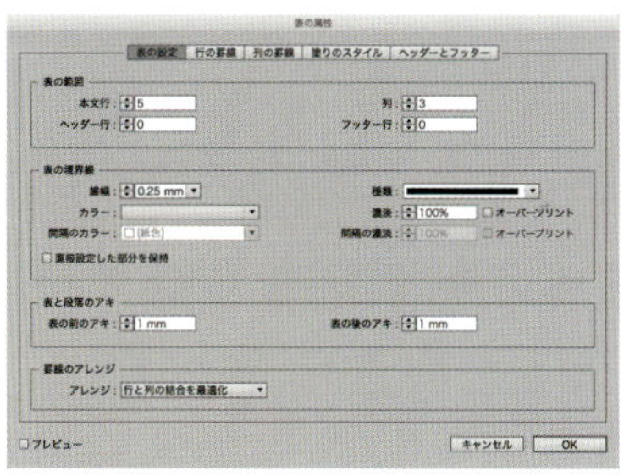

[表の属性] は表全体の見栄えを変更する

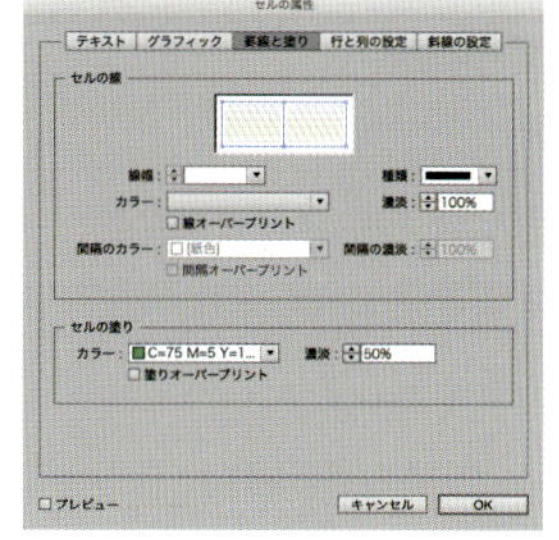

[セルの属性] は選択した個々のセルの見栄えを変更する

品名	サイズ	型番
スケッチブック B5	182 × 257mm	A101
スケッチブック A4	210 × 297mm	A201
スケッチブック B4	257 × 364mm	A301
スケッチブック A3	297 × 424mm	A401

塗りや線のカラーを変更して、見栄えを変更した。見やすくて読みやすくなるよう設定するのがポイント

絵文字のアイコンを埋め込みたい。つくり方を教えて！

- Illustratorのベクトル画像を絵文字にすることができます。
- Photoshopのビットマップ画像を絵文字にすることができます。
- 絵文字にしたアンカー付きオブジェクトは編集できます。

Illustraor や InDesign でペンツールなどの描画ツールでアイコンを作成する

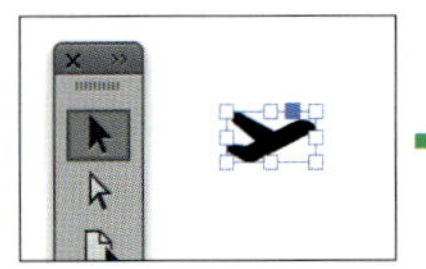

InDesign でアイコンを選択ツールで選択し、[コピー] を実行する

テキスト中のアイコンを挿入したい場所でクリックし、カーソルを点滅させる

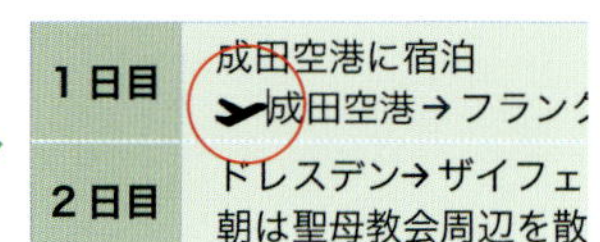

[ペースト] を実行する。アイコンがテキストの中に埋め込まれる

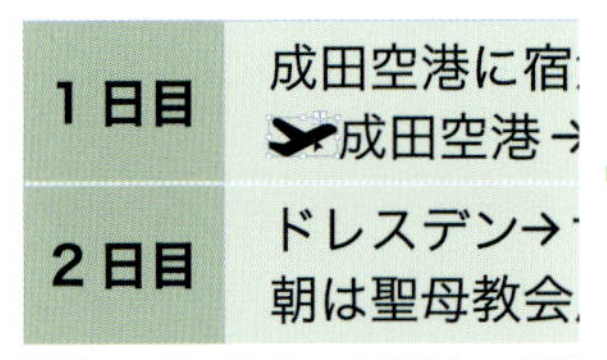

選択ツールでアイコンを選ぶと、上下にドラッグして位置合わせができる（詳細は右ページ参照）

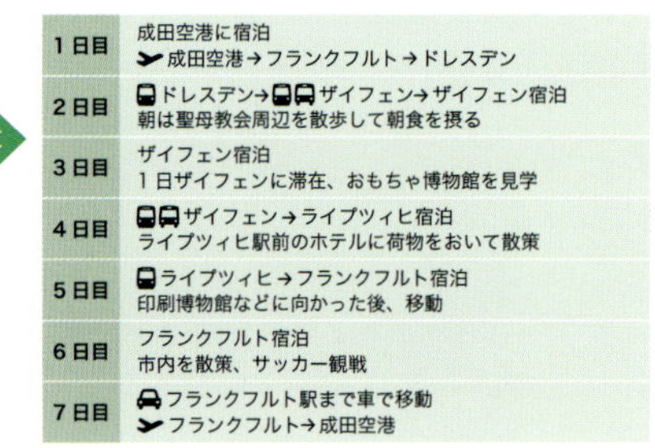

1日目	成田空港に宿泊 成田空港→フランクフルト→ドレスデン
2日目	ドレスデン→ザイフェン→ザイフェン宿泊 朝は聖母教会周辺を散歩して朝食を摂る
3日目	ザイフェン宿泊 1日ザイフェンに滞在、おもちゃ博物館を見学
4日目	ザイフェン→ライプツィヒ宿泊 ライプツィヒ駅前のホテルに荷物をおいて散策
5日目	ライプツィヒ→フランクフルト宿泊 印刷博物館などに向かった後、移動
6日目	フランクフルト宿泊 市内を散策、サッカー観戦
7日目	フランクフルト駅まで車で移動 フランクフルト→成田空港

ほかのアイコンも絵文字にして埋め込んだ

パスで描かれたベクトル画像を絵文字にする

旅程表などをつくるときは、テキスト情報をアイコンに置き換えると、視覚的にわかりやすくなり、スペースも節約できて便利です。グラフィックソフトではInDesignの「アンカー付きオブジェクト」の技法で絵文字のような効果を実現できます。操作は、絵文字にしたいアイコンを選択ツールで[コピー]し、テキスト中の挿入したい場所でカーソルを点滅させて[ペースト]するだけの簡単な操作で行えます。

ビットマップ画像を絵文字にする

Photoshopのようなビットマップ画像で描かれたアイコンは、InDesignでグラフィックフレームに画像を配置すれば、左ページと同様の操作で絵文字にすることができます。

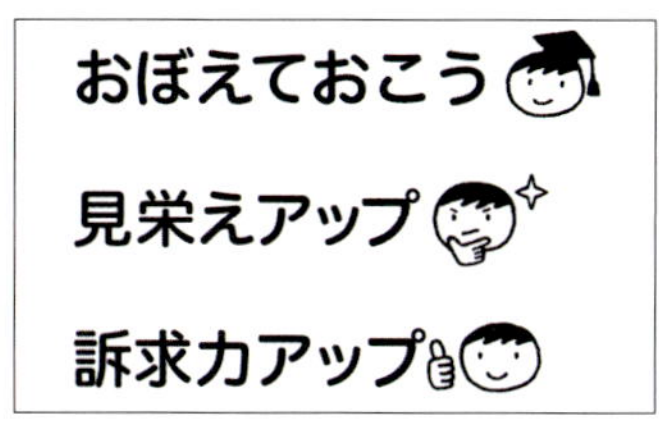

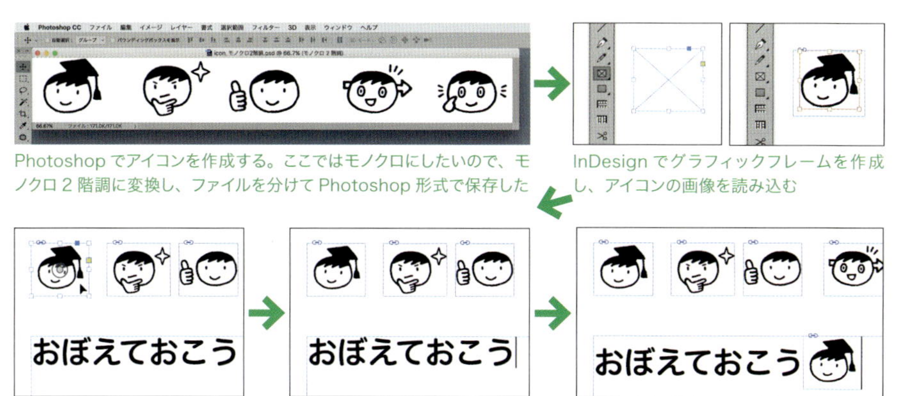

Photoshop でアイコンを作成する。ここではモノクロにしたいので、モノクロ 2 階調に変換し、ファイルを分けて Photoshop 形式で保存した

InDesign でグラフィックフレームを作成し、アイコンの画像を読み込む

InDesign で絵文字にしたいグラフィックフレームを選択して［コピー］を実行する

テキスト中のアイコンを挿入したい場所でクリックし、カーソルを点滅させる

［ペースト］を実行する。アイコンがテキストの中に埋め込まれる

アンカー付きオブジェクトの編集

絵文字にしたアンカー付きオブジェクトは、位置を移動することができます。また、前後にテキストを挿入あるいは削除すると、アンカー付きオブジェクトもテキストのように行の中で移動します。グラフィックですが、テキストのような振る舞いをします。

おぼえておこう

アンカー付きオブジェクトは、選択ツールでドラッグして移動できる

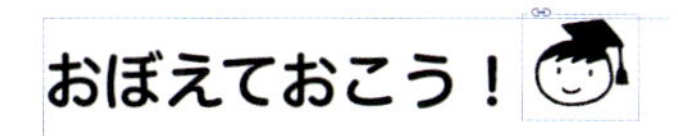

アンカー付きオブジェクトの前にテキストを追加すると、アンカー付きオブジェクトがテキストのように移動する

おぼえておこう

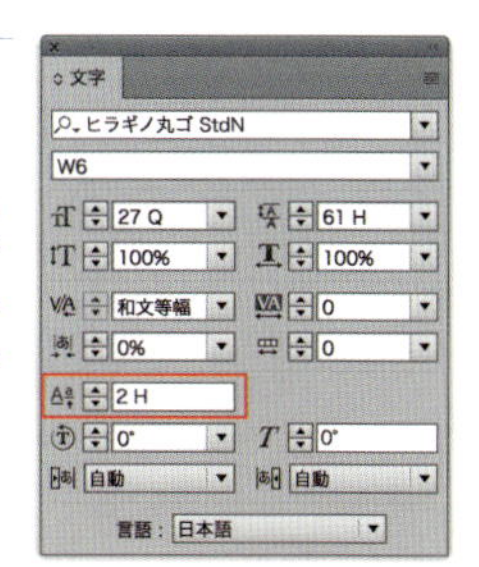

アンカー付きオブジェクトを図のように選択し、文字パネルの［ベースラインシフト］の値を変更すると、横組みの場合は上下方向、縦組みの場合は左右方向にアイコンがシフトする

COLUMN

文字の組み方向と視線の動きは、マンガの例を考えるとわかりやすい

●文字組みの方向とページ送りの方向

学校の教科書を思い浮かべると、国語は縦組み、数学や理科は横組みですね。本の綴じ方は、縦組みの場合は右綴じ・右開き（ページを右に開いていく形式）、横組みの場合は左綴じ・左開き（ページを左に開いていく形式）になっています。これは、文章を読む方向で視線の流れが決まり、視線の流れに合わせて、ページを送る方向を決めているからです。

日本語のフォントは、漢字・ひらがな・カタカナは正方形の中にデザインされているので、縦方向でも横方向でも組めます。漢字を使う中国語や韓国語（ハングルは漢字の音読みを表した表音文字）では、現在では横組みが主流になっているようです。縦組みで文字を組む日本の出版物は、世界でも珍しいと言えます。

18ページでも紹介したように、ページデザインでは、読者の視線の動きは、文字の組み方向が基本になっています。

●マンガで読み進める方向はどっち？

文字の組み方向と視線の関係は、マンガを思い浮かべるとわかりやすいでしょう。日本では、マンガの吹き出しは縦組みが多いですね。縦組みでは、吹き出しの中の行を右から左に読み進めますから、コマの送りも右から左へ送るのが自然です。製本も右綴じ・右開きになっています。

一方、アメコミに代表される欧米のマンガは、テキストは左から右に読み進めますから、コマの送りも左から右に流れるのが自然です。製本も左綴じ・左開きになっています。

近年ではスマートフォンでマンガを読む機会が増え、吹き出しの配置やコマの送り方に工夫を凝らす試みも見受けられます。スマートフォンでは、縦方向にスクロールしてストーリーを追って行きますから、縦方向の視線で読みやすい吹き出しやコマ送りのスタイルが必要になってきているようです。

マンガのコマを送る方向は、吹き出しに入る文字の組み方向に応じて決定するとよい

実践編

デザイン／レイアウトの作成

デザインやレイアウトの実践において、知っておきたい考え方やスキルをまとめました。また印刷原稿のつくり方や入稿方法、特殊な印刷・加工を利用する方法についても触れています。

印刷物の規格サイズについて知りたい。余白と版面(はんづら)って何?

- 印刷用紙のサイズはA列、B列の規格サイズが基準になっています。
- 1枚ものの印刷物の余白と版面の設定例を見てみましょう。
- ページものの印刷物の余白と版面の設定例を見てみましょう。

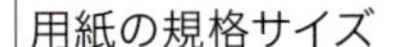

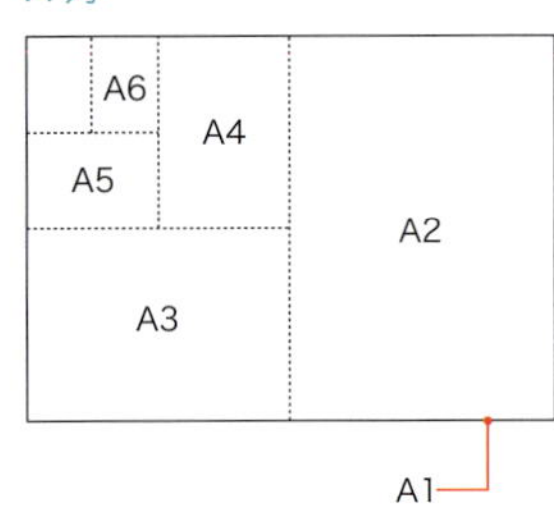

B列

A列、B列とも番号が1つ増えると面積が1/2になる

紙加工仕上寸法(JIS P 0318)

番号	A列(mm)	B列(mm)	主な用途
0	841 × 1,189	1,030 × 1,456	倍判ポスター
1	594 × 841	728 × 1,030	ポスター
2	420 × 594	515 × 728	ポスター
3	297 × 420	364 × 515	B3は車内中吊りポスター
4	210 × 297	257 × 364	写真集・地図・ファッション誌
5	148 × 210	182 × 257	専門書・技法書・教科書
6	105 × 148	128 × 182	A6は文庫本・B6は単行本

紙加工仕上寸法と主な用途を一覧にした。駅構内や車両内に掲示するポスターや中吊り広告は、規格サイズが基準になっている

印刷物の用紙のサイズを決める

印刷物をつくる時は、最初に仕上がりサイズを決めます。サイズは自由に設定してもよいのですが、JISで定められているA列、B列の規格サイズに合わせると、印刷工程がスムーズに進みますし、コストを抑えることもできます。印刷用紙はA1、B1サイズが元になり、これを断裁してA4やB5などのサイズに仕上げます。

1枚ものの印刷物の余白と版面

印刷物のサイズを決めたら、次に、紙面の余白と版面（はんづら・はんめん）の領域を定めます。余白はマージンとも呼ばれ、本文テキストを配置しない領域です。余白を除いた本文をレイアウトするスペースを版面と呼びます。

右にポスターやチラシなどの1枚ものの印刷物の余白と版面の例を示しました。名刺やはがきのような小さいサイズの印刷物の場合でも2〜3mmの余白が必要です。余白を広めにとるとゆったりとした感じになり、逆に狭いと窮屈な感じに見えます。

ページものの印刷物の余白と版面

冊子のような形態の印刷物をページものと呼びます。ページものでは、左右の見開きページを基準に余白と版面を決めます。余白は、「天」「地」「ノド」「小口」の値をそれぞれ決めます。

雑誌誌面では、版面の領域をさらに段に分割して本文を流し込みます。読みやすい段幅、段間にすることもポイントです。

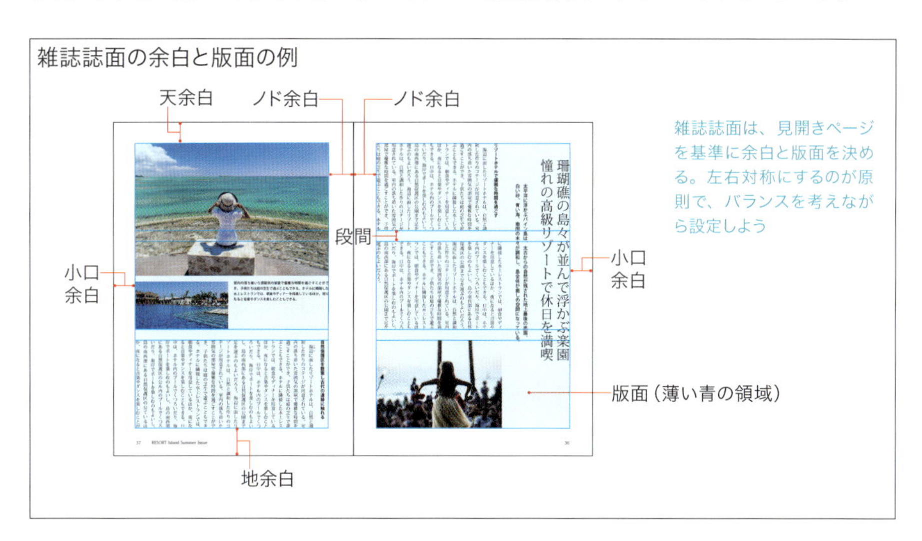

印刷に必要なトンボって何？ 裁ち落としと断裁処理について教えて！

- 印刷会社に入稿するデータをつくる場合はトンボが必要です。
- 1枚ものの印刷物は、四方を断裁して仕上がりサイズに加工します。
- 冊子のような形態の印刷物は、製本後に三方を断裁して仕上げます。

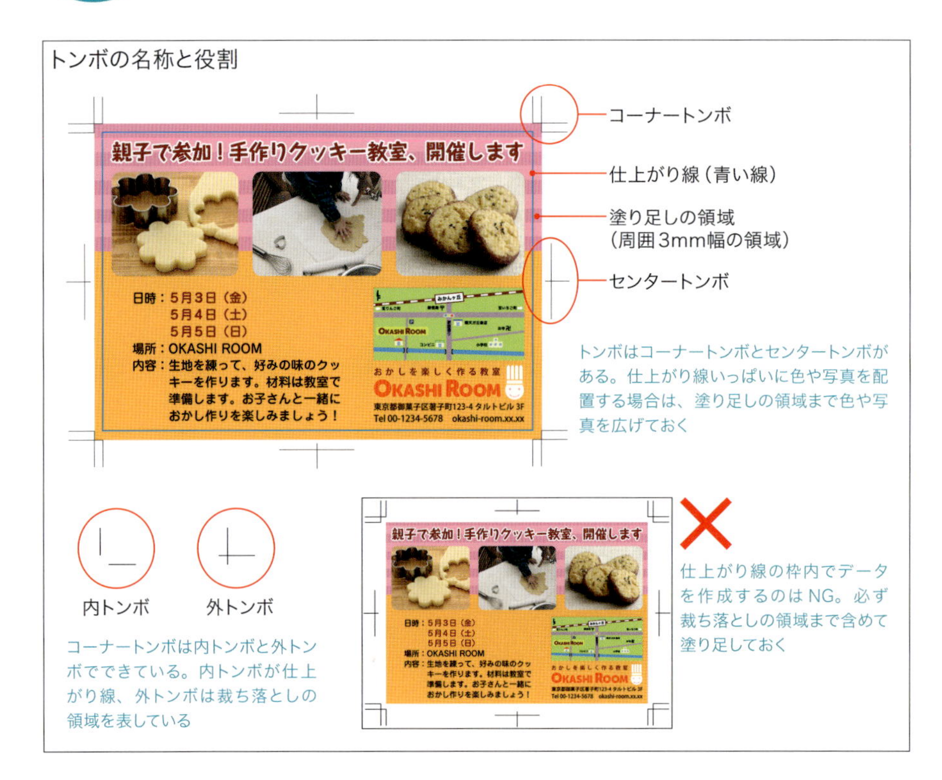

印刷用のトンボを作成し、塗り足しを意識してレイアウトしよう

印刷用のデータをつくる時は、仕上がり線に合わせたトンボを作成します。トンボは印刷用のマークでコーナートンボとセンタートンボでできています。コーナートンボは仕上がり線と裁ち落としの線を表しています。色や写真を仕上がり線いっぱいに配置する際は、裁ち落としの線まで塗り足しておく必要があります（詳細は次節参照）。

1枚ものの印刷物は印刷後に四方を断裁する

印刷物は、通常は大判の用紙に刷り、印刷後に四方を断裁して仕上げます。デジタル印刷機では、仕上がりサイズの用紙に印刷を行う場合もありますが、その場合は周囲に白い余白が現れますので、裁ち落としの処理ができなくなります。

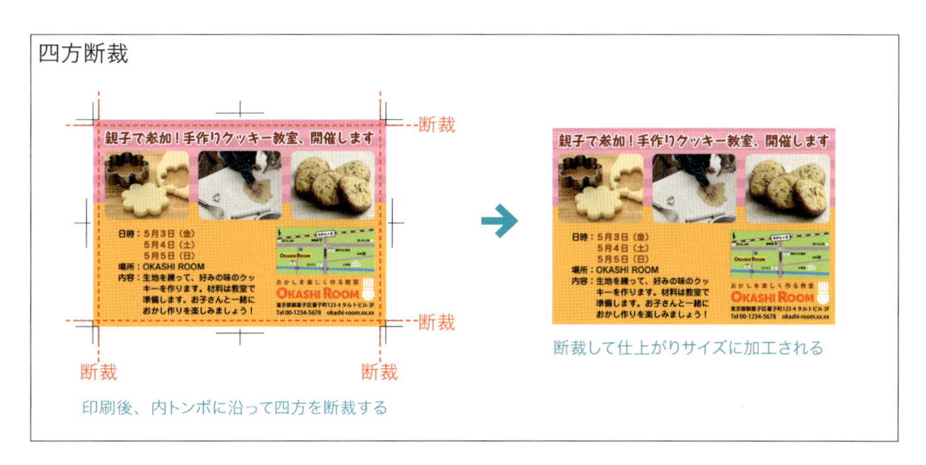

印刷後、内トンボに沿って四方を断裁する

断裁して仕上がりサイズに加工される

冊子の場合は三方を断裁する

冊子のような形態の印刷物は、製本した後に、小口側と天地の三方を断裁して仕上がりサイズに加工します。製本では折加工を伴いますので、小口と天地はきれいに揃っていません。断裁することで断面がフラットに仕上がります。

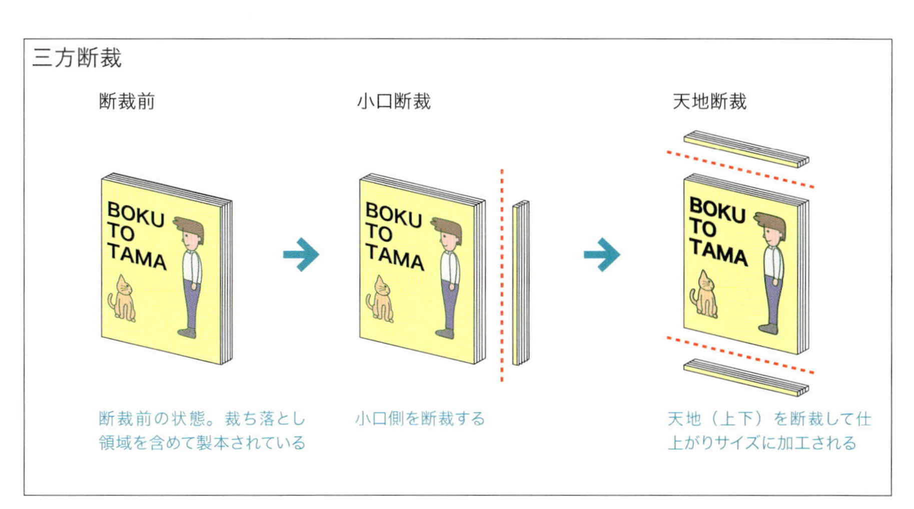

断裁前の状態。裁ち落とし領域を含めて製本されている

小口側を断裁する

天地（上下）を断裁して仕上がりサイズに加工される

悩み063 ページレイアウトの裁ち落としはどうやって処理すればいいの？

解決

- ページものの誌面の裁ち落としの処理方法を知っておこう。
- 1枚ものの紙面の裁ち落としの処理方法を知っておこう。
- 裁ち落としを利用して空間の広がりを演出しよう。

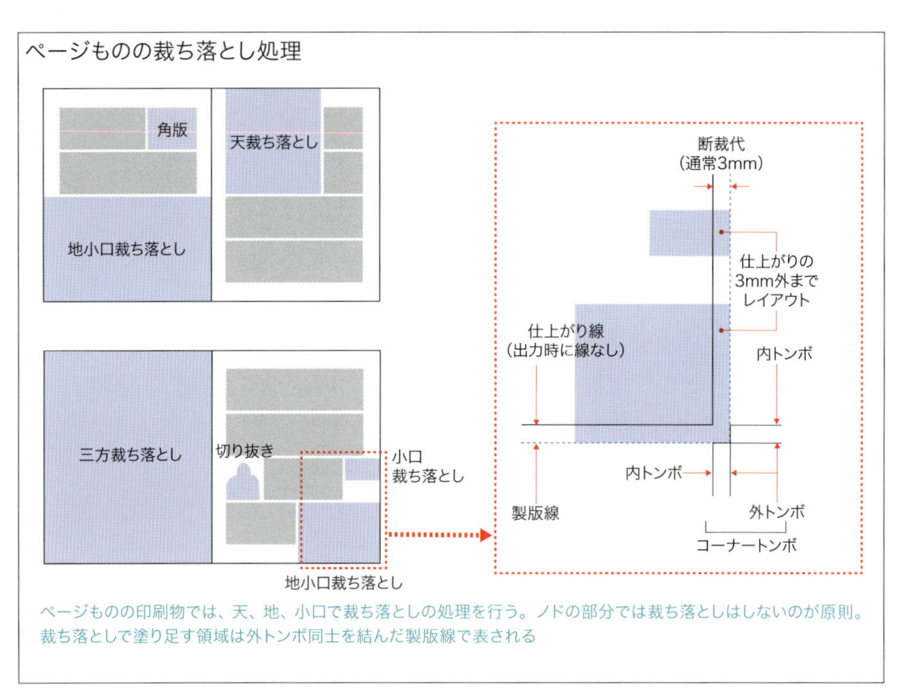

ページものの印刷物では、天、地、小口で裁ち落としの処理を行う。ノドの部分では裁ち落としはしないのが原則。裁ち落としで塗り足す領域は外トンボ同士を結んだ製版線で表される

ページものの誌面の裁ち落とし処理

誌面いっぱいにまで写真や色を配置する場合は、裁ち落としの処理を行います。裁ち落としは仕上がり線の外側に3mmの塗り足しを行う処理で、この部分は印刷後の断裁処理によって見えなくなります。裁ち落としの処理を行わないと、断裁がわずかにずれた場合に紙色が表れてしまいます。

上図では雑誌などのページものの印刷物において裁ち落としの処理を行う方法を図説しました。

1枚ものの紙面の裁ち落とし処理

ポスターやチラシなどの1枚ものと呼ばれる印刷物では、以下に示したような裁ち落としの方法があります。

オフセット印刷では大判の用紙に面付けをして印刷し、印刷後に内トンボを結ぶ仕上がり線で断裁加工されます。プリンターで出力する場合は、周辺部分に印刷されない領域がありますので、裁ち落としを行う場合は、トンボを付けて裁ち落とし処理を行い、プリント後に断裁を行います。

1枚ものの裁ち落とし処理

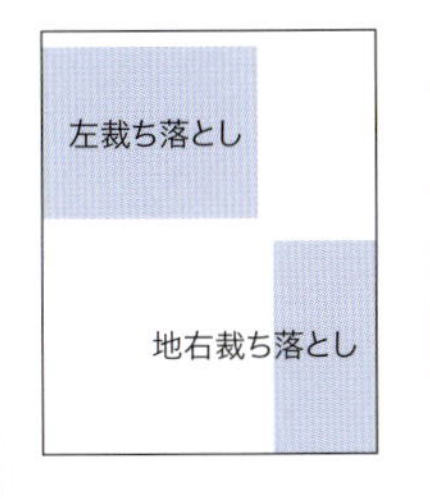

1枚ものの印刷物では、四方（天、地、右、左）で裁ち落としの処理を行う

CLOSE-UP

会報誌「epSITE COMMUNICATION PRESS」

裁ち落としのレイアウトは写真誌にすぐれた作例を見ることができます。エプソンイメージングギャラリーエプサイトが会員向けに発行している会報誌のレイアウトは美しくて迫力に満ち、写真やプリントの魅力を伝える美しい誌面になっています。

『epSITE COMMUNICATION PRESS VOL.44』
エプソンイメージングギャラリーエプサイト／デザイン：SOUVENIR DESIGN INC.
左図の見開きページは3枚を1組にした作品で、地方から上京して東京に住む人の「今」と「原風景」と「横向きのポートレート」で構成されている。右図は1枚の写真を見開きページいっぱいに配置して幻想的な鉄道の風景を伝えている。写真を裁ち落としで利用すると誌面に広がりが感じられるようになるのがわかるだろう。
URL：http://www.epson.jp/epsite/

悩み064 段組をつくって文字を流し込みたい。つくり方を教えて！

解決

- 誌面のサイズに合わせて、段数を決定しましょう。
- 段間は本文2〜3字分のスペースを設定します。
- InDesignでは、段組ガイドを設定する独自の機能があります。

縦組み2段組

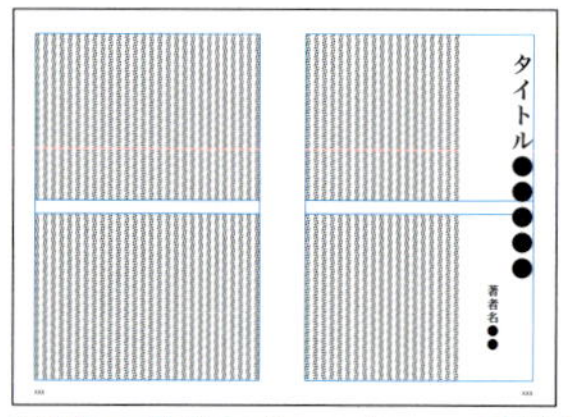

縦組み3段組

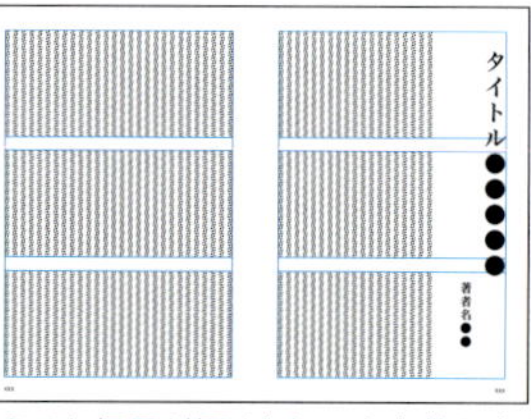

縦組み4段組

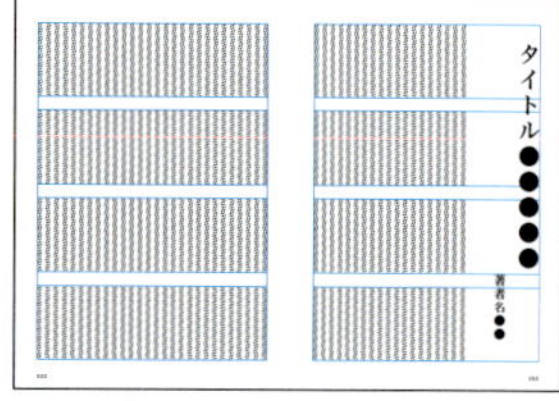

縦組みの段組のバリエーション。段数が増えると行長が短くなり、文字数も少なくなる。新聞は段数を増やして1行の文字数を少なくして、速読しやすい設計になっている

横組み2段組

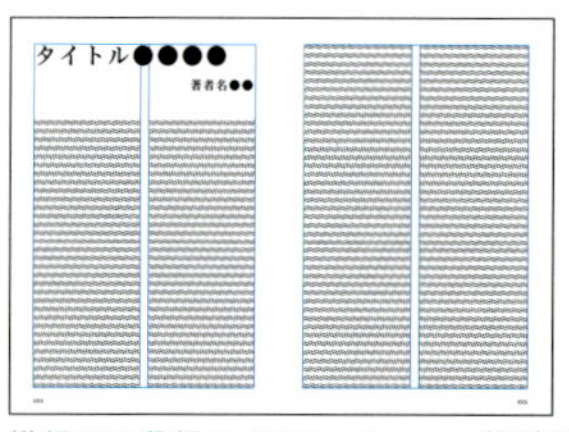

横組み3段組

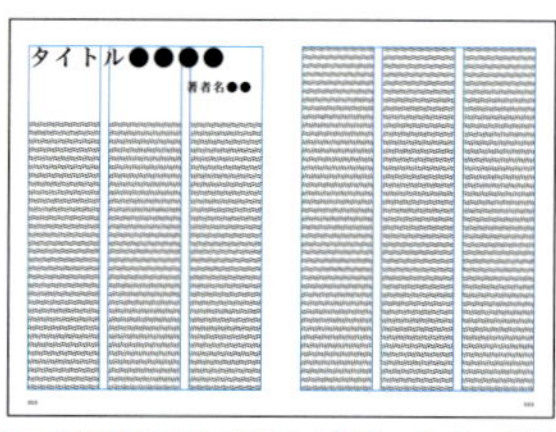

横組み4段組

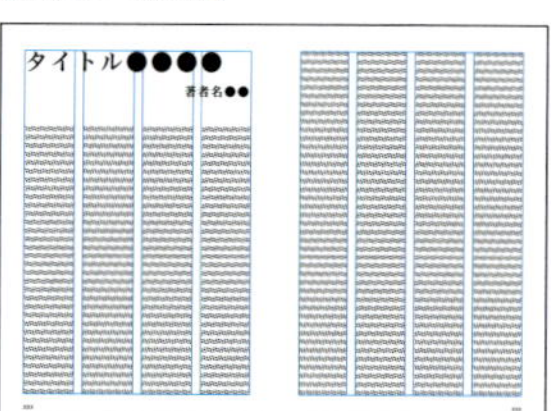

横組みの段組のバリエーション。雑誌誌面では図版が入ることが多いので、図版の点数・面積を考慮してバランスを考えながら段数を決定する

誌面サイズに応じて、読みやすい段数を決定する

段組は新聞や雑誌などで文字を組むときの定番の技法です。文芸や評論ではテキストのみを流し込みますが、雑誌では写真などの図版を盛り込んで、賑やかな誌面を演出します。

つくり方は、見開きページにあらかじめ段組用のガイドを作成し、ガイドに沿ってテキストフレームを配置するのが効率的です。段は縦組みでは横方向、横組みでは縦方向に読み進めます。誌面サイズに応じて、読みやすい段数を決定しましょう。大まかな形が決まったら、実際にテキストを流し込んで、読みやすさを検証し、文字サイズや行間、行長を微調整していきます。

●段間は本文2〜3字分のスペースを設定する

段と段の間のスペースを段間と言います。段間は本文2〜3字分のスペースを設定するのがよいでしょう。段間が狭すぎると読みにくくなりますし、広すぎると余白が気になり読書の集中が途切れてしまうことになります。

吾輩は猫である

夏目 漱石

感覚と科学

寺田 寅彦

左図は縦組み3段組、段間は本文3字分のスペース。右図は横組み2段組、段間は本文2字分のスペース。読みやすさを検証し、適度な段間を設定しよう

APPLICATION

InDesignの「マージン・段組」「レイアウトグリッド」

InDesignでは、新規ドキュメントを作成する際に、「マージン・段組」あるいは「レイアウトグリッド」のどちらかを選んで段組を設定できます。

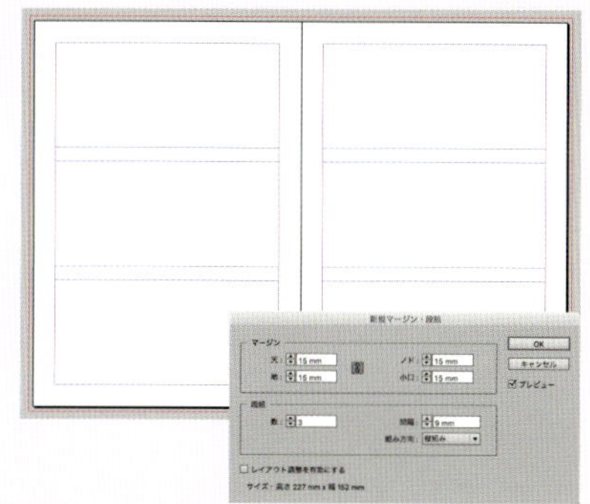
「マージン・段組」は、段組のガイドのみが作成される

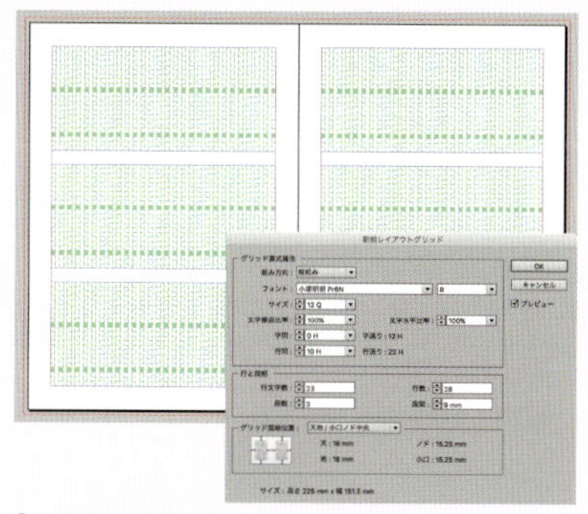
「レイアウトグリッド」は、段組のガイドに加え、本文の文字サイズに沿ったグリッドが作成される

たくさんの情報をきれいに並べたい。どんなレイアウトの手法があるの？

- 誌面を均等に分割したグリッドを使ってレイアウトしましょう。
- 細かく分割したグリッドでは、より複雑なレイアウトができます。
- アプリケーションでグリッドを短時間で作成できます。

星座占いでは、12個の情報を整然と並べる必要がある。こうした場合は、誌面を分割するグリッドをつくっておくと便利だ

グリッドは、段組ガイドを縦横に組み合わせて、格子状のユニットを並べたものを用意する。上の作例では左右ページをそれぞれ6分割したグリッドが下敷きになっている

グリッドシステムでレイアウトする

情報を整然と並べたい場合は、誌面を均等に分割するグリッドを作成すると効率的です。複数の情報を1つのユニットで構成し、このユニットを繰り返し複製して配置することで、検索性も高まり、読みやすさも向上します。細かく分割するグリッドをつくることから、こうした手法を「グリッドシステム」と呼びます。

グリッドを細かく分割し、ユニット単位で大きさに変化をつける

グリッドを細かく分割したものを用意して、テキストや図版を配置する方法があります。図版は、グリッドに沿って配置することで、大きさが2倍、3倍…になり、規則性が生まれます。細かなグリッドはアプリケーションの機能を使って作成できます。

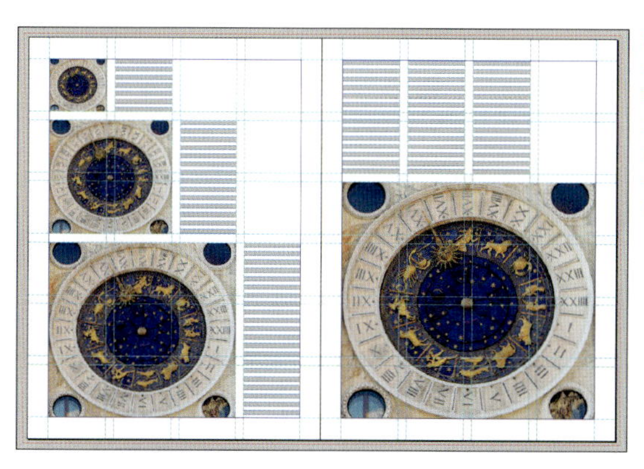

左の作例では、左右のページが6行×4列＝24個のユニットで構成されたグリッドを事前に作成してレイアウトを行っている。ユニットを組み合わせて図版の大きさを決めることで、ジャンプ率に規則性が生まれる。テキストもグリッドに沿って配置することで行長が同じになり、段組にすることも可能だ

APPLICATION

InDesignやIllustratorでグリッドシステムのガイドをつくる

InDesignでは、「ガイドを作成」コマンドで格子状のガイドが作成できます。Illustratorでも、「段組設定」コマンドで格子状のオブジェクトが作成できるので、これをガイドに変換して利用できます。細かな操作はアプリケーションヘルプなどを参照してください。

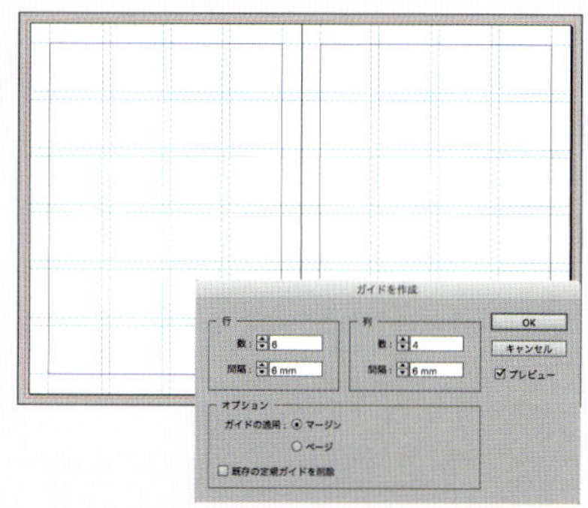

InDesignでは、レイアウトメニューから［ガイドを作成］を選ぶと上図のダイアログが現れる。［行］［列］［間隔］の値を指定してグリッドを作成する

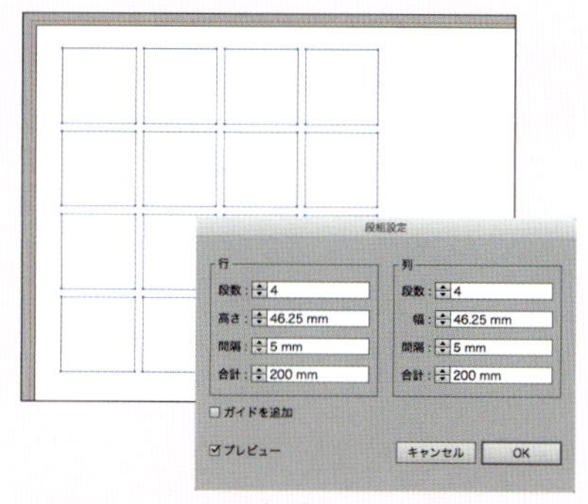

Illustratorでは、オブジェクトメニューから［パス］→［段組設定］を選ぶ。［行］［列］［間隔］の値を指定してオブジェクトを格子状に分割できる

悩み066 賑やかに自由にレイアウトしたい。何に気をつければいいの？

解決

- 「フリーレイアウト」と呼ばれる手法でデザインしてみましょう。
- 探しやすく、読みやすいレイアウトになるよう調整しましょう。
- ファッション情報誌を参考に、デザイン手法を観察してみましょう。

作例はファッション情報誌をイメージして自由にオブジェクトを配置した。賑やかな雰囲気を出すために、タイトル・キャッチのテキストや図版を少し傾けている。しっかり読ませたい本文は傾けずに、同じリズムで読めるようにした

上の作例のガイドは余白のガイドのみだ。余白以外の版面の中を自由にレイアウトしている。揃えたい箇所が生じた場合は、手動で任意の位置にガイドを設定する

フリーレイアウトの手法でデザインする

雑誌誌面などで、ガイドやグリッドに拘束されずに自由にレイアウトする「フリーレイアウト」と呼ばれる手法があります。まったくの自由ではなく、余白の領域には本文テキストを配置してはいけません。版面の中は自由にレイアウトしてかまいません。ごちゃごちゃに見えないよう、バランスを考えながら慎重に配置を決める必要があります。

●フリーレイアウトで気をつけること

フリーレイアウトの誌面では、読者は全体を見渡して、興味を持ったテーマを真っ先に読みたいと考えるでしょう。テーマを探しやすくするには、見出しのテキストを大きくしたり、色を使って視線を誘導するようにしましょう。図版と、それを解説するテキストは近づけて配置し、互いが関連しているようにレイアウトします。

読者の視線は、全体をざっと見回すようになる。見出しやキーワードのテキストを大きくすれば検索性が高まる

図版とキャプションは近づけて配置し、図版に関連したテキストであることがわかるように配慮する

CLOSE-UP

変化に富んだレイアウトが満載のティーンズ向けファッション誌

雑誌は、記事ごとにレイアウトのスタイルを変えます。記事の内容にあったレイアウトの手法を選ぶことが重要になります。ファッション誌の場合も、ファッション・ヘア&メイク・インタビュー記事など変化に富んだ構成になっています。記事ごとにどのようなレイアウト手法を選び、どんな工夫が盛り込まれているか、注意深く観察してみるとよいでしょう。

『Seventeen 2016年6月号』／集英社
『Seventeen』は、かわいい！ おもしろい！ 役に立つ！「女のコのための No.1 ティーンズマガジン」。掲載した誌面の右ページは記事の巻頭ページで、フリーレイアウトの手法が用いられている。左ページは紙面を6分割し、グリッドを生かしたレイアウトになっている

ゆったりとした誌面を演出したい。どんな風につくればいいの？

- 雑誌誌面のレイアウトで、ゆったりとした雰囲気を演出してみよう。
- 書籍で、読書をゆったりと味わってもらえるよう演出してみよう。
- 版面率を検討して、余白スペースをコントロールしよう。

雑誌のレイアウトの作例。左ページでは、タイトル・リードの周辺にはホワイトスペースが十分に確保されている。右ページでは、ホワイトスペースを意識的に確保し、情報が密にならないようにしている。写真は裁ち落としにして、空間の広がりを読者に意識させている

上の作例のガイドは余白が広めに設定されている。本文テキストは３段組で組めるよう設定されているが、紙面では２段を使って本文を流し込み、空いたスペースは図版やホワイトスペースにあてている

ゆったりとした雑誌紙面をレイアウトするには？

前節のフリーレイアウトの作例と比べると、本節の作例はゆったりとして見えます。理由は、余白（マージン）を広めに設定していること、さらに版面内のスペースにもホワイトスペースが確保されているからです。ホワイトスペースを設けることで、風通しのよいレイアウトになります。テキストや図版に集中しやすくなる効果も期待できます。

ゆったりとした書籍の本文組みをつくるには？

テキストが主体の書籍では、詩歌や子供向けの物語などは、ゆったりとした本文組みが求められます。余白を広めにとり、文字間も少し空け気味にするとよいでしょう。

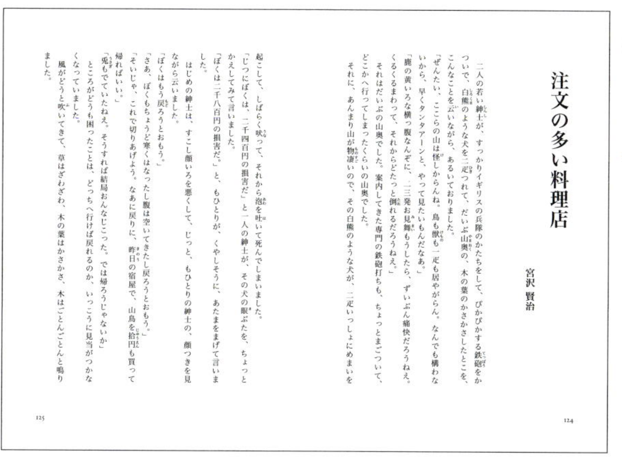

注文の多い料理店

宮沢 賢治

二人の若い紳士が、すっかりイギリスの兵隊のかたちをして、ぴかぴかする鉄砲をかついで、白熊のような犬を二疋つれて、だいぶ山奥の、木の葉のかさかさしたとこを、こんなことを云いながら、あるいておりました。

「ぜんたい、ここらの山は怪しからんね。鳥も獣も一疋も居やがらん。なんでも構わないから、早くタンタアーンと、やって見たいもんだなあ。」

「鹿の黄いろな横っ腹なんぞに、二三発お見舞もうしたら、ずいぶん痛快だろうねえ。くるくるまわって、それからどたっと倒れるだろうねえ。」

それはだいぶの山奥でした。案内してきた専門の鉄砲打ちも、ちょっとまごついて、どこかへ行ってしまったくらいの山奥でした。

それに、あんまり山が物凄いので、その白熊のような犬が、二疋いっしょにめまいを

124

起こして、しばらく吠って、それから泡を吐いて死んでしまいました。

「じつにぼくは、二千四百円の損害だ」と一人の紳士が、その犬の眼ぶたを、ちょっとかえしてみて言いました。

「ぼくは二千八百円の損害だ。」と、もひとりが、くやしそうに、あたまをまげて言いました。

はじめの紳士は、すこし顔いろを悪くして、じっと、もひとりの紳士の、顔つきを見ながら云いました。

「ぼくはもう戻ろうとおもう。」

「さあ、ぼくもちょうど寒くはなったし腹は空いてきたし戻ろうとおもう。」

「そいじゃ、これで切りあげよう。なあに戻りに、昨日の宿屋で、山鳥を拾円も買って帰ればいい。」

「兎もでていたねえ。そうすれば結局おんなじこった。では帰ろうじゃないか」

ところがどうも困ったことは、どっちへ行けば戻れるのか、いっこうに見当がつかなくなっていました。

風がどうと吹いてきて、草はざわざわ、木の葉はかさかさ、木はごとんごとんと鳴りました。

125

子供向けの物語を、ゆったりとした紙面でつくってみた。本文は13Q～14Qのサイズにするとかなり読みやすくなる。子供向けであれば難しい漢字にルビを振り、読みやすくする工夫が必要だ

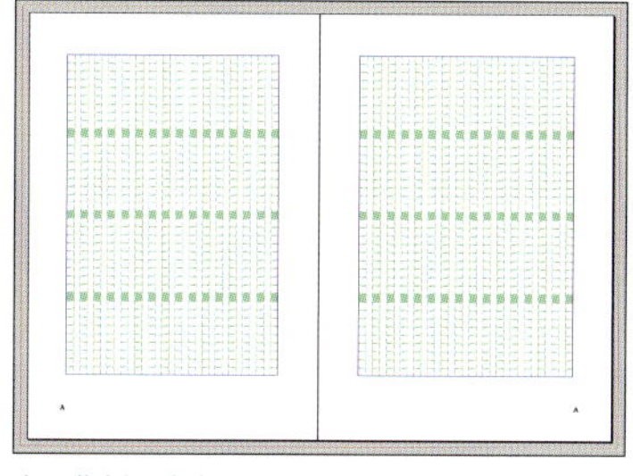

上の作例の余白はかなり広めだ。マス目のグリッドは本文の文字数を表している

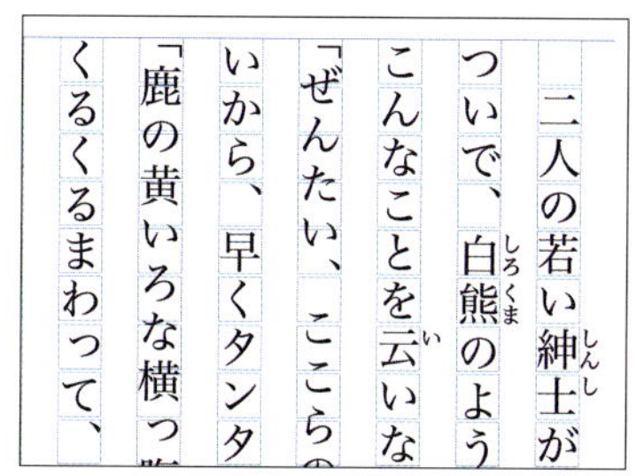

本文は13Qに設定したが、文字間隔を1Q（＝0.25mm）分空けている（「空け組み」という）

版面率を考えて余白を設定しよう

誌面の仕上がりサイズの領域に対して、版面の占める割合を「版面率」と呼びます。版面率が高い誌面では、版面の占める領域が広くなり、余白は狭くなります。版面率が低い誌面では、版面の占める領域が狭くなり、余白は広くなります。ゆったりした誌面をつくりたい場合は、版面率を低めに設定するとよいでしょう。

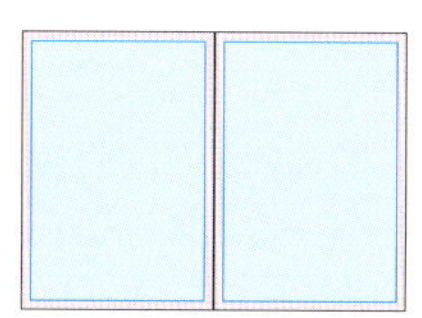

版面率の高い誌面。余白が狭くなっている。前節のフリーレイアウトの作例では版面率を高くしている。掲載する情報量が多くなり、誌面の密度を高めたい場合に有効

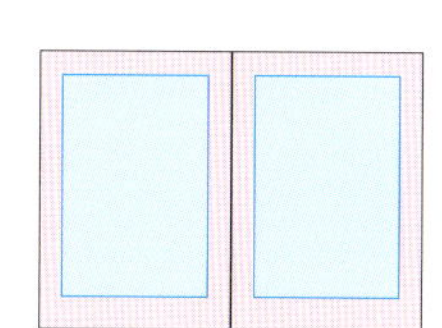

版面率の低い誌面。余白を十分に確保している。本節の作例では版面率を低くしている。ゆったりした雰囲気を演出したい場合に有効

悩み068 タイトル、リード、見出し、本文などのスタイルの設定方法を教えて！

解決

- 雑誌記事のテキストを読みやすく設定してみましょう。
- 文字サイズ、書体、カラーを変化させてテキストを階層化します。
- 設定した文字の書式はスタイルパネルに登録できます。

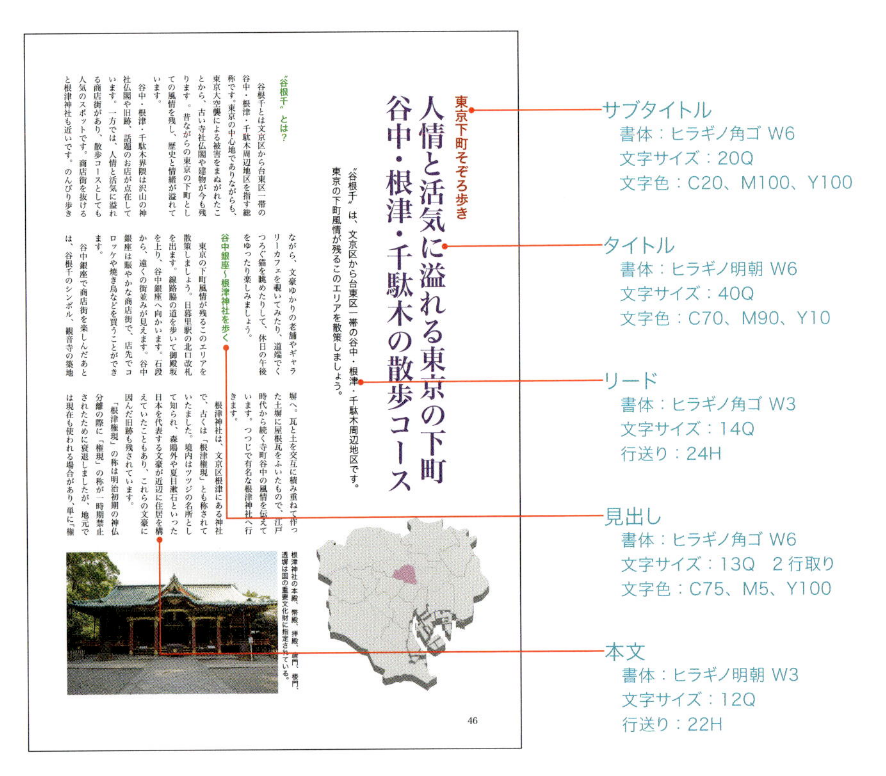

東京下町そぞろ歩き

人情と活気に溢れる東京の下町
谷中・根津・千駄木の散歩コース

〝谷根千〟は、文京区から台東区一帯の谷中・根津・千駄木周辺地区です。東京の下町風情が残るこのエリアを散策しましょう。

〝谷根千〟とは？

谷根千とは文京区から台東区一帯の谷中・根津・千駄木周辺地区を指す総称です。東京の中心地でありながらも、東京大空襲による被害をまぬがれたことから、古い寺社仏閣や建物が今も残ります。昔ながらの東京の下町としての風情を残し、歴史と情緒が溢れています。

谷中・根津・千駄木界隈は沢山の神社仏閣や旧跡、話題のお店が点在しています。一方では、人情と活気に溢れる商店街があり、散歩コースとしても人気のスポットです。商店街を抜けると根津神社も近いです。のんびり歩きながら、文豪ゆかりの老舗やギャラリーカフェを覗いてみたり、道端でくつろぐ猫を眺めたりして、休日の午後をゆったり楽しみましょう。

谷中銀座～根津神社を歩く

東京の下町風情が残るこのエリアを散策しましょう。日暮里駅の北口改札を出ます。線路脇の道を歩いて御殿坂を上り、谷中銀座へ向かいます。石段から、遠くの街並みが見えます。谷中銀座は賑やかな商店街で、店先でコロッケや焼き鳥などを買うことができます。

谷中銀座で商店街を楽しんだあとは、谷根千のシンボル、観音寺の築地塀へ。瓦と土を交互に積み重ねて作った土塀に屋根瓦をふいたもので、江戸時代から続く寺町谷中の風情を伝えています。つつじで有名な根津神社へ行きます。

根津神社は、文京区根津にある神社で、古くは「根津権現」とも称されていました。境内はツツジの名所として知られ、森鷗外や夏目漱石といった日本を代表する文豪が近辺に住居を構えていたこともあり、これらの文豪に因んだ旧跡も残されています。

「根津権現」の称は明治初期の神仏分離の際に「権現」の称が一時期禁止されたために衰退しましたが、地元では現在も使われる場合があり、単に「権

根津神社の本殿、幣殿、拝殿、唐門、楼門、透塀は国の重要文化財に指定されている。

46

雑誌記事の段落スタイルを設定する

上の作例では、雑誌記事のテキストにどのようにスタイルを設定しているかを示しました。記事を読むときは、タイトル→リード→見出し→本文の順に読み進めます。それぞれの文字の大きさや書体を変えているのがわかります。各種設定を慎重に選択し、読者が記事の構造を瞬時に理解できるよう心がけてください。

文字を階層化して視線を誘導する

読者の視線を誘導する大きな要素は文字サイズのジャンプ率です。ジャンプ率は大きさの変化の度合いを指します。読者は、大きい順に読み進めてくれるでしょう。

見出しには「行取り」の技法を用いて前後に空白を設けると見やすくなります。

文字の階層化

サブタイトル	人気と活気に溢れ
タイトル	人気と活
リード	人気と活気に溢れる東京
見出し	人気と活気に溢れる東京の
本文	人気と活気に溢れる東京の下

左ページの記事は、文字サイズ、書体、カラーを変化させて、文字を階層化している。ジャンプ率を高めることで、階層化が一層理解しやすくなる

行取り

ながら、文豪ゆかりの老舗やギャラリーカフェを覗いてみたり、くつろぐ猫を眺めたりして、休日の午後をゆったり楽しみましょう。

谷中銀座～根津神社を歩く

東京の下町風情が残るこのエリアを散策しましょう。日暮里駅の北口改札を出ます。線路脇の道を歩いて御殿坂を上り、谷中銀座へ向かいます。石段から、遠くの街並みが見えます。谷中銀座は賑やかな商店街で、店先でコ

「2 行取り」では 2 行の中央に見出し文字を配置する。確保する行数により「3 行取り」「4 行取り」などと呼ぶ

APPLICATION

段落・文字スタイルパネルの活用

レイアウトソフトでは、段落単位あるいは文字単位で書式を登録できます。登録した書式に名前をつけて、段落スタイルパネルあるいは文字スタイルパネルに表示することができます。登録後は、文字を選択し、段落／文字スタイルパネルでスタイル名をクリックするだけで、文字書式を適用できるようになります。

制作チーム内で同じスタイルパネルを共有して利用することで、一冊の雑誌や書籍の中のテキストを、同じ書式で仕上げる作業が効率的に行えるようになります。

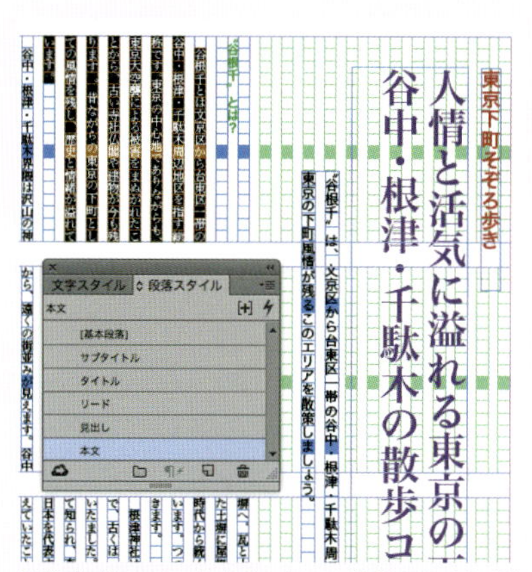

段落書式にスタイル名をつけて、段落スタイルパネルに登録することができる

写真にキャプションを添えたい。どんな風に設定すればいいの？

- 図版の下（あるいは右）にキャプションを配置してみよう。
- 組み写真では図版に連番を付け、キャプションを1つにまとめます。
- 整列パネルを使って、図版とキャプションを揃えることができます。

根津神社の本殿、幣殿、拝殿、唐門、楼門、

透塀は国の重要文化財に指定されている。

写真とキャプションの一体感が感じられない。写真と文字の左端が揃っていない。行間が広すぎる印象

根津神社の本殿、幣殿、拝殿、唐門、楼門、
透塀は国の重要文化財に指定されている。

写真と文字の左端を揃え、行間も狭めに設定した。文字サイズ：10Q、行送り：14H、書体：ヒラギノ角ゴ W3。写真とキャプション間は 2mm アキに設定した

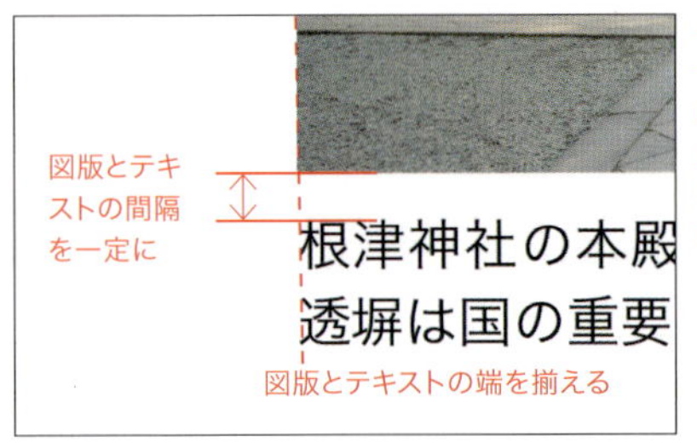

キャプションと図版は端を揃え、間隔を一定にする。自分なりにルールを決めて、ほかのキャプションも同様の設定にする。整列パネルを使うと、端を揃えたり、間隔を数値指定できる（右ページのコラム参照）

読みやすいキャプションの条件とは？

キャプションは写真・挿絵などにつける説明文です。文字の書式は、本文の文字サイズより小さく、8〜10Qくらいが適しているでしょう。行長は15〜30字くらいが読みやすく、行送りはやや狭め（本文文字サイズの1.2〜1.5倍）に設定しても大丈夫です。文字サイズが小さいので、ゴシック体にして視認性を高めるとよいでしょう。

● 組み写真のキャプションの例

複数の写真を組み合わせて1つにまとめた場合は、個々の写真にキャプションを配置するのが難しくなります。こうした場合は、写真に連番を振り、キャプションは1つにまとめて、番号とキャプションを対比できるようにする方法が有効です。

①月島の路地に入っていくと、昔ながらの風情を残した家並みが残っている。

②不忍池付近で出会った茶トラ猫。

③月島といえばもんじゃ焼き。明太子をトッピングしていただきます。

④江戸切子のグラス。精細なカットが魅力。

組み写真のキャプションの例。文字サイズ：9Q、行送り：12H、書体：ヒラギノ角ゴ W3。写真とキャプション間は 2mm アキに設定。キャプション同士の間隔を少し空ける処理として、段落間のアキ：1mm に設定している

APPLICATION

整列パネルで図版とキャプションを揃える

レイアウトソフトでは図版とキャプションのオブジェクトを両方選択し、基準としたい（動かしたくない）オブジェクトをクリックし、「キーオブジェクト」として指定します。整列パネルで揃える基準位置のボタンをクリックすることで、オブジェクトを揃えることができます。さらに、オブジェクト同士の間隔を数値指定して配置し直すこともできます。

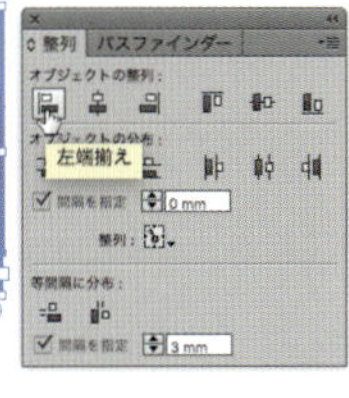

写真とキャプションの両方のオブジェクトを選択し、写真をクリックしてキーオブジェクトにした。整列パネルで［左端揃え］をクリックして左端に揃えた

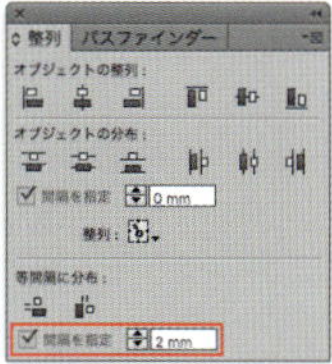

整列パネル下の［間隔を指定］の入力ボックスに間隔を数値で入力し、［垂直方向に等間隔に分布］ボタンをクリックする。上図では 2mm アキに指定した

本文に注釈テキストを挿入したい。どんな処理方法があるか教えて！

- 「割注」を利用して、1行内に複数行を表示できます。
- InDesignではページ内の欄外に「脚注」を表示することができます。
- 脚注の文字サイズは、本文より小さめに設定しましょう。

夏目 漱石（1867年―1916年。日本の小説家、評論家、英文学者）は、江戸の牛込馬場下横町（現在の東京都新宿区喜久井町）出身。本名は夏目 金之助。

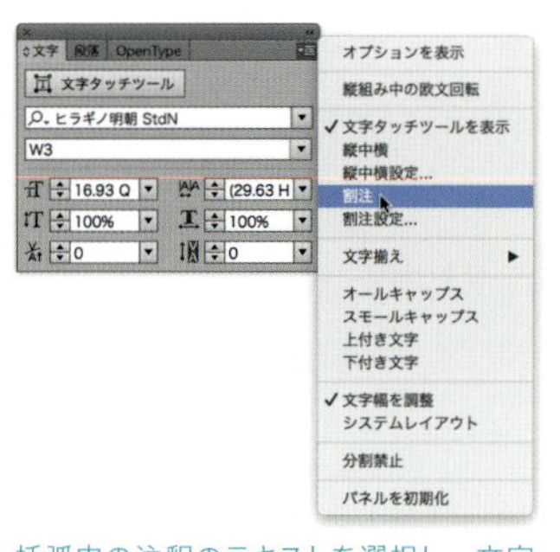

括弧内の注釈のテキストを選択し、文字パネルメニューから［割注］を選択する

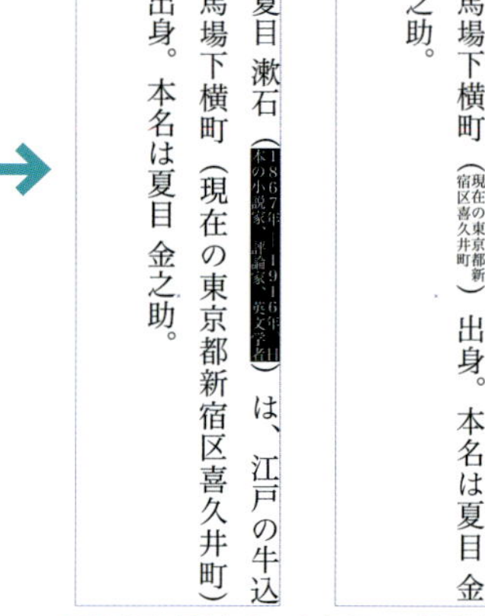

割注が実行された。もう1つの注釈も割注に変換した

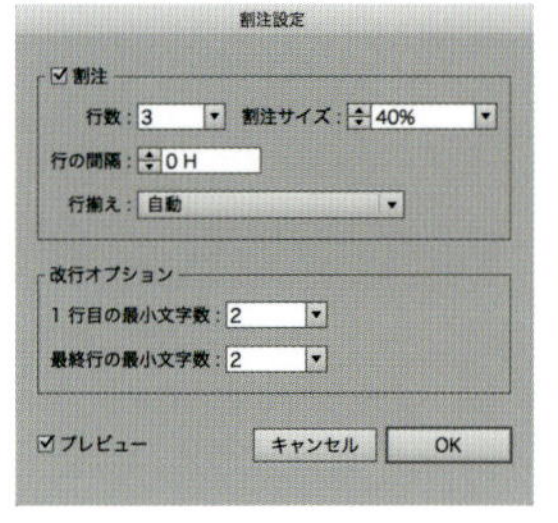

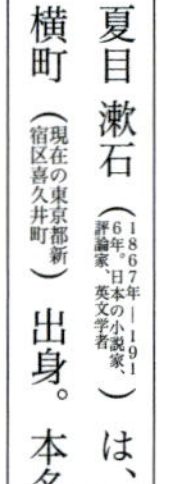

文字パネルメニューから［割注設定］を選択すると行数や割注サイズを設定することができる。3行以上に設定すると、文字が読みにくくなるので注意が必要

「割注」を挿入する

IllustratorやInDesignには割注の機能があります。割注を利用すると、文字列を小さくし一行の中に複数行で表示することができ、スペースを節約できます。文字を小さくすると読みにくくなるので、通常は2行で処理するのがよいでしょう。

おぼえておこう　伝わりやすさアップ

本文の欄外に「脚注」を配置する

論文などでは、本文に脚注番号を振り、欄外に脚注のテキストを配置する方法が一般的です。InDesignでは「脚注」の機能を利用して、同じページの中に脚注を表示することができます。脚注用に段落スタイルを作成して適用するしくみになっています。

オリエンテーションを終えると、ディレクターは顧客の意向に沿った広告プランの大枠を作成し、必要なスタッフを選出して、最初のミーティングが行われる。このミーティングがキックオフミーティングで、プロジェクトチームのスタッフが最初に顔合わせする集まりである。最初のミーティングでは、企画コンセプトについて意見を出し合い、基本コンセプトを固めていく。コンセプトをまとめ、企画書を作成するツールとしては、自由に討議を行うブレインストーミングや、5W2H の手法がある。

段落スタイル
本文
[基本段落]
本文
脚注

本文のテキストを流し込む。段落スタイルで脚注のスタイルを事前に登録しておくとよい

ジェクトチームのスタッフ
ングでは、企画コンセプト
く。コンセプトをまとめ、
ブレインストーミングや、

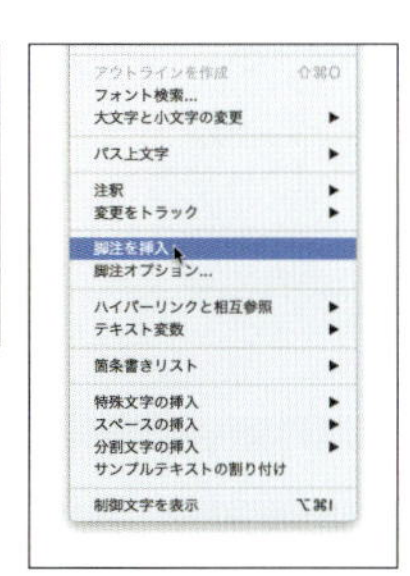

脚注を挿入したい場所にカーソルを置く。ここでは「ブレインストーミング」の後にカーソルを置いた。書式メニューから［脚注を挿入］を実行する

オリエンテーションを終えると、ディレクターは顧客の意向に沿った広告プランの大枠を作成し、必要なスタッフを選出して、最初のミーティングが行われる。このミーティングがキックオフミーティングで、プロジェクトチームのスタッフが最初に顔合わせする集まりである。最初のミーティングでは、企画コンセプトについて意見を出し合い、基本コンセプトを固めていく。コンセプトをまとめ、企画書を作成するツールとしては、自由に討議を行うブレインストーミング[1]や、5W2H の手法がある。

1　会議の参加者が、ある問題について自由奔放に多彩なアイデアを出し合う手法。ブレインストーミングにはルールがあり、批評・批判をしない、粗野な考えを歓迎する、アイデアの量を重視する、出されたアイデアを結合し発展させることが重要とされる。

テキストフレームの下部に脚注スペースができるので、テキストを入力する

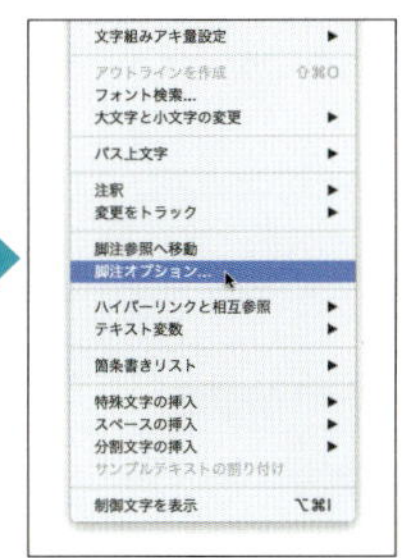

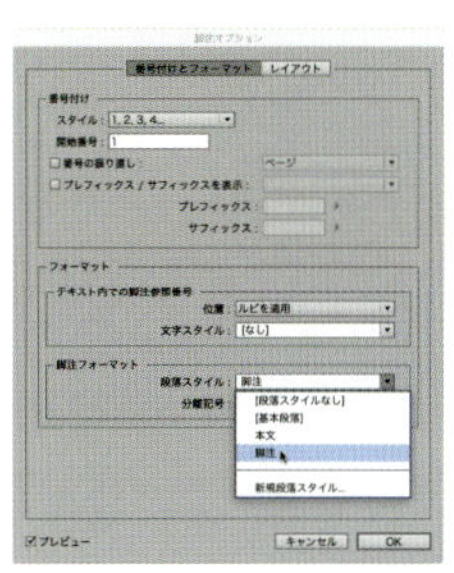

書式メニューから［脚注オプション］を選び、ダイアログを表示する。［脚注フォーマット］の［段落スタイル］のポップアップメニューで脚注の段落スタイルを指定する

オリエンテーションを終えると、ディレクターは顧客の意向に沿った広告プランの大枠を作成し、必要なスタッフを選出して、最初のミーティングが行われる。このミーティングがキックオフミーティングで、プロジェクトチームのスタッフが最初に顔合わせする集まりである。最初のミーティングでは、企画コンセプトについて意見を出し合い、基本コンセプトを固めていく。コンセプトをまとめ、企画書を作成するツールとしては、自由に討議を行うブレインストーミング[1]や、5W2H の手法がある。

1　会議の参加者が、ある問題について自由奔放に多彩なアイデアを出し合う手法。ブレインストーミングにはルールがあり、批評・批判をしない、粗野な考えを歓迎する、アイデアの量を重視する、出されたアイデアを結合し発展させることが重要とされる。

脚注に段落スタイルが適用された。脚注は本文より文字サイズを小さくするのが一般的。小さい文字の場合は、ゴシック体にすると読みやすくなる

オリエンテーションを終えると、ディレクターは顧客の意向に沿った広告プランの大枠を作成し、必要なスタッフを選出して、最初のミーティングが行われる。このミーティングがキックオフミーティングで、プロジェクトチームのスタッフが最初に顔合わせする集まりである。最初のミーティングでは、企画コンセプトについて意見を出し合い、基本コンセプトを固めていく。コンセプトをまとめ、企画書を作成するツールとしては、自由に討議を行うブレインストーミング[1]や、5W2H[2] の手法がある。

1　会議の参加者が、ある問題について自由奔放に多彩なアイデアを出し合う手法。ブレインストーミングにはルールがあり、批評・批判をしない、粗野な考えを歓迎する、アイデアの量を重視する、出されたアイデアを結合し発展させることが重要とされる。
2　企画書や提案書として取りまとめるための手法。一般には 5W1H で使われるが、ビジネスでは、Who（誰が）、What（何を）、When（いつ）、Where（どこで）、Why（どうして）、How（どのように）の要素に、How（いくらで）の金銭的要素を加えて使用する。

続いて、「5W2H」の後にカーソルを置き、［脚注を挿入］を実行し、テキストを入力した

イメージやフォント、配色を探したい。便利な方法を教えて！

- ストックフォトのサイトで写真やイラストを検索してみよう。
- フォントの適用例を確認し、フォントやデータを入手できます。
- 写真から色を抽出してカラーグループを作成できます。

Adobe Stock：https://stock.adobe.com/jp/
キーワードに「女性 ハッピー 日本人」で検索してみた

オプション機能で、写真の方向を縦長に指定して検索条件を絞ることもできる

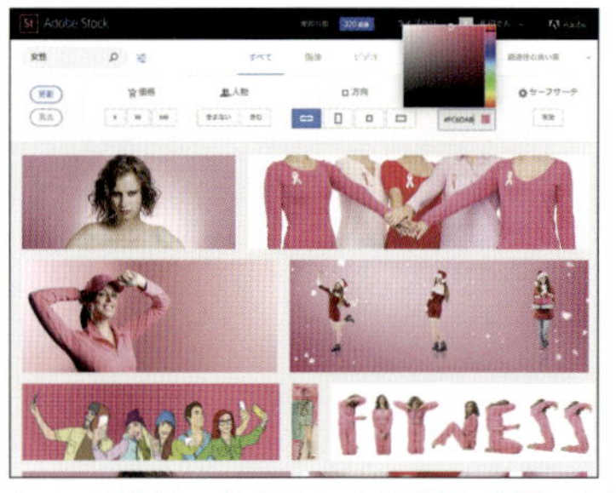

カラーを指定して検索することも可能。上図ではキーワードを「女性」、カラーでピンクを選んで検索したところ

写真をクリックすると詳細情報を見ることができる。プレビューを保存してデザインの効果を確認することも可能

写真やイラストを検索する

商業印刷や出版物、Webサイトで写真やイラストを利用するには、プロ向けのストックフォトのサイトでライセンスを取得して利用する方法があります。プロ向けのサイトは、種類が豊富で、品質も高いのが特徴です。検索機能を使って、望みのイメージと近いものを探してください。上図ではAdobe Stockのサイトを紹介します。

フォントの使用例を検索する

テキストを入力して、フォントを適用した見栄えを確認できるサイトがあります。Adobe Typekitは、選択したフォントを自分のマシンと同期させることができます。Font Garageはフォントパッケージやアウトライン化したデータを購入できます。

Adobe Typekit：https://typekit.com/fonts
欧文・和文のフォントを探し、使用中のマシンと同期させて利用が可能。利用するには Adobe CC のライセンス契約が必要

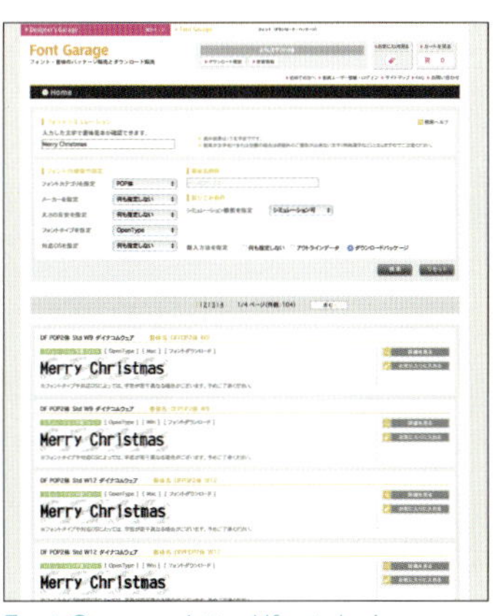

Font Garage：http://font.designers-garage.jp
日本国内の多くのフォントメーカーの文字を検索できる。文字をアウトライン化したデータの購入も可能で、タイトル文字だけ利用したいといった用途に役立つ

Adobe Capture CCを使って色を採取する

モバイルアプリのAdobe Capture CCを使うと、撮影した写真やスマホの中に入っている写真から、配色の基本となる5色の色を採取できます。採取したカラーグループは名前を付けて保存し、IllustratorやInDesignで利用することができます。

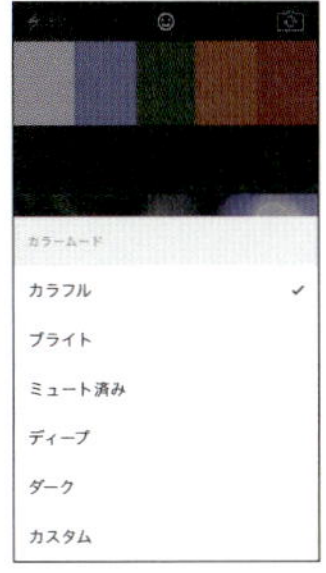

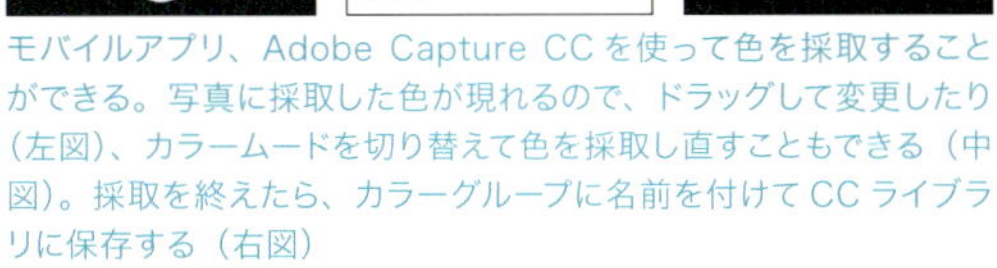

モバイルアプリ、Adobe Capture CC を使って色を採取することができる。写真に採取した色が現れるので、ドラッグして変更したり（左図）、カラームードを切り替えて色を採取し直すこともできる（中図）。採取を終えたら、カラーグループに名前を付けて CC ライブラリに保存する（右図）

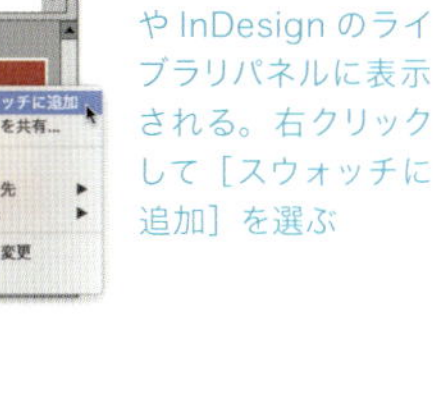

採取したカラーグループはIllustratorや InDesign のライブラリパネルに表示される。右クリックして［スウォッチに追加］を選ぶ

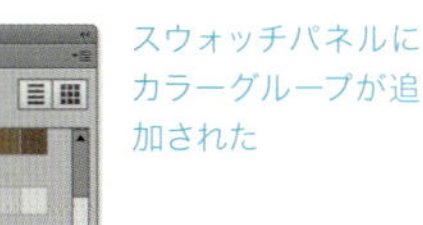

スウォッチパネルにカラーグループが追加された

イメージボード、ムードボードって何？ つくり方を教えて！

- ムードボードをつくると、イメージを視覚化するのに役立ちます。
- イメージボードをつくると、制作スタッフ間で目標を共有できます。
- ストーリーボードは映像のシーンを絵コンテにしたものです。

キーワード
みずみずしい、洗顔、うるおい、お風呂あがり、
植物、水滴、赤ちゃん、かさかさの悩み

保湿化粧品の広告を作成することを想定してつくったイメージボード。デザインコンセプトを固めるために、キーワードを抽出して、理想とするイメージを集めた

ムードボードをつくってぼんやりとしたイメージを視覚化する

ムードボードは、言葉で表すことが難しいイメージを明確にしていくものです。デザインコンセプトが固まったら、つくりたいイメージに近い写真やイラスト、ロゴなどを集め、コンピュータに保存したり、実際に切り貼りしたりしてボードに貼ります。頭の中にあるイメージを視覚化することができる便利な手法です。

イメージボードを作成して、制作スタッフ間で目標を共有する

建築やファッション、アニメーション、コミックなどの分野では、デザインの初期の段階で、どのような形にするかを検討するためのアイデアスケッチを起こします。精密に描かれたスケッチは「イメージボード」と呼ばれます。イメージを明確に伝えることができるので、制作スタッフ間で目標のイメージを共有することができます。

建築では、図面に起こしたものを、ミニチュアで実際に組み立てた模型をつくったり、絵（「パース画」と呼ぶ）に起こしたりして、クライアントに説明する際に役立てる

ファッションやコミック、アニメの制作現場では、初期段階でアイデアスケッチを作成する。スケッチには、制作の際の細かな指示を書き加えることもできる

CLOSE-UP

ストーリーボード

ファンタジーやSFの映画には、画面のつくり込みが見事な作品が数多くあります。こうした物語は空想の世界ですから、どのようなシーンが必要かを、制作スタッフ全員でイメージを共有する必要があります。ストーリーボードは、映画のシーンのアイデアや目標をビジュアルに表現したものです。「絵コンテ」とも呼ばれ、絵が上手な人が担当します（絵コンテを描く専門家もいます）。「スター・ウォーズ」をはじめ、PIXAR社やスタジオジブリの作品のストーリーボードは、作品集として書籍化されていたり、DVDに付録として収録されていたりしますので、一度じっくり見てみることをお勧めします。

「スター・ウォーズ ストーリーボード」／ボーンデジタル
映画「スター・ウォーズ」シリーズ、エピソードⅠ、Ⅱ、Ⅲのストーリーボードを厳選して掲載している

悩み073 「春らしさ」を演出したい。イメージのつくり方を教えて！

解決

- 春をイメージする写真・イラストを集めてみましょう。
- 春をイメージするキーワードを抽出してイメージを固めます。
- 春をイメージする配色例を見てみましょう。

上：春を感じさせる桜のピンクを基調色にして、イラストをチョイスし、背景はピンクから白に変化するグラデーションを適用した。タイトル文字の赤は、赤いランドセルから色を抽出している
右：春らしさを感じさせる写真やイラストを集めた

春をイメージする写真・イラスト

春は、新入生や新入社員にとっては新しいスタートを切るシーズンです。フレッシュな気分が伝わるように、紙面を演出しましょう。

動植物にとっては目覚めの季節。桜やたんぽぽ、若葉などがイメージソースとしてふさわしいでしょう。雛祭りや端午の節句など、子供達にとっても楽しい季節です。

● 春をイメージするキーワード

「春らしさ」をイメージするキーワードを挙げてみました。キーワードからイメージを広げて、思いついた言葉をどんどん書き出してみるとよいでしょう。言葉は、イメージにふさわしい書体を選択して、違和感のないように仕上げます。

春
ヒラギノ明朝 W6

SPRING
Myriad Pro Bold Italic

さくら
筑紫 B 見出ミン E

ぽかぽか
新丸ゴ M

春
新ゴ L

啓蟄の候
楷書 MCBK1

入学式
新ゴ DB

新生活
TB シネマ丸ゴシック M

三寒四温
TB カリグラゴシック E

雛祭り
筑紫明朝 D

端午節
游ゴシック体 ボールド

春
筑紫アンティーク S 明朝 L

芽吹き
游明朝体 デミボールド

ゴールデンウィーク
タカハンド B

● 春をイメージする配色例

「春らしさ」を感じさせる配色は、若葉を連想する淡いグリーンや、桜や優しさを表現するピンクを基調色にして配色を組み合わせるのがよいでしょう。チョイスした写真にふさわしいカラーが含まれている場合も多いので、注意深く観察してみてください。

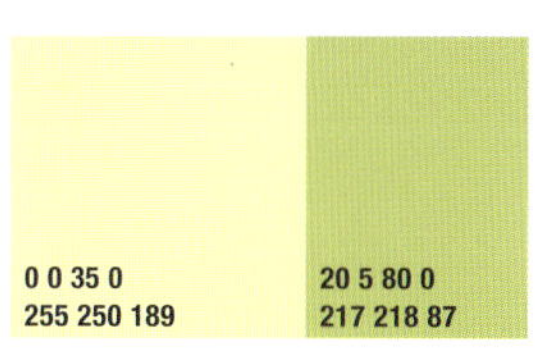

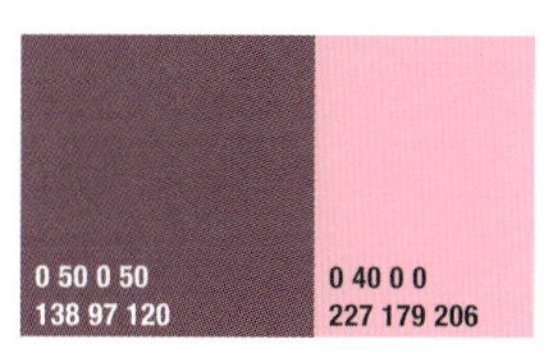

0 0 35 0
255 250 189
0 35 95 0
231 180 33
20 5 80 0
217 218 87

※上は CMYK 値、下は RGB 値

悩み 074

「夏らしさ」を演出したい。イメージのつくり方を教えて！

解決

- 夏をイメージする写真・イラストを集めてみましょう。
- 夏をイメージするキーワードを抽出してイメージを固めます。
- 夏をイメージする配色例を見てみましょう。

上：夏らしさを演出するには、寒色系の配色でイメージを構成するのがセオリー。背景に水や入道雲をあしらったり、涼しげなアイテムを組み合わせて紙面をレイアウトしてみるとよいだろう
右：夏らしさを感じさせる写真やイラストを集めた

夏をイメージする写真・イラスト

夏は暑さが厳しいため、涼感のある演出が欠かせません。水は涼しさをイメージさせる代表的なイメージです。配色は寒色系をメインにして組み立てるとよいでしょう。

バカンスのシーズンでもあり、海や山へ誘ったり、縁日、花火などの行事を告知する機会も多いでしょう。スイカやかき氷など、涼しげな食べ物もキャッチになります。

●夏をイメージするキーワード

「夏らしさ」をイメージするキーワードを挙げてみました。テーマに沿って、思いついた言葉をどんどん書き出してみるとよいでしょう。活動的なシーズンであるので、キーワードになる言葉には、のびやかで快活な書体を選ぶとよいでしょう。

ヒラギノ明朝 W6

SUMMER
Myriad Pro Bold Italic

夏至
筑紫 B 見出ミン E

ムンムン
新丸ゴ M

新ゴ L

暑中お見舞
楷書 MCBK1

朝顔
ヒラギノ行書 W8

避暑地
TB シネマ丸ゴシック M

八十八夜
TB カリグラゴシック E

入道雲
筑紫明朝 D

海水浴
游ゴシック体 ボールド

筑紫アンティーク S 明朝 L

浴衣
游明朝体 デミボールド

サマーバケーション
タカハンド B

●夏をイメージする配色例

「夏らしさ」を感じさせる配色は、ブルー系を中心にした寒色系の配色にします。アクセントカラーとして赤や黄色が映えますが、あまり大きな面積で使用すると暑苦しく感じます。紙色である白も涼しさを感じるので、積極的に活用してみましょう。

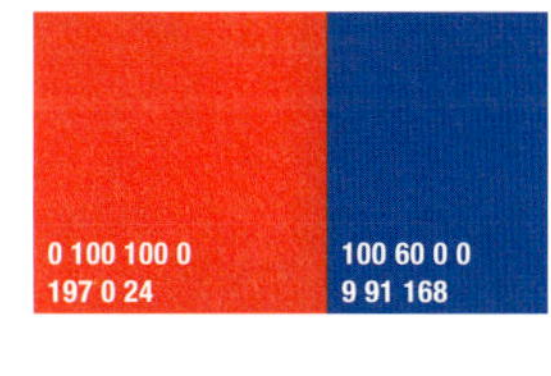

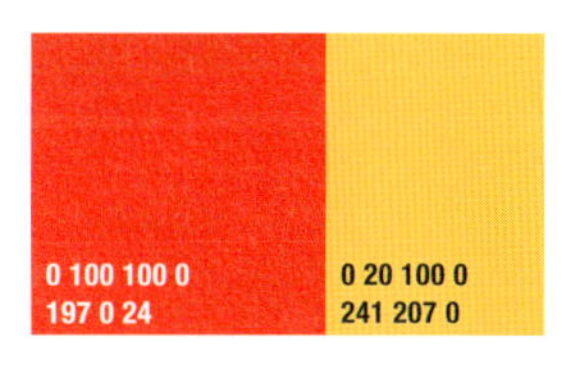

30 0 0 0
198 226 248
100 50 0 0
0 104 179
100 0 0 0
0 159 230

※上は CMYK 値、下は RGB 値

悩み075 「秋らしさ」を演出したい。イメージのつくり方を教えて！

- 秋をイメージする写真・イラストを集めてみましょう。
- 秋をイメージするキーワードを抽出してイメージを固めます。
- 秋をイメージする配色例を見てみましょう。

上：山々が鮮やかな紅葉に色づいた写真を背景に置いたので、見出し文字のカラーもさまざまな色を適用してみた。写真の色情報が多いため落ち着きのあるレイアウトを心がけたが、紙面は活き活きとしている
右：秋らしさを感じさせる写真やイラストを集めた

秋をイメージする写真・イラスト

秋は木々の葉が赤や黄色に色づき、山々が鮮やかな暖色に変わります。また枯れた葉っぱは茶色くなります。こうした色を配色に用いると秋らしくなります。

紅葉以外にも、秋の食材であるリンゴ、柿、栗、きのこ類は赤や茶色のイメージです。これらの色を配して、落ち着いた雰囲気に仕上げるのがポイントでしょう。

秋をイメージするキーワード

「秋らしさ」をイメージするキーワードを挙げてみました。紅葉や枯れ木、落ち葉といった秋特有の景色や、鈴虫の鳴き声などが思い浮かびます。また、食欲の秋、体育の秋、読書の秋、文化の秋など、秋の定番イメージがあります。

ヒラギノ明朝 W6

AUTUMN
Myriad Pro Bold Italic

秋祭り
筑紫 B 見出ミン E

コロコロ
新丸ゴ M

新ゴ L

菊花薫る
楷書 MCBK1

神無月
ヒラギノ行書 W8

夕焼け
TB シネマ丸ゴシック M

新秋快適
TB カリグラゴシック E

枯れ葉
筑紫明朝 D

黄褐色
游ゴシック体 ボールド

筑紫アンティークS明朝 L

仲秋名月
游明朝体 デミボールド

ノスタルジア
タカハンド B

秋をイメージする配色例

「秋らしさ」を感じさせる配色は、紅葉を連想する赤や黄色、枯れ葉の茶色を基調色にして配色を組み合わせとよいでしょう。トーンは鈍くして落ち着いた雰囲気にします。鈍い色調の中に、ビビッドな色をアクセントとして小さく添える手法も有効です。

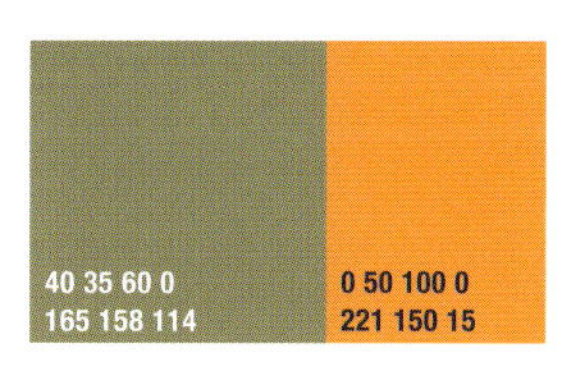

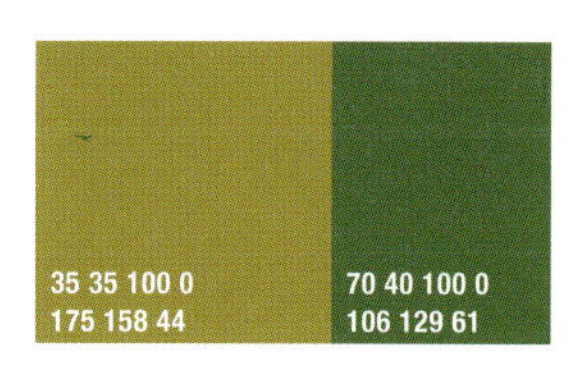

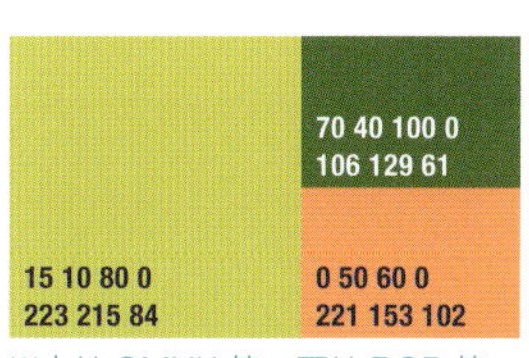

35 35 100 0
175 158 44
35 50 65 0
167 135 97
60 100 45 0
111 38 92

0 20 100 0
241 207 0
30 0 90 0
200 215 67
15 95 75 0
179 44 58

※上は CMYK 値、下は RGB 値

悩み076 「冬らしさ」を演出したい。イメージのつくり方を教えて！

解決

- 冬をイメージする写真・イラストを集めてみましょう。
- 冬をイメージするキーワードを抽出してイメージを固めます。
- 冬をイメージする配色例を見てみましょう。

上：ボードやスキーのツアーを告知する広告紙面。一面に広がる銀世界と、仲間たちとわいわい楽しむ快活なイメージをミックスした。寒色の中にアクセントカラーとして赤系の暖色を用いている
右：冬らしさを感じさせる写真やイラストを集めた

冬をイメージする写真・イラスト

冬は、寒さの厳しい季節です。雪や氷の冷んやりとしたイメージのビジュアル素材と、寒色を基調にした配色を組み合わせる方向性があります。

一方で、寒い季節には暖かいイメージに引かれます。暖炉や炬燵、お鍋や湯豆腐、ぽかぽかのダウンやセーターといったイメージを用いるのもよいでしょう。

冬をイメージするキーワード

「冬らしさ」をイメージするキーワードを挙げてみました。「寒」「雪」といった冷たい印象の言葉が浮かびますが、お正月やクリスマスの楽しい行事も控えています。クリスマス商戦にはギフトやお歳暮のフェアが催され、商業的にも活気付く季節です。

ヒラギノ明朝 W6

WINTER
Myriad Pro Bold Italic

大寒
筑紫 B 見出ミン E

しんしん
新丸ゴ M

新ゴ L

謹賀新年
楷書 MCBK1

冬休み
ヒラギノ行書 W8

銀世界
TB シネマ丸ゴシック M

寒冷前線
TB カリグラゴシック E

雪景色
筑紫明朝 D

スキー
游ゴシック体 ボールド

筑紫アンティーク S 明朝 L

お歳暮
游明朝体 デミボールド

メリークリスマス
タカハンド B

冬をイメージする配色例

「冬らしさ」を感じさせる配色は、「寒」と「暖」の2つの方向性があります。寒色を基調にした配色は、しんしんと冷え込むイメージです。暖色を基調にした配色は、家の中の暖かさを思い浮かべ、ホットな料理で体が温まるイメージです。

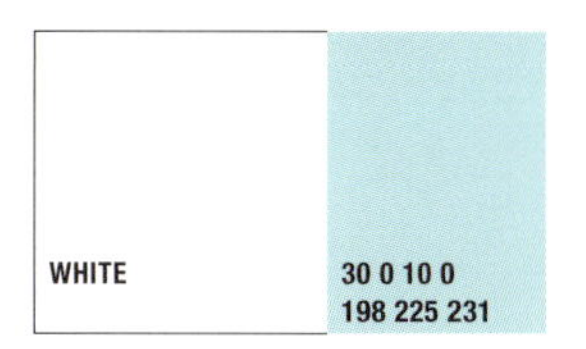

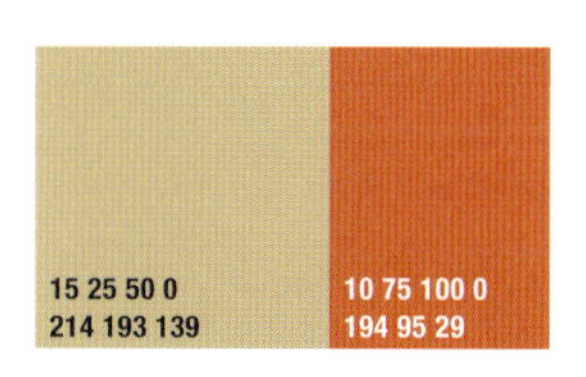

35 20 15 0
180 190 202
35 15 10 0
182 198 215
65 45 10 0
110 128 177

0 5 20 5
244 237 209
25 30 40 0
194 178 152
40 60 55 40
110 82 75

60 50 30 0
120 123 147
10 75 100 0
194 95 29
15 25 50 0
214 193 139

※上は CMYK 値、下は RGB 値

和風の紙面を演出したい。どんな方法があるか教えて！

- 和柄のパターンや千代紙のテクスチャーを利用してみましょう。
- 筆文字のフォントを利用してみましょう。
- 筆文字のフォントにはどのような種類があるか見てみましょう。

上：背景に日本古来の伝統的なパターンをあしらって、和風テイストに仕上げたお品書きの表紙。テクスチャーは素材集やストックフォトのサイトから入手できるので、好みのテクスチャーを探してみよう
右：和柄のパターンや千代紙のテクスチャーの例

和柄のパターンや千代紙のテクスチャーを利用する

和風テイストを演出するには、日本古来の伝統的なパターンを利用するのが効果的だ。着物に用いられた小紋（こもん）は、全体に細かい模様が入ったもので、江戸時代に庶民の間に広まった。市松模様や唐草模様も日本の伝統を象徴する代表的なパターンだ。千代紙のような紙のテクスチャーも背景素材として有効だ。

筆文字のフォントを利用する

日本語の文字は江戸時代までは毛筆による草書体が主流でした。現在の日本語フォントには、毛筆の文字をベースにデザインされたフォントが数多くあり、楷書体や草書体、勘亭流、寄席文字、相撲文字などの種類があります。

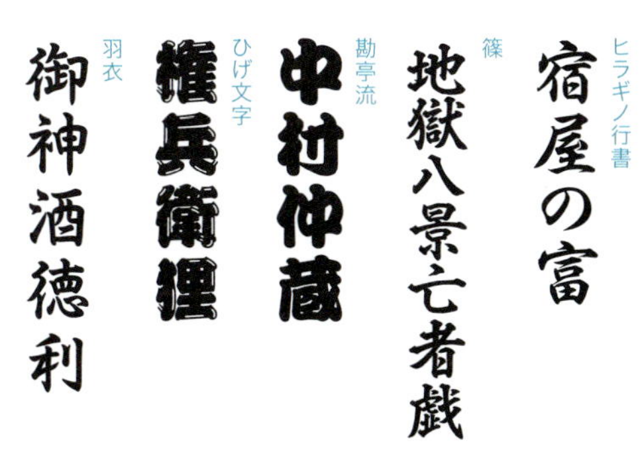

MORISAWA 社の MORISAWA PASSPORT で利用でるフォントから和風テイストのものをピックアップした。筆文字の行書体、楷書体などが含まれる

CLOSE-UP

東京JAZZ公式ガイドブック

毎年開催される東京JAZZのガイドブック。右図は2012年のガイドブックの表紙デザイン。楽器が唐草模様の風呂敷で包まれている。この回は「唐草」がテーマになっており、ジャズの"音"を象徴するサクソフォンを、日本を象徴する唐草模様の風呂敷で包み、"東京から世界に向けた音のプレゼント"という切り口でデザインを行った。

この風呂敷の包み方は、「瓶包み」という伝統的な包み方で、おもに一升瓶を包む時に使われるやり方。アメリカ生まれのジャズが日本の伝統と融合するというおもしろいコンセプトの表紙デザインに仕上がっている。

「東京 JAZZ 2012 公式ガイドブック」
NHK ／デザイン：大森裕二

悩み078 活気のある誌面を演出したい。どんな方法があるか教えて！

解決

- 写真と文字の配置は対角線を意識してレイアウトしよう。
- テキストの回り込みを活用して誌面に活気を与えましょう。
- 罫線を活用して誌面を分割してみましょう。

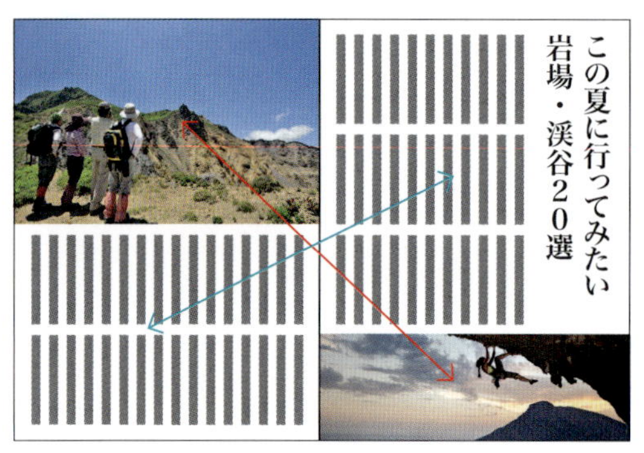

縦組みの誌面では右上から左下方向に視線が流れる。図版を文字の流れと対峙させて対角線上に置くことで、バランスがよくなり、テキストの流れも自然になる

横組みの誌面では左上から右下方向に視線が流れる。図版を文字の流れと対峙させて対角線上に置くことで、バランスがよくなり、テキストの流れも自然になる

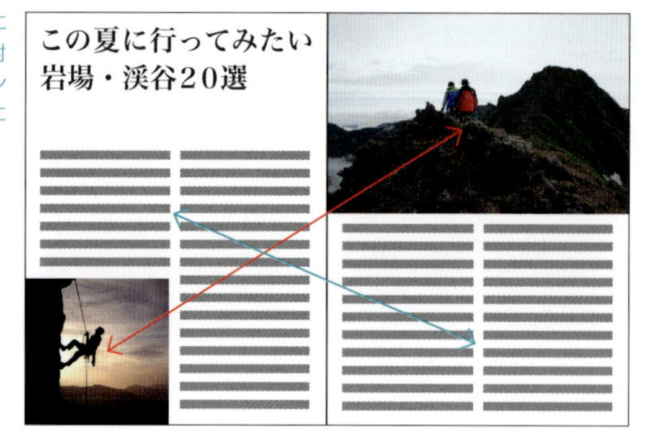

対角線を意識してレイアウトする

誌面における視線の流れは、文字組みの方向が大きく作用することを18ページで述べました。写真などの図版を配置する場合は、文字の流れと対峙してそれぞれを対角線上に配置するとバランスがよくなります。写真は視覚的に強い要素ですので、読者の視線を引きつけます。写真の配置で読者の視線をうまくコントロールしましょう。

テキストの回り込みを活用する

図版にテキストを回り込ませると、テキストの中に図版が浮かび上がったようになり、ポップな雰囲気になります。角版や丸版であれば、フレームの形に沿って回り込ませればよいでしょう。イラストや切り抜きの写真の場合は、オブジェクトの形に沿って回り込ませることもできます。InDesignには回り込みを設定するパネルがあります。

テキストの回り込みを使った作例。図版のフレームの形に沿って回り込ませたり、オブジェクトの形に沿って回り込ませることができる。テキストとの空き量を微調整することも可能だ

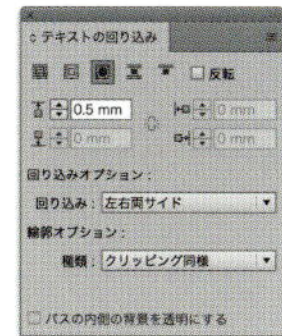

InDesignで利用できるテキストの回り込みパネル

罫線を活用して誌面を分割する

誌面に罫線を活用すると、誌面分割が明確になり、読者にとっても読みやすくなります。罫線は実線や破線のほか、手書きで描いたような線も利用してみるとよいでしょう。線のカラーも、グレーにしたりカラフルにして、アクセントにすることができます。

誌面分割に罫線を利用すると、区切りが明確になる。実線以外に、飾り罫やカラフルな線、手描きタッチの線など、さまざまなバリエーションを試してみよう

悩み079 写真で臨場感や動きを表現したい。どんな方法があるか教えて！

解決

- 組み写真でレイアウトして、生き生きとした体験を伝えよう。
- コマ撮りや長時間露光の撮影で時間の経過を表現してみよう。
- 被写体の動きを「ぶれ」や「ぼかし」を使って表現してみよう。

スナップショットを複数組み合わせて、祭りのイメージを組み写真で構成した。レイアウトでは、誌面の天地（上下）方向に注意する。例えば、花火の写真は誌面の下に置くより上に置くほうが自然だ。異なる被写体を複数組み合わせると、思い出がいっぱい詰まった様子が表現でき、豊かな体験を伝えることができる

組み写真でレイアウトする

組み写真は、イベントなどの臨場感を伝えるのに有効な手法です。印象深い思い出のスナップショットを複数組み合わせて、頭の中を走馬灯のように流れるイメージを演出してみましょう。レイアウトの際は、写真の大きさを変えてメリハリをつけたり、被写体の向きや構図を考慮して、違和感のないようにしましょう。

時間の経過を捉えて撮影する

動きを1枚の写真の中に収める方法を見てみましょう。以下では、連続撮影した数コマの映像を1枚の写真に合成したり、長時間露光で光の動きを筋状に撮影したりする例を挙げました。また、肉眼では捉えられない瞬間を撮影した写真も衝撃的です。

ハイスピードで連続撮影した写真を1枚の画像の中に合成。スポーツの分野では、野球のピッチングフォームや、ゴルフやテニスのスイングのフォームなどを分解した写真を見ることができる

夜景で、シャッタースピードを長めに設定すると、移動する車のライトが筋状に表現される。車の行き来を連想させる写真になる

水が滴り落ちて水面に落ちる瞬間を捉えた写真。肉眼では捉えることができない画像だが、見る者に一連の動きを思い浮かばせる効果がある

被写体の動きやズーミングによる「ぶれ」を活かす

動いている被写体を撮影すると、動きによる「ぶれ」が生じます。あるいは、撮影時にカメラを動かしたり、ズームを変化させたりしてぶれを生じさせることもできます。動きを紙面上で表現するには、ぶれによるぼかしの効果を生かしてみましょう。

電車や車、飛行機などの乗り物の動きを表現するには、一方向に向かうぼかしを与えるとよい。人物写真では、スポーツ選手の身体の動きを表現したい場合などに利用される。こうしたぼかしの効果はPhotoshopの「ぼかし」フィルターを使って加工することも可能だ

画面の中央に向かってぼかしが走る画像は、シャタースピードをやや長めに設定し、ズームしながら撮影して得ることができる。Photoshopでは、[ぼかし（放射状）]フィルターを利用して、放射状のぶれの効果を表現できる

誌面の左右ページを対比させたい。どんな方法があるか教えて！

- 記事のテーマに沿って、左右のページを対比させてみよう。
- ネガとポジで、左右のページを対比させてみよう。
- 色で、左右のページを対比させてみよう。

男と女、昼と夜など、二項対立のテーマであれば、誌面でわかりやすく両者の違いを対比させて読み取れるように工夫しよう

「ごはん派 vs. パン派」といった、嗜好の違いを対比させる技法もある。両者の違いをわかりやすく整理して対比させることで、読む側の興味を引きつける効果が期待できる

記事のテーマに沿って対比させる

雑誌やパンフレットなどの誌面では、左右ページのバランスがポイントになります。左右のページのコントラストを高めたり弱めたりして、バランスを考えてみましょう。

内容が2つのテーマに大きく分けられる場合は、左右のページに配分してレイアウトすると、わかりやすい誌面になり、読者の興味を引きつける効果が期待できます。

伝わりやすさアップ　見やすさアップ

ネガとポジで対比させる

強い対比で誌面を演出したい場合は、反転したイメージで左右のページを対比させる手法が効果的です。下図のように、白バックと黒バックで対比させると強いコントラストが生まれます。イラストを反転させると、印象が随分変わってきます。

どこへ越しても住みにくいと悟った時、詩が生れて、画が出来る。住みにくさが高じると、安い所へ引き越したくなる。住みにくさが高じると、安い所へ引き越したくなる。情に棹させば流される。智に働けば角が立つ。情に棹させば流される。情に棹させば流される。意地を通せば窮屈だ。情に棹させば流される。とかくに人の世は住みにくい。意地を通せば窮屈だ。
住みにくさが高じると、安い所へ引き越したくなる。智に働けば角が立つ。情に棹させば流される。智に働けば角が立つ。情に棹させば流される。住みにくさが高じると、安い所へ引き越したくなる。

どこへ越しても住みにくいと悟った時、詩が生れて、画が出来る。住みにくさが高じると、安い所へ引き越したくなる。住みにくさが高じると、安い所へ引き越したくなる。情に棹させば流される。智に働けば角が立つ。情に棹させば流される。情に棹させば流される。意地を通せば窮屈だ。情に棹させば流される。とかくに人の世は住みにくい。意地を通せば窮屈だ。
住みにくさが高じると、安い所へ引き越したくなる。智に働けば角が立つ。情に棹させば流される。智に働けば角が立つ。情に棹させば流される。住みにくさが高じると、安い所へ引き越したくなる。

白と黒はもっとも明度差があり、並べて対比することで強い印象になる。重い印象のページは一般的には左ページに置いたほうがバランスよく見える

イラストなどの図版で左右ページを反転させて対比してみた。受ける印象が随分変わってくる

色で対比させる

2色刷りの印刷物であれば、下図のように黒と赤のような対比でコントラストを強めてみましょう。特色を青やピンクに変えると、さまざまな色の効果が生まれます。

4色フルカラーの印刷物では、色同士の対比でコントラストを与えましょう。色の明度差を高めるとコントラストが高まります。

この手法を利用すると、写真集や作品集などのビジュアルがメインの冊子では、連続したページにリズム感が生まれます。ページをめくりながら、効果を確認してみましょう。

どこへ越しても住みにくいと悟った時、詩が生れて、画が出来る。住みにくさが高じると、安い所へ引き越したくなる。住みにくさが高じると、安い所へ引き越したくなる。情に棹させば流される。智に働けば角が立つ。情に棹させば流される。情に棹させば流される。意地を通せば窮屈だ。情に棹させば流される。とかくに人の世は住みにくい。意地を通せば窮屈だ。
住みにくさが高じると、安い所へ引き越したくなる。智に働けば角が立つ。情に棹させば流される。智に働けば角が立つ。情に棹させば流される。住みにくさが高じると、安い所へ引き越したくなる。

どこへ越しても住みにくいと悟った時、詩が生れて、画が出来る。住みにくさが高じると、安い所へ引き越したくなる。住みにくさが高じると、安い所へ引き越したくなる。情に棹させば流される。智に働けば角が立つ。情に棹させば流される。情に棹させば流される。意地を通せば窮屈だ。情に棹させば流される。とかくに人の世は住みにくい。意地を通せば窮屈だ。
住みにくさが高じると、安い所へ引き越したくなる。智に働けば角が立つ。情に棹させば流される。智に働けば角が立つ。情に棹させば流される。住みにくさが高じると、安い所へ引き越したくなる。

2色刷りの印刷物の誌面で、左右ページに色のコントラストを与えた例。2色しか使っていないが、配色や色面のバランス次第で、カラフルな印象になる

左ページは黄と青の配色、右ページはオレンジと青の配色。色の組み合わせによっては目がちらつく場合があるので注意すること

雑誌の表紙や本のカバーをつくりたい。つくり方を教えて！

- 雑誌の表紙のつくり方を知っておきましょう。
- 本のカバー／帯のつくり方を知っておきましょう。
- 本の表紙や大扉は、カバーデザインに合わせてデザインします。

右綴じ／中綴じの表紙

表 1、表 4 を合わせてレイアウトを行う。中綴じでは背が付かないため、表 4 のノド側に雑誌のタイトルや出版元などを帯状にレイアウトすることが多い。左の作例は右綴じなので、表 1 は左側になるが、左綴じの場合は、表 1 は右側になる

左綴じ／無線綴じ（背付き）の表紙

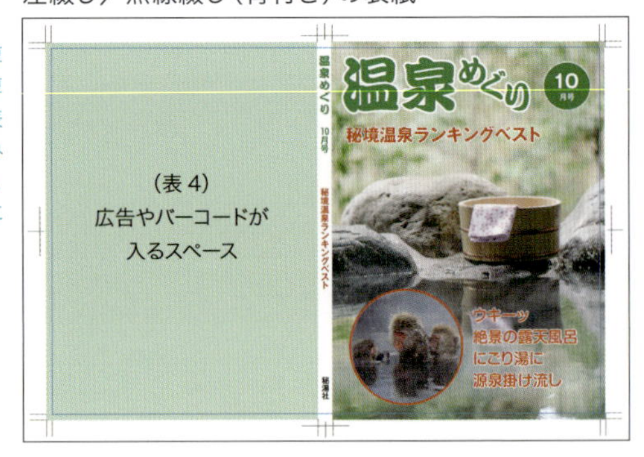

背が付く製本様式の場合は、背の厚み（「束」と呼ぶ）を割り出して、厚みの分の縦長の長方形のパーツを表 1 と表 4 の間に挟み込む。背の厚みは、本文の用紙の厚みで決まるので、寸法がわからない場合は印刷会社に確認しよう

雑誌の表紙をつくる

雑誌の表紙は、表1と呼び、後表紙を表4と呼びます。表4は、広告に利用されることが多く、書店で流通する場合はバーコードが必要になります。表紙は、本文よりも丈夫な紙に印刷し、本文と一体にして強度を高めます。中綴じ（背を針金で止める製本様式）では背が付きませんが、背を糊で固める無線綴じでは背が付きます。

本のカバー／帯をつくる

書籍は、本にカバー（ジャケット）を巻いて流通します。宣伝用の帯（オビ）を付ける場合もあります。カバーは汚れが付着しないように、「PP貼り」と呼ばれるフィルムコーティングをします。フィルムを貼ると色が濃く見えますので注意が必要です。

カバー（ジャケット）

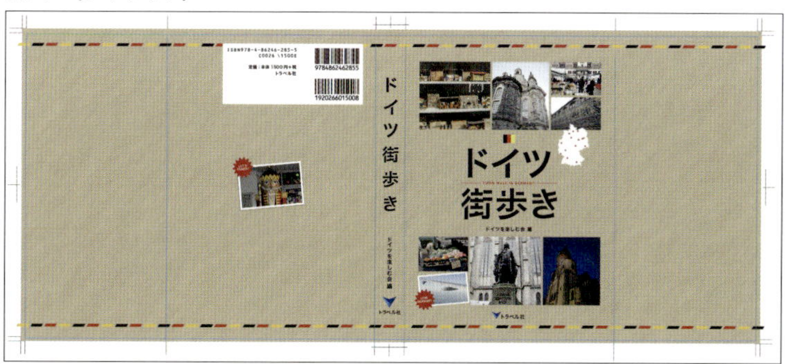

カバーデザインの例。本に巻くために、左右を表紙サイズより延ばす必要がある。延ばした部分を「ソデ」と呼ぶ。書店に流通する際は、バーコードや図書コードを規定の位置に配置する（詳細は次節を参照）

帯（オビ）

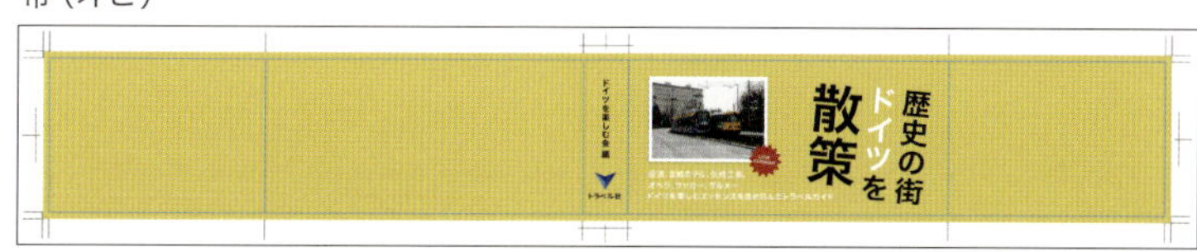

帯のデザインの例。本を紹介するためのキャッチコピーや宣伝文を入れる

本の表紙／大扉をつくる

本のカバーをはずすと表紙が現れます。表紙は隠れてしまうので、色数を落として印刷するのが一般的です。1ページ目の大扉もカバーデザインに合わせて作成します。

表紙

表紙デザインの例。表紙は色数を少なくして、印刷コストを抑えることができる。バーコードや定価は表示しなくてもよい

大扉

本文の最初のページを大扉と呼ぶ。大扉はカバーデザインに合わせてデザインを考える

バーコードやQRコードを配置したい。どうすればいいの？

- 書店で流通する本は日本図書コードと書籍JANコードが必要。
- 日本図書コードと書籍JANコードは規定の位置に配置します。
- InDesignではQRコードを生成して配置することができます。

日本図書コードの表記

日本図書コードは、ISBN番号、分類記号、価格コードで構成されている。Cから始まる分類記号は、販売対象、発行形態、内容をコードで示している

書籍JANコード・日本図書コードの表示位置

書籍JANコードは、右開き、左開きともに表4の背から12mm、天から10mmの規定位置に配置することが勧められている。日本図書コードは、書籍JANコードの下、あるいは左（右）側に10mm以上離して配置する

日本図書コードと書籍JANコード

本や雑誌の表4にあるコードについて知っておきましょう。

日本図書コードは、ISBN番号、分類記号、価格コードで構成されています。書籍JANコードは2つのバーコードから成り、上段のバーコードはISBNコード、下段のバーコードは、図書分類、税抜本体価格、チェックデジットを表しています。それぞれを本の表4の規定の位置に配置することが勧められています。

QRコードを作成してドキュメントに配置する

QRコードを紙面の中に配置すると、スマートフォンやタブレットデバイスで読み込んで、手軽にネット上のサイトにアクセスできるようになります。InDesignでは、QRコードを作成することができますので、広告などの印刷物で活用できます。

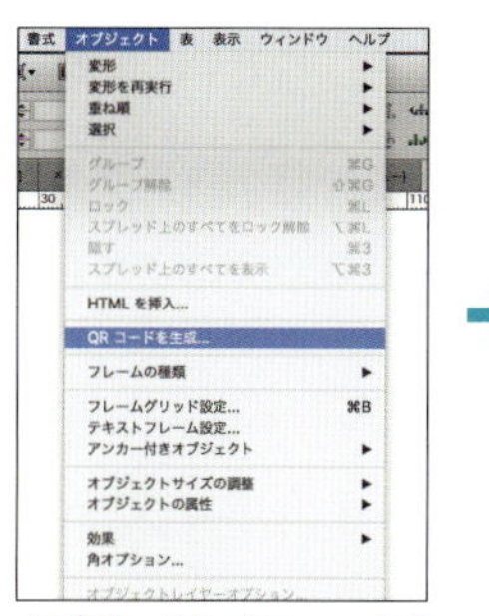

オブジェクトメニューから［QR コードを生成］を選ぶ

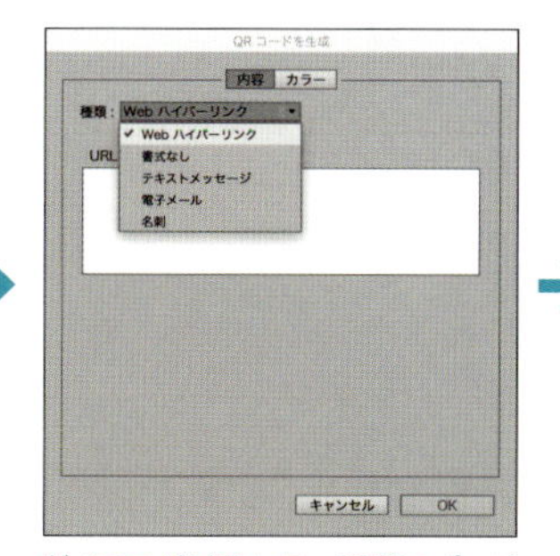

ダイアログが現れる。種類のポップアップメニューで［Web ハイパーリンク］を選ぶ

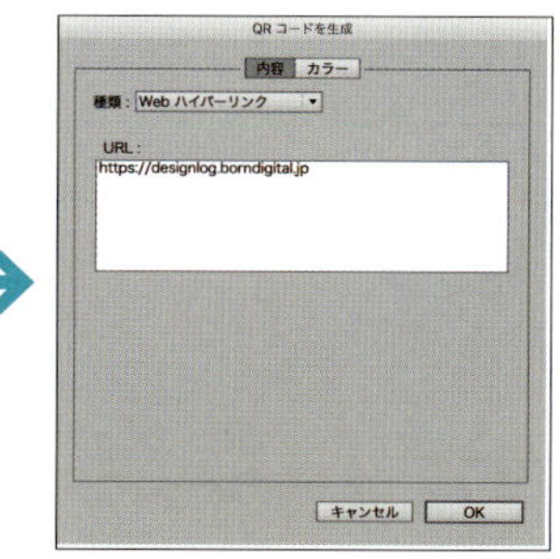

URL の入力ボックスにサイトのアドレスを入力、［OK］をクリックする

QR コードが生成され、カーソルの形が図のようになる。クリックまたはドラッグして配置する。QR コードの上にカーソルを置くとアドレスが表示される

スマートフォンなどのデバイスで QR コードを読み込むと、目的のサイトが開く

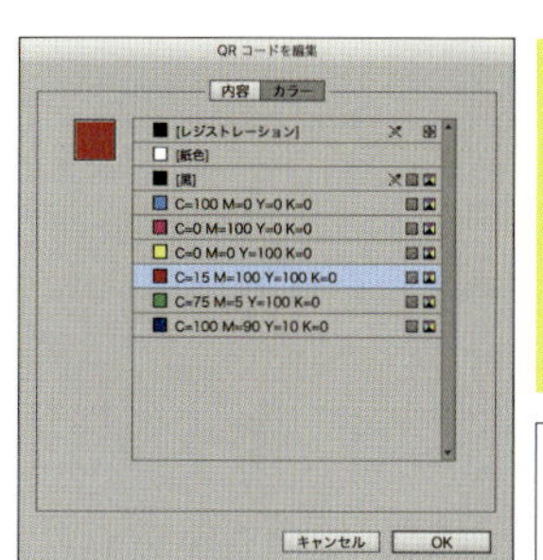

［QR コードを生成］のダイアログで［カラー］のタブを選ぶと、スウォッチに登録した色を指定できる。右上の作例は赤を指定し、背景に黄色のオブジェクトを置いたもの

QR コードを配置するときは、周囲に余計なオブジェクトを置かない。上下左右に最低 4 セル以上の余白が必要だ

悩み083

タイトル文字をデザインしたい。文字処理の方法を教えて！

解決

- 縦組み、横組みで見栄え良くタイトル文字を組んでみよう。
- 文字サイズを部分的に変更し、字間を微調整して仕上げよう。
- 文字を個々に回転したり移動したりして、動きを表現してみよう。

シェルブールの雨傘

筑紫 A オールド明朝 D、34Q、ベタ組み

シェルブールの雨傘

ベタ組みではカタカナが空いて見えるのでカーニングで詰めた。文字サイズも変えてリズミカルに見えるようにした

我輩は猫である

タカハンド B、36Q、ベタ組み

我輩は猫である

手書きタッチのフォントを使い、動きのある文字組みを狙って調整した。こうした複雑な調整は、Illustrator CC に搭載されている文字タッチツールを使うと効率的だ（右ページ参照）

注文の多い料理店

TB カリグラゴシック E、36Q、ベタ組み

→

注文の多い料理店

縦組みの場合も文字間や文字サイズを調整して見栄え良くバランスを整えよう

タイトル文字を組む

書籍や雑誌のタイトル文字や広告のキャッチコピーは文字サイズを大きくして、細部の微調整を行います。ベタで組むと、ひらがなやカタカナの字間が空いて見えてしまう場合が多いので、カーニングを使って文字間を詰め気味にすると全体が締まって見えるようになります。さらに漢字とひらがなで文字サイズを変えたり、一部の文字を大きくしたり、回転したりしてアイキャッチになるように工夫します。

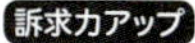

文字サイズ、字間の調整

文字サイズと字間を変更するプロセスを見ていきましょう。文字サイズは、全体のバランスを見ながら調整します。字間は前後の文字の形により詰め具合が変わりますので、字間にカーソルを置いて「カーニング値」を変更します。

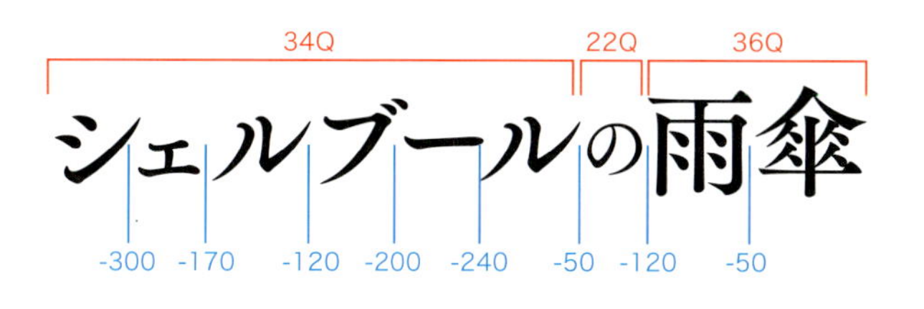

タイトル文字の設定値を上図のように変更してタイトル文字を作成した。赤字は文字サイズを表し、青字はカーニングの値を表している。カーニングの値は個々に違っているが、文字の形により適正値が異なるからである

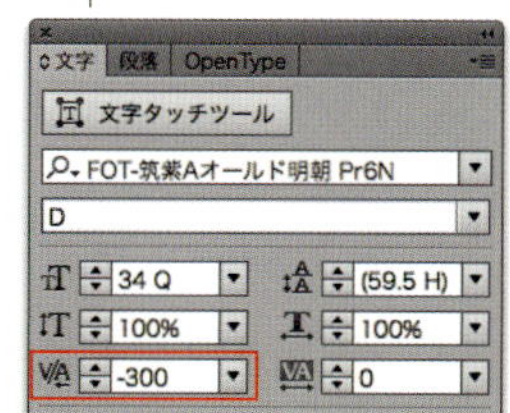

調整したい文字間にカーソルを置き、文字パネルの［カーニング］の値を変更する。プラスの値で文字間が開き、マイナスの値で文字間が狭まる

文字タッチツールで文字位置を修正したり、回転する

文字パネルでは「ベースラインシフト」と呼ばれる機能を使って横組みの文字を上下（縦組みの文字を左右）に移動します。また、「文字回転」の機能もあります。文字タッチツールを使うと、さまざまな種類の調整をドラッグ操作で行うことができます。

文字タッチツールで文字を選択すると、文字の周囲にハンドルが現れる

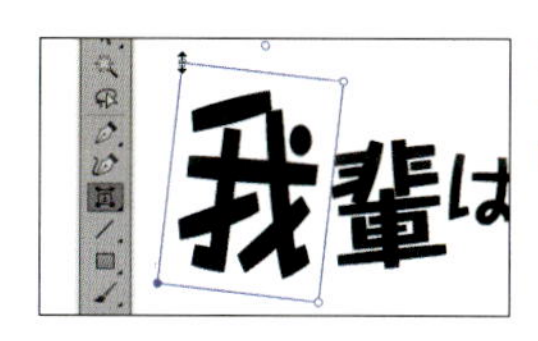

左上のハンドルをドラッグすると、垂直方向に変形できる

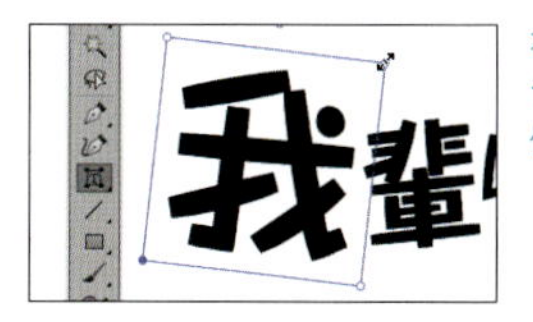

右上のハンドルをドラッグすると、縦横等倍で拡大縮小できる

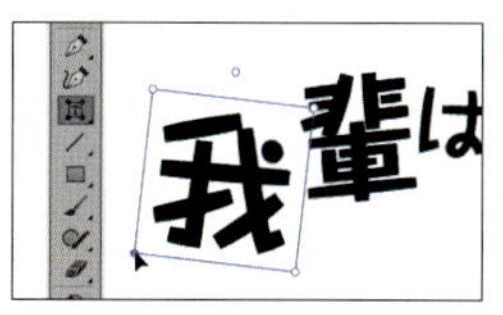

左下のハンドル、あるいは四角形の中にカーソルを置きドラッグすると、文字の位置を変更できる

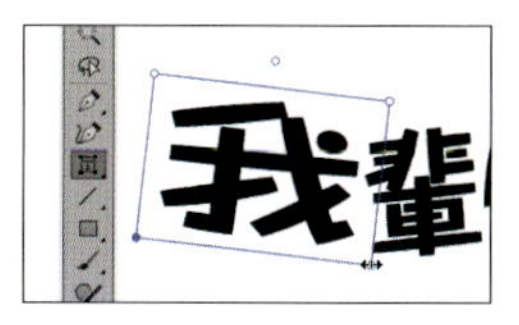

右下のハンドルをドラッグすると、水平方向に変形できる

上部にある丸いハンドルをドラッグすると、文字を回転できる

ロゴを加工して装飾したい。どんな方法があるか教えて！

- 文字をアウトライン化すると、文字の形を編集できます。
- 文字の上にオブジェクトを重ねて装飾してみましょう。
- 文字にイラストを描き加え、おもしろい効果を演出しましょう。

Illustratorで文字を入力し、フォントや大きさを指定。選択ツールで文字全体を選択する

書式メニューから［アウトラインを作成］を実行する。文字の輪郭にパスやアンカーポイントが表示される

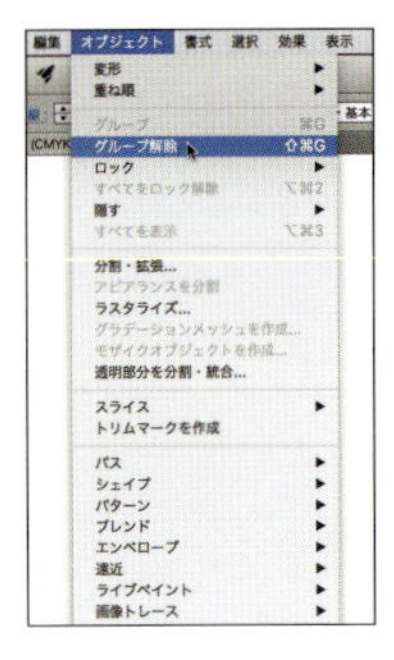

文字をアウトライン化した直後はグループ化されているので、オブジェクトメニューから［グループ解除］を実行する。個々の文字を選び、大きさを変更したり、パスを編集する

「L」の文字だけ大きくし、形を変更した。全体のバランスを見ながら微調整して完成

文字をアウトライン化してパスを加工する

文字の加工に威力を発揮するのが、文字のアウトライン化です。文字の形はIllustratorでそのまま利用できる「パス」でできています。Illustratorで文字を選択し、書式メニューから［アウトラインを作成］を実行すると、パス情報が表示されます。ダイレクト選択ツールでパスやアンカーポイントを選択して、文字の形を編集できます。アウトライン化すると、文字として編集できなくなりますので注意してください。

文字の上にオブジェクトを重ねる

文字の上にブラシを使って模様やパターンを重ねてみましょう。以下では、アートブラシの「飛散1」を適用して白の線を描き、文字の上に重ねてみました。

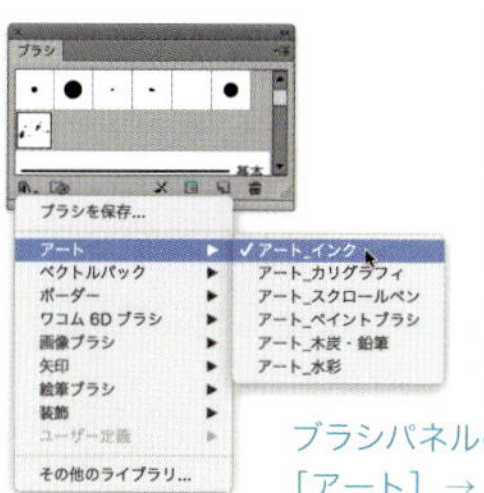

ブラシパネルの［ブラシライブラリ］から［アート］→［アート＿インク］を選び、現れるパネルで「飛散1」を選択する

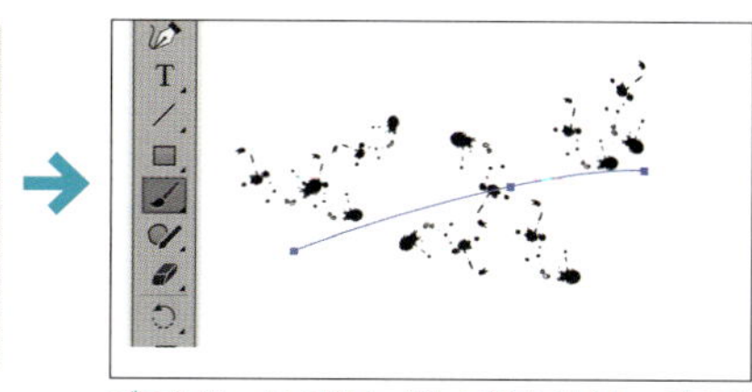

ブラシツールでドラッグして線を描くと、図のような模様が表現できる

Grunge → 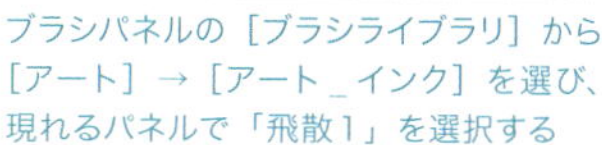 → Grunge

文字を入力する。文字はアウトライン化せずに効果を試してみよう

上図のブラシで文字の上なぞるように線を描く。線のカラーを白にし、線幅を変えて、見栄えを整える

文字が汚れたように加工できた。背景が白地であれば、このまま利用できる（背景に色がある場合はさらに加工が必要）

文字にイラストを描き加える

文字にイラストを組み合わせると親しみやすいロゴに仕上げることができます。下の作例は、文字にハイライトを加えたり、オレンジのイラストを組み合わせてみました。

文字を入力してアウトライン化する

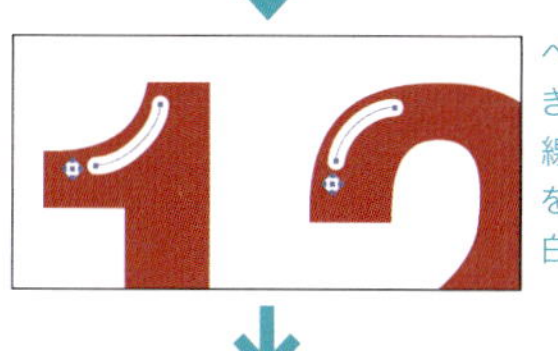

ペンツールで線を描き、線端を［丸型線端］、線のカラーを白にする。さらに、白い円を描き加える

文字にハイライトが加わり、アイキャッチになった

文字を入力してアウトライン化、グループ解除する

「O」の文字を消去し、図のようなイラストを描く

果実のオブジェクトを回転、複製して仕上げる

文字をぐにゃりと変形して なめらかに歪むロゴを作成したい！

- エンベロープ変形で文字を歪ませる効果を見てみましょう。
- ワープ変形でスタイルを選び文字を歪ませることができます。
- 自由に形を描いて、形に沿って文字を歪ませることができます。

不思議の国のアリス

効果の適用前。ヒラギノ角ゴ W8、24Q でテキスト入力

ワープ変形：アーチ

不思議の国のアリス

ワープ変形：旗

不思議の国のアリス

ワープ変形：上弦

不思議の国のアリス

ワープ変形：旋回

不思議の国のアリス → 不思議の国のアリス

自由な形のオブジェクトを作成して、エンベロープを適用

エンベロープ変形で文字を歪ませる

文字をぐにゃりと歪ませたような変形を適用してみましょう。上図に示した作例はIllustratorのワープやエンベロープの効果を試したものです。Photoshopでもワープ変形が可能になっています。

好みの形に変形したら、ロゴやタイトル、キャッチコピーとして利用してみましょう。文字に形の要素が加わるので、遠近感を出したり、空間が歪んだような不思議な雰囲気を醸し出すことができます。

ワープ変形を適用する

Illustratorでは、オブジェクトメニューの［エンベロープ］を選び、いくつかの種類を選ぶことができます。また、効果メニューの［ワープ］を使い、ワープ変形を適用することもできます。ダイアログでスタイルを選び、スライダーで形の微調整ができます。

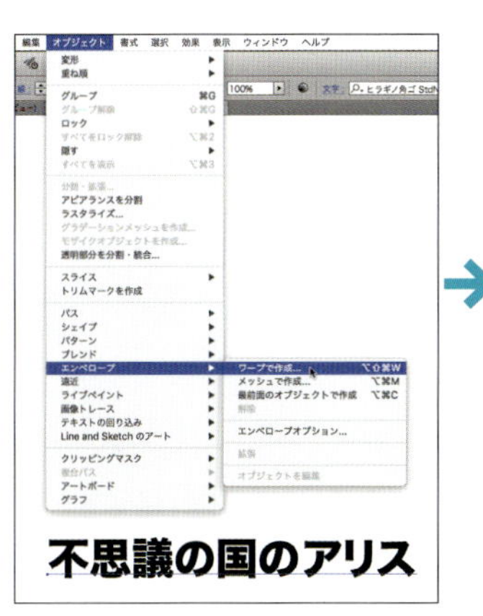

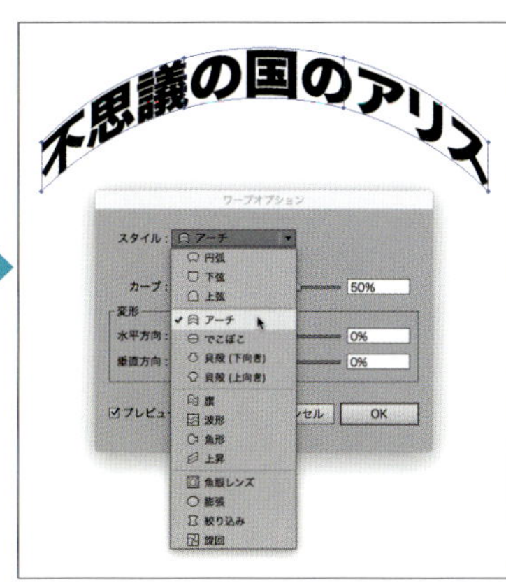

テキストを入力し、オブジェクトメニューから［エンベロープ］→［ワープで作成］を選ぶ。あるいは効果メニューから［ワープ］を選択する。［ワープオプション］ダイアログが現れるので、スタイルを選び、カーブや変形のパラメーターを調整して適用する

自由な形でエンベロープ変形する

自分で変形したい形を作成して、形の中に文字をフィットさせることができます。ぐにゃぐにゃした雲のような形をつくったり、ハートの形をつくったりして、文字を変形してみてください。不思議な効果のロゴに仕上がります。

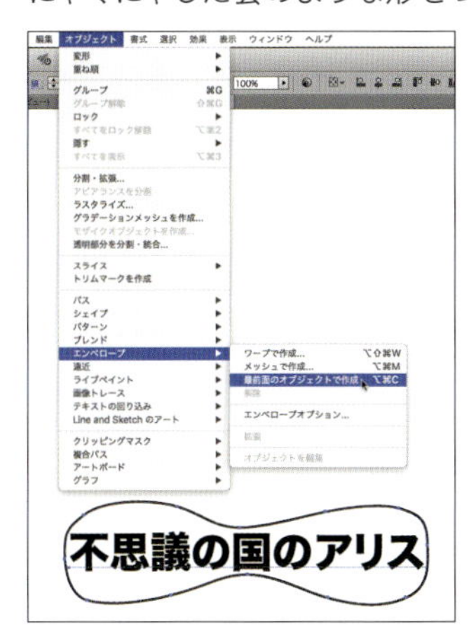

テキストを入力し、最前面にフィットさせたい形を作成して配置する。両方を選択し、オブジェクトメニューから［エンベロープ］→［最前面のオブジェクトで作成］を選ぶ

適用後は図のような形になる。文字の周囲にパスの形は残っているが、カラーの属性がなくなっている

ダイレクト選択ツールを選び、文字の周囲のパスを選択して、形を編集することも可能だ

テキストやロゴに特殊効果を与えたい。どんな効果があるか教えて！

- 文字に適用できる特殊効果を試してみよう。
- 「パスの変形」効果で文字の形状を変更してみよう。
- 「スタイライズ」効果でぼかしなどの効果を与えてみよう。

デザインの秘訣100

効果の適用前。ヒラギノ角ゴ W8、24Q でテキスト入力

デザインの秘訣100

パスの変形：パスの自由変形

デザインの秘訣100

パスの変形：ジグザグ

デザインの秘訣100

パスの変形：ラフ

デザインの秘訣100

パスの変形：旋回

デザインの秘訣100

スタイライズ：ドロップシャドウ

デザインの秘訣100

スタイライズ：光彩（内側）

デザインの秘訣100

スタイライズ：光彩（外側）

デザインの秘訣100

スタイライズ：落書き

デザインの秘訣100

パスの自由変形 ＋ ドロップシャドウ

デザインの秘訣100

光彩（内側）＋ 光彩（外側）

文字に特殊効果を適用する

Illustratorを利用すると、文字に特殊効果を適用できます。効果メニューから適用できるエフェクトは、文字の属性を維持したまま適用できるので、後で書式を変更したり、テキストを入力し直すことも可能です。さまざまな変形が可能ですので、タイトル文字やロゴに適用して、視認性を高めることができます。

●「パスの変形」効果を適用する

文字の輪郭、形状を変化させるエフェクトは、効果メニューの[パスの変形]のサブメニューから適用できます。いろいろな効果を試してみてください。

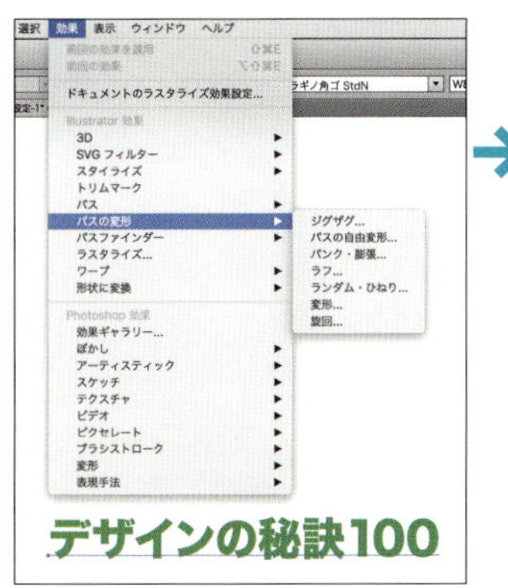

効果メニューの［パスの変形］からさまざまなエフェクトを選ぶ。上図では［パスの自由変形］を選んだ

効果を選ぶと設定ダイアログが現れる。四隅のハンドルを動かして変形の効果をプレビューし、［OK］をクリック

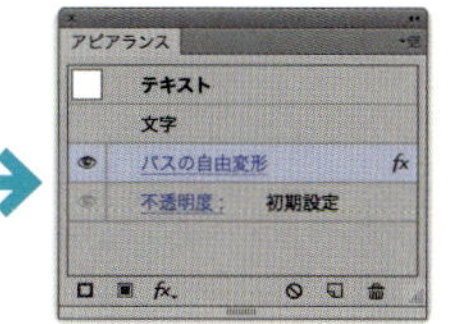

効果を適用すると、アピアランスパネルに効果の名前が表示される。修正を行いたい場合は、青字の効果名をクリックすると、設定ダイアログが現れるしくみになっている

●「スタイライズ」効果を適用する

文字に、ぼかしなどのビットマップ効果を与えるエフェクトは、効果メニューの[スタイライズ]のサブメニューから適用できます。効果メニューのさまざまなエフェクトは複数重ねて適用できますので、さまざまなバリエーションをつくることができます。

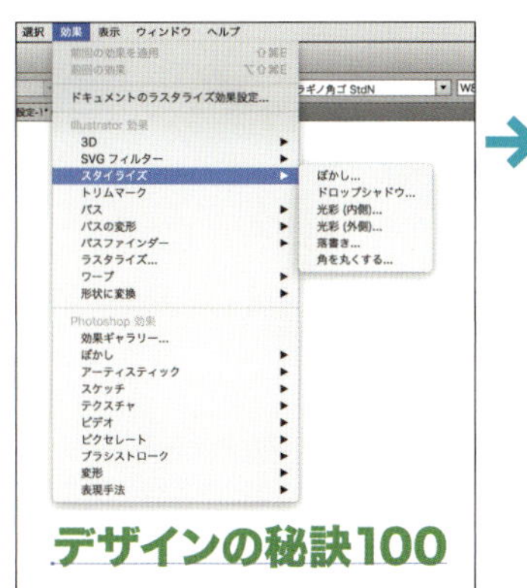

効果メニューの［スタイライズ］からさまざまなエフェクトを選ぶ。上図では[ドロップシャドウ］を選んだ

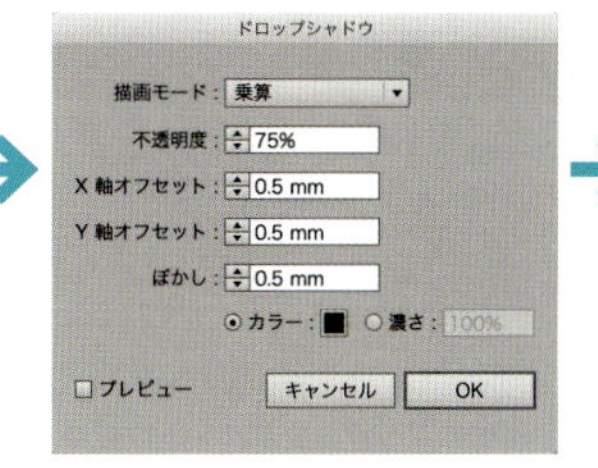

効果を選ぶと設定ダイアログが現れる。不透明度で濃度を変更、オフセット値で位置を調整、ぼかしの値を設定する。プレビューを確認し、［OK］をクリック

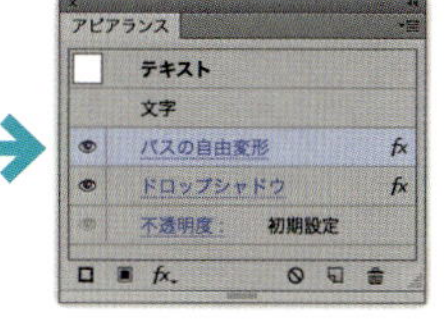

複数の効果を適用した例。アピアランスパネルに［パスの自由変形］と［ドロップシャドウ］の効果が表示されている

手書きの文字をデザインに生かしたい。加工する方法を教えて！

解決

- 手書きの原稿をスキャンし、デザイン要素として取り込んでみよう。
- スキャン画像の濃淡を調整し、モノクロ２階調に変換しよう。
- 画像トレースして、パスでできたオブジェクトに変換しよう。

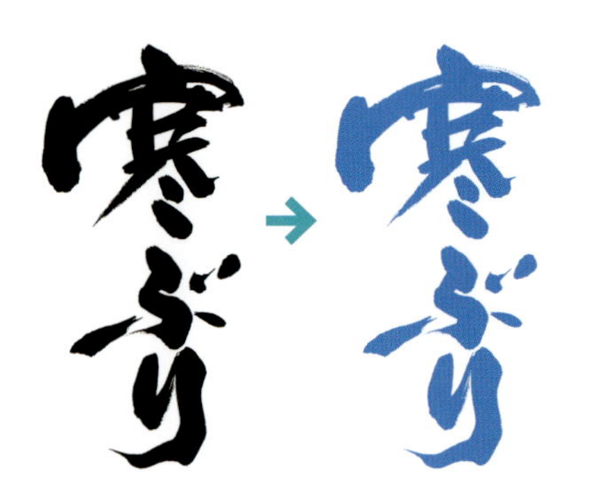

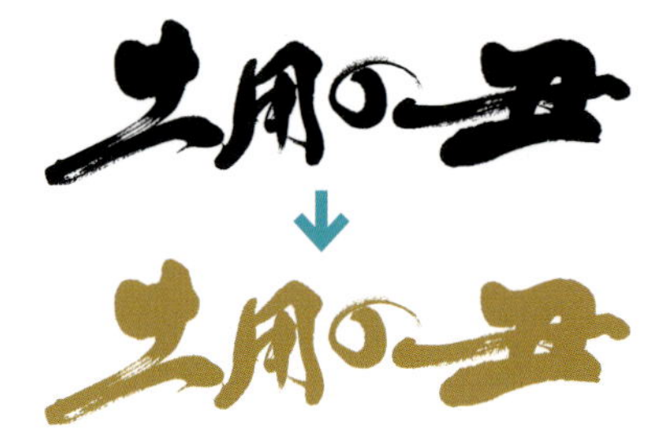

筆文字の素材をスキャンし、画像補正で濃淡を調整し、モノクロ２階調画像に変換し、レイアウトソフトで色指定した

Illustratorの画像トレース機能を使うと、複雑な輪郭の線画（左図）でも自動トレースが可能だ。輪郭部分にはパスが現れる（中図）。通常のパスのオブジェクトに変換すればグラデーションの塗りも可能になる（右図）

手書きの文字をスキャンしてデザインに取り込む

手書きの文字をデザインに取り込む方法を見ていきましょう。ここでは筆文字を例に解説しますが、マーカーやクレヨン、パステルなどで書いた素材にも応用できます。

素材をスキャンし、画像補正を行って濃淡を調整します。レイアウトソフト側で色指定するには、モノクロ２階調の画像に変換したり、トレースしてアウトライン化します。

●線画をスキャンし、画像補正する

まず、手書きの原稿をスキャンします。スキャン後はPhotoshopで開き、レベル補正機能で、白、黒、中間調の濃淡を補正します。RGB画像を一旦グレースケールに変換し、さらにモノクロ2階調の画像に変換し、Photoshop形式で保存します。

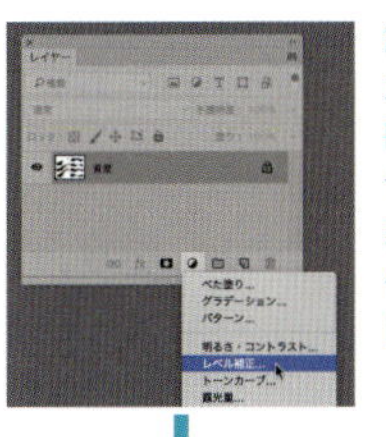

解像度を高めに設定してスキャンする。この画像をPhotoshop で開き、レイヤーパネルの［塗りつぶしまたは調整レイヤーを新規作成］ボタンをクリックし、［レベル補正］を選ぶ

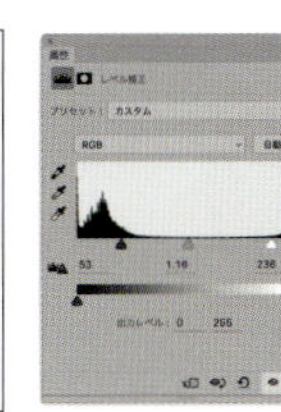

ヒストグラムの下にある黒、グレー、白の三角のスライダーを動かして濃淡を調整する

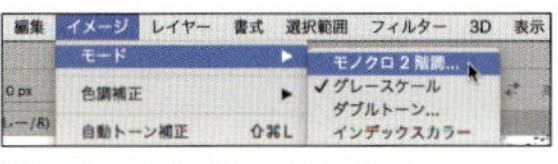

イメージメニューから［モード］→［グレースケール］を選び、続けて［モノクロ2階調］を選ぶ。画像が白と黒だけの画像になる

Photoshop形式で画像を保存し、レイアウトソフトに配置する。レイアウトソフト側で単色の塗りの指定が行える

●画像トレースしてパスでできたオブジェクトに変換する

Illustratorの画像トレース機能を使うと、線画の輪郭を読み取って自動でトレースしてくれます。トレース後は拡張して、パスでできたオブジェクトに変換します。変換後は、グラデーション塗りや各種の効果を適用することができます。

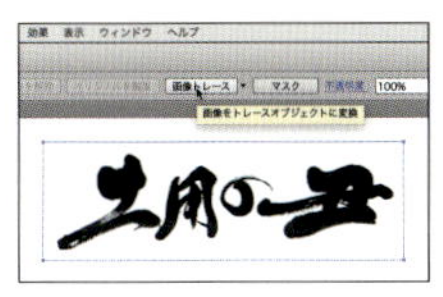

Illustrator のドキュメントにスキャンした画像を配置し、コントロールパネルの［画像トレース］ボタンをクリックする。画像トレースパネルを表示させ、右図のようにパラメーターを調整し、効果を確認する

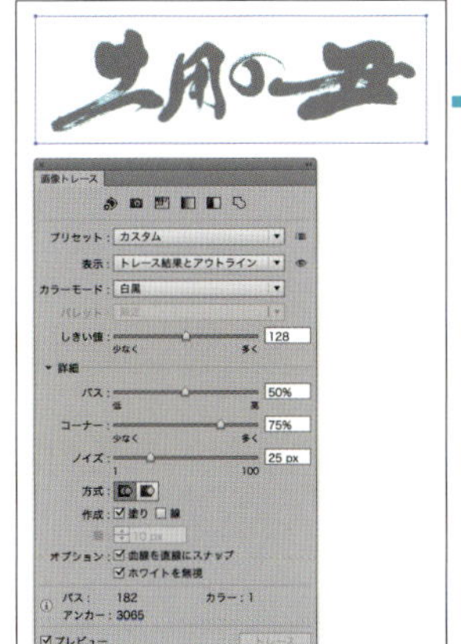

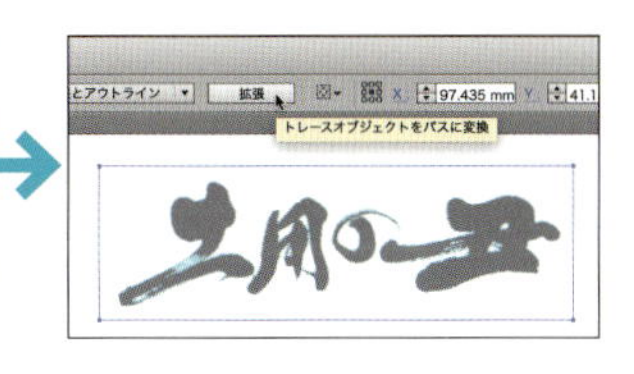

コントロールパネルの［拡張］ボタンをクリックすると、オブジェクトの周囲にパスが現れる。作例ではグラデーションの塗りを指定した

悩み088 イメージキャラクターを使いたい。運用や展開の方法を教えて！

- 企業や商品などのイメージキャラクターの展開事例を見てみよう。
- キャラクターを使ったジャケットや関連グッズの例を見てみよう。
- キャラクターのバリエーションを作成し、デザインに活かします。

WOW（ワオ）くん

WOWくんファミリー

WOWくんママ　WOWくんパパ　ミミちゃん　トリ助手　キャロットくん

ショップジャパンのイメージキャラクター「WOWくん」とファミリー、仲間たち
キャラクターデザイン：吉井宏　ショップジャパン：https://shopjapan.com

デスクトップの壁紙にもなるカレンダーを毎月提供している

WOWくんとファミリー、仲間たちのマンガを連載

WOWくんが案内役として登場するワールドレポート

企業や商品などのイメージキャラクターの展開事例

企業や商品の広報や広告活動にイメージキャラクターを使ったり、全国の名産品や偉人などをモチーフにしたご当地キャラクターなど、愛らしいキャラクターを使った広告や広報は、見る人の記憶に残りやすいものです。上図はキャラクターを企業サイトの中に登場させ、ナビゲーター役を果したり、コンテンツを展開した事例です。

訴求力アップ

伝わりやすさアップ

CDジャケットのデザインに取り入れ、コンサートグッズとして展開

ミュージシャンをモデルにキャラクターを作成し、CDジャケットのデザインに利用したり、コンサート会場で販売するグッズに展開した事例を見てみましょう。

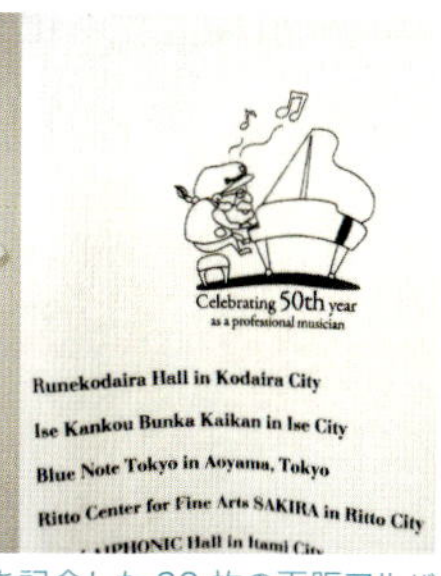

Manhattan Jazz Quintet（MJQ）、デイビッド・マシューズ氏の音楽家活動 50 周年を記念した 23 枚の再販アルバムに使用したマシューズ氏本人のイラスト&ロゴ。来日ツアーコンサートのグッズ T シャツにも使用された
キャラクターデザイン：川口明日香　キングレコード：http://www.kingrecords.co.jp/cs/

キャラクターのバリエーションをつくる

商品やサービスなどの説明にキャラクターを利用すると、紙面の情報が伝わりやすくなります。編集者やデザイナーは、企画段階でどのようなポーズや表情のキャラクターが必要か検討を行って、画家やイラストレーターに制作の依頼をします。

左はヘアケアリイト用のメインキャラクターと各種パターン。右は WiMAX サイトのメインキャラクターのワイトラくん
キャラクターデザイン：川口明日香　アルビノ：http://www.albino.xyz

写真をプッシュピンで留めたような レイアウトの誌面にしたい！

- 平面の誌面に立体的に見える効果を与えてみましょう。
- 3D機能を使って、リアルに見えるプッシュピンを作成します。
- ドロップシャドウの効果を使い、柔らかい影を与えてみましょう。

写真のプリントを壁に貼ったように演出してみよう

雑誌の誌面は本来２次元の平面ですが、立体感を出す技法がいくつかあります。たとえば、3D機能などでリアルな立体オブジェクトを描いて配置したり、写真の背景に影を落として少し浮き上がったように見せることができます。上の作例では、写真のプリントをプッシュピンで壁に貼り付けたように演出してみました。

● プッシュピンのオブジェクトをつくる

Illustratorに搭載されている3D機能を使ってプッシュピンを作成することができます。プッシュピンの断面の形を半分だけ作成し、360度回転させます。元の図形のカラーを変更すれば、好みの色に仕上げることができます。

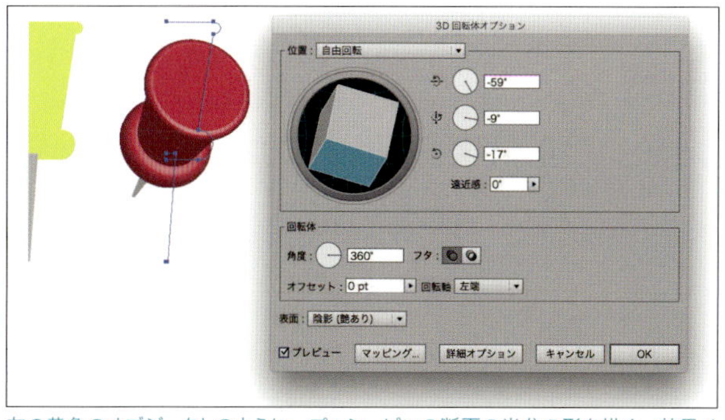

左の黄色のオブジェクトのように、プッシュピンの断面の半分の形を描く。効果メニューから［3D］→［回転体］を選び、［回転軸：左端］を選び、［角度：360°］に設定、キューブのインターフェイスをドラッグさせて見える角度を変更する

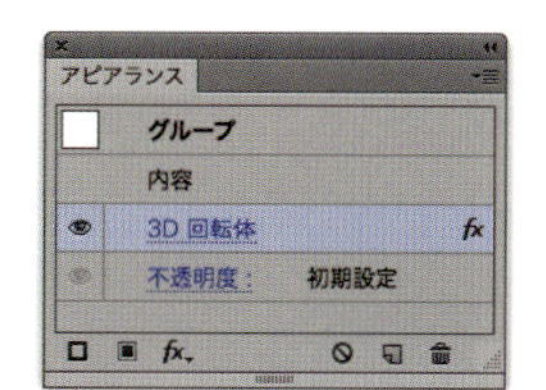

効果メニューで設定した特殊効果は、アピアランスパネルに表示される。後で設定を変更したい場合は、アピアランスパネルの効果名をクリックすれば、設定のダイアログが再度現れる

● ドロップシャドウを適用する

ドロップシャドウのような特殊効果も、Illustratorの効果メニューで設定できます。InDesignの場合は、オブジェクトメニューから［効果］→［ドロップシャドウ］を選びます。影の濃度やぼかし具合、位置を数値指定して効果を確認します。

上図は Illustrator の画面。白の四角形を選択し、アピアランスパネルの［新規効果を追加］ボタンをクリックすると効果メニューが現れるので、［スタイライズ］→［ドロップシャドウ］を選択する

［ドロップシャドウ］の設定ダイアログが現れる。［描画モード］［不透明度］で影の濃度を変更し、［X 軸オフセット］［Y 軸オフセット］で位置を調整する。［ぼかし］では影のぼけ具合を変更できる

誌面の背景にパターンを配置したい。どうやってつくればいいの？

- ドットやストライプのパターンをつくって誌面を演出してみよう。
- 繰り返しのドットパターンはIllustratorでつくるのが効率的。
- ストライプ柄はオブジェクトを繰り返し複製して作成できます。

ピンクの水玉のパターン。女性らしい優しい雰囲気になる。ドットの大きさや色、密度を変更して、効果を確認しよう

ストライプのパターンは、カジュアルな印象になる。線幅や色、密度を変更して、効果を確認しよう

背景にパターンを配置してポップで明るい雰囲気を演出する

パターンの基本はドットとストライプです。ドットパターンは印刷網点を大きくしたようなスクリーントーンのような形状です。ドットの大きさを調整してバリエーションがつくれます。ストライプのパターンはラインを繰り返して作成できます。垂直、水平、斜めに配列したり、組み合わせてチェック柄にして、バリエーションを作成できます。

● Illustratorでパターンを作成して登録する

Illustratorでは基本的なパターンがライブラリに入っていますが、オリジナルを作成して登録することもできます。登録したパターンはスウォッチパネルに表示されます。

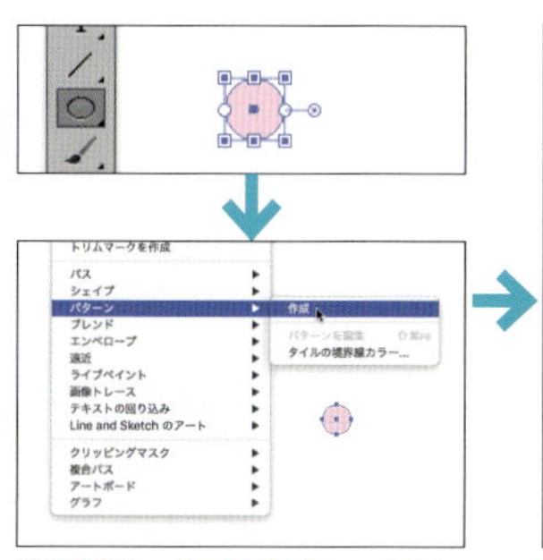

楕円形ツールで直径2mmのドットを描き、オブジェクトメニューから［パターン］→［作成］を実行

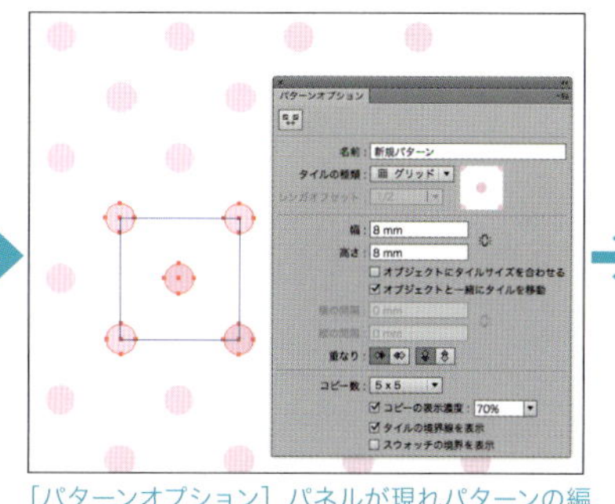

［パターンオプション］パネルが現れパターンの編集モードに切り替わる。［幅］［高さ］を変更し、四隅にドットを複製して配置した

繰り返しパターンが作成できた。パネルを閉じ、登録したパターンがスウォッチパネルに表示されているのを確認する

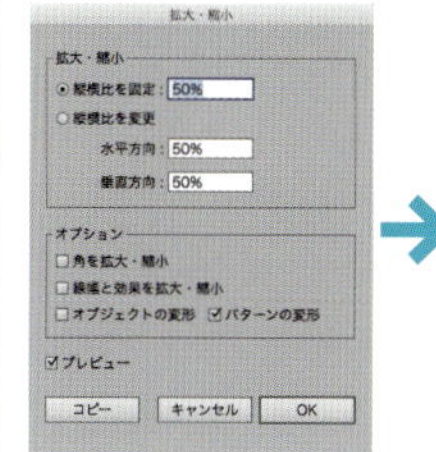

背景のオブジェクトの塗りに登録したパターンを適用する。パターンの大きさを変更するには、［拡大・縮小］ダイアログで［パターンの変形］をチェックする。左の作例では50%に縮小した

● ストライプのパターンを連続複製で作成する

レイアウトソフトに搭載されている連続複製の機能を使うと、ストライプのパターンをスピーディに作成できます。以下ではIllustratorの作成例を紹介します。

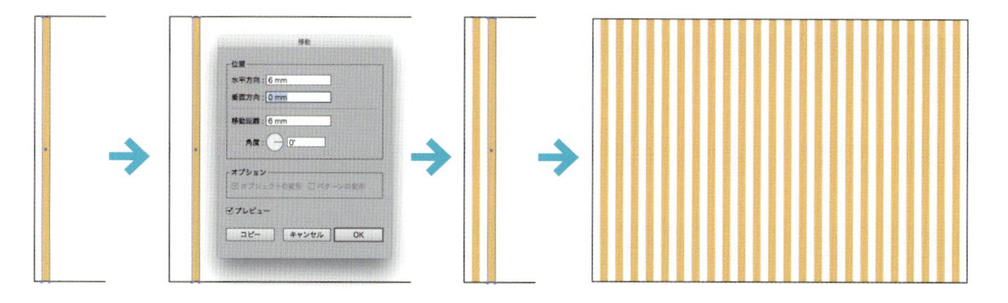

Illustratorでは、複製を実行した後で、オブジェクトメニューから［変形の繰り返し］（ショートカットはcommand＋Dキー）を実行して複製を繰り返すことができる。上図では幅3mmの長方形を作成し、移動コマンドで右側に6mm移動するよう設定し［コピー］ボタンをクリック。その後command ＋Dキーを必要回数押して連続複製した

リボンのオブジェクトを作成したい。つくり方を教えて！

- Illustratorでリボンのオブジェクトを作成し、ワープ変形します。
- パス上文字ツールでリボンの曲線に沿って文字を配置できます。
- リボンに合わせて文字を装飾すると一層効果的です。

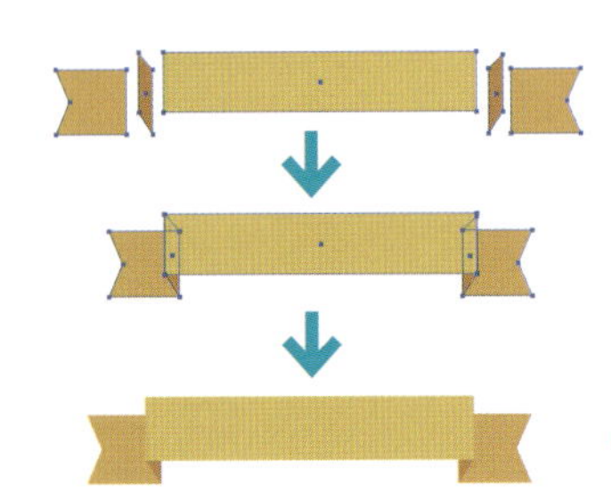

長方形ツールやペンツールを使ってリボンのオブジェクトを作成する。個々のパーツを組み合わせ、前面・背面を入れ替えて見栄えを整える。カラーは明度を変更して立体的に見えるようにする。できあがったらすべてを選択し、オブジェクトメニューから［グループ］を選択する

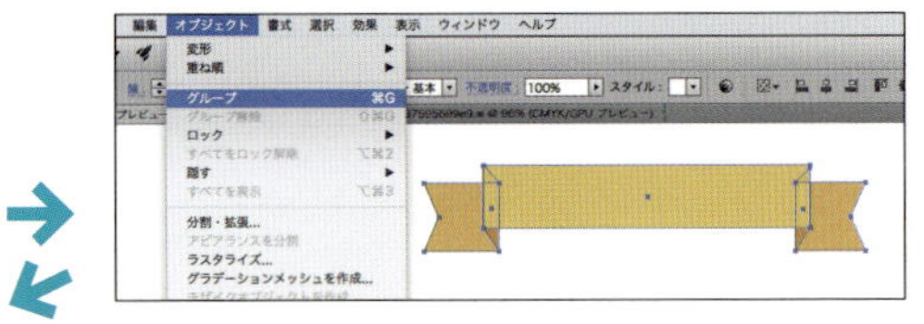

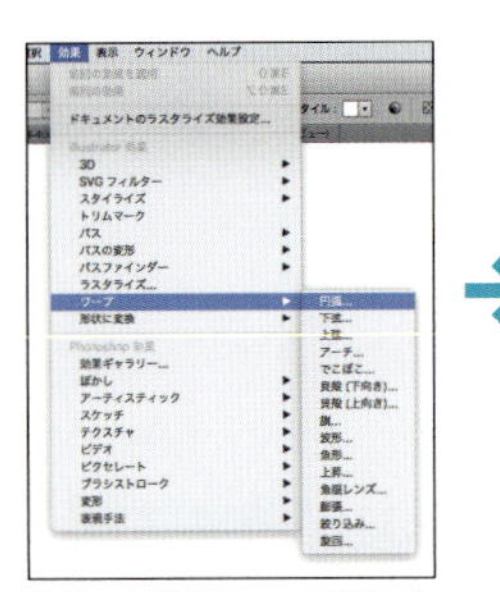

リボンを選択し、オブジェクトメニューから［ワープ］のサブメニューから希望のスタイルを選ぶ

円弧

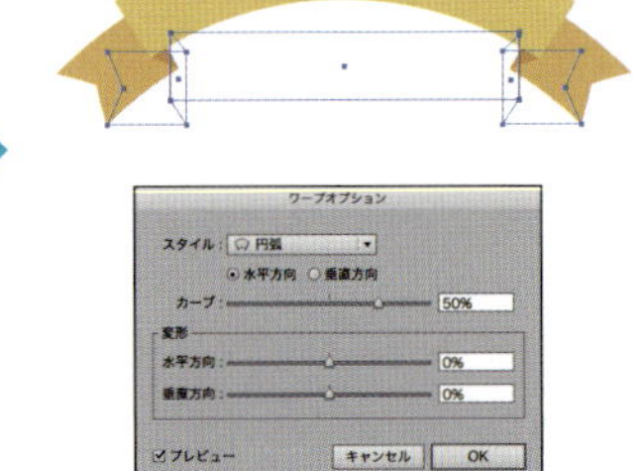

［ワープオプション］ダイアログで、スタイルを変更し、パラメーターを調整する。作例では、スタイルに［円弧］［アーチ］［上昇］［旗］を適用した例を示した

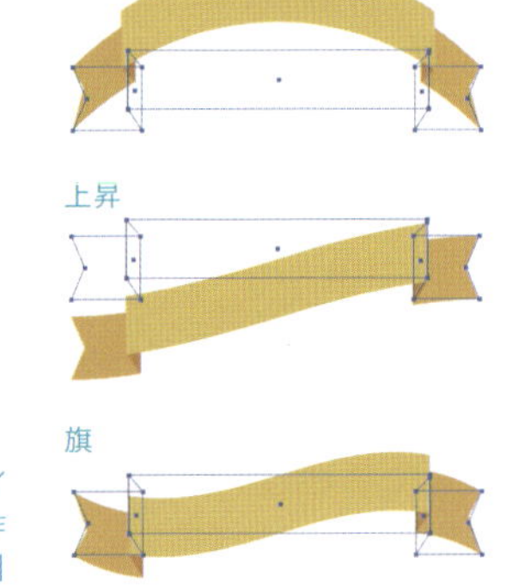

リボンのオブジェクトを作成し、ワープ変形する

Illustratorでは、単純な図形を組み合わせることでリボンのオブジェクトを作成することができます。できあがったらグループ化して、効果メニューの［ワープ］を選び、リボンが歪んだように変形できます。さまざまな効果を試してみてください。

リボンの曲線に沿って文字を配置する

リボンの曲線に沿って文字を配置してみましょう。パス上文字ツールを使うと、パスに沿って文字を配置できます。入力した文字は、フォントやサイズ、字間などを設定して見栄えを整えます。文字カラーを変えたり、白フチ文字にすると効果的です。

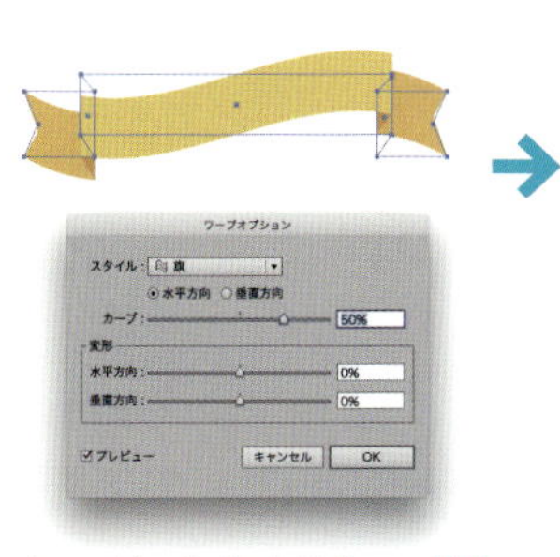

左ページで作成したリボンで［旗］を適用したオブジェクトを元に、曲線に沿って文字を配置する

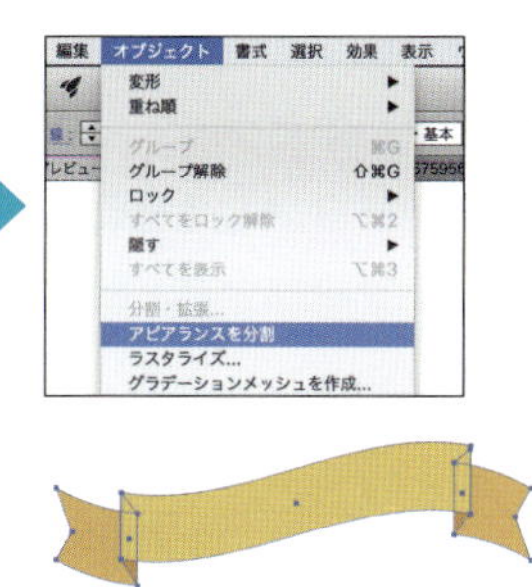

リボンを選択し、オブジェクトメニューから［アピアランスを分割］を選択する

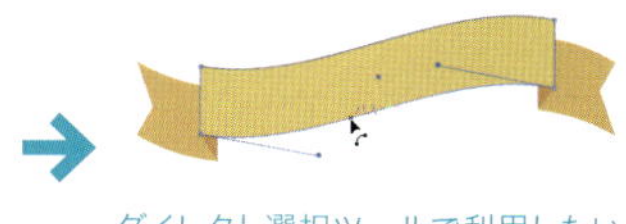

ダイレクト選択ツールで利用したい曲線の上でクリックして選択し、［コピー］を実行する

続けて［ペースト］を実行すると、線だけがペーストされる

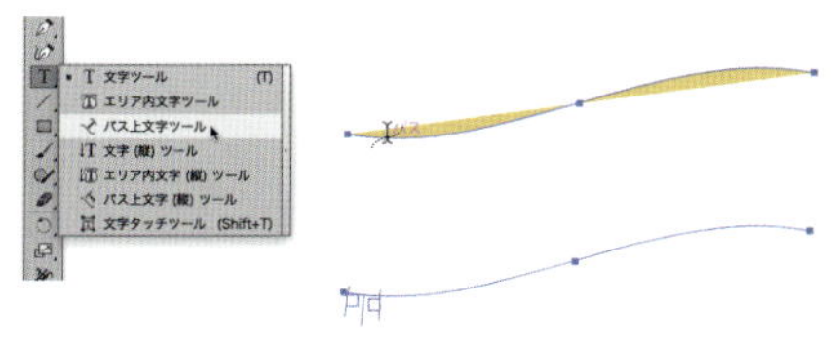

パス上文字ツールを選択し、パスの上でクリックする。クリックした場所にカーソルが点滅する。選択ツールに切り換えると 3 本のブラケットが表示される

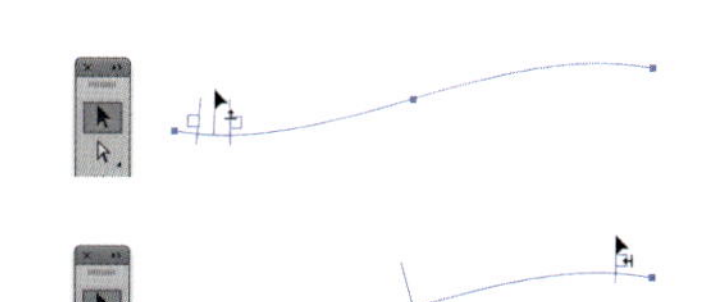

選択ツールで真ん中の長いブラケットをつかんでドラッグすると、パスの反対側に移動できる。左右の短いブラケットをドラッグして、文字を配置する場所を決める

文字を入力し、フォントや文字サイズ、字間（トラッキング）を調整する。リボンに重ねて文字カラーを変更し、見栄えを整える

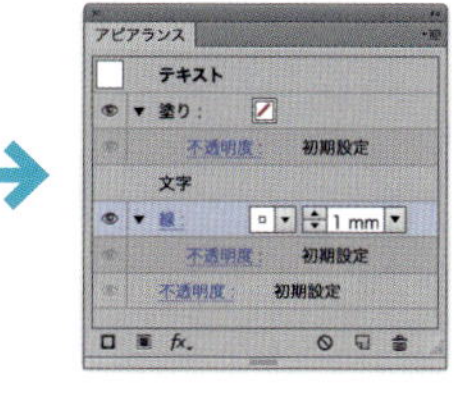

白フチ文字にするには、選択ツールで文字を選択し、アピアランスパネルで［新規線を追加］を実行し、線のカラーを白にする。さらに追加した線の項目をドラッグして「文字」の下に移動する

グラフにビジュアルを盛り込みたい。つくり方を教えて！

- 棒グラフにオリジナルのビジュアルを埋め込むことができます。
- グラフのグループ化を解除して立体に加工することができます。
- グラフのグループ化を解除するとグラフの編集はできなくなります。

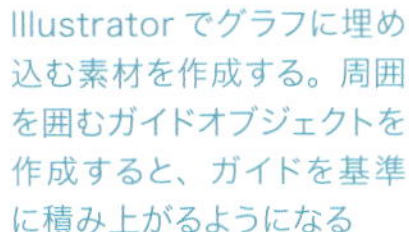

Illustratorでグラフに埋め込む素材を作成する。周囲を囲むガイドオブジェクトを作成すると、ガイドを基準に積み上がるようになる

ガイドを含めてオブジェクトを選択し、オブジェクトメニューから［グラフ］→［デザイン］を選ぶ

［グラフのデザイン］ダイアログで［新規デザイン］をクリック、［名前を変更］をクリックして名前を入力する。バナナも同様の方法で登録する

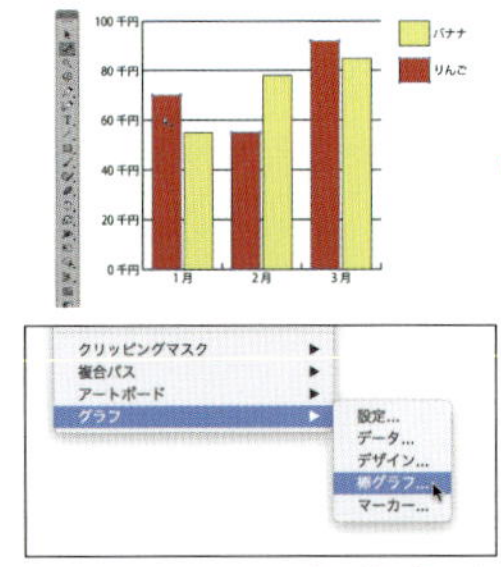

124 ～ 125 ページで作成した棒グラフを開く。グラフの赤いオブジェクトをグループ選択ツールで複数選択し、オブジェクトメニューから［グラフ］→［棒グラフ］を選ぶ

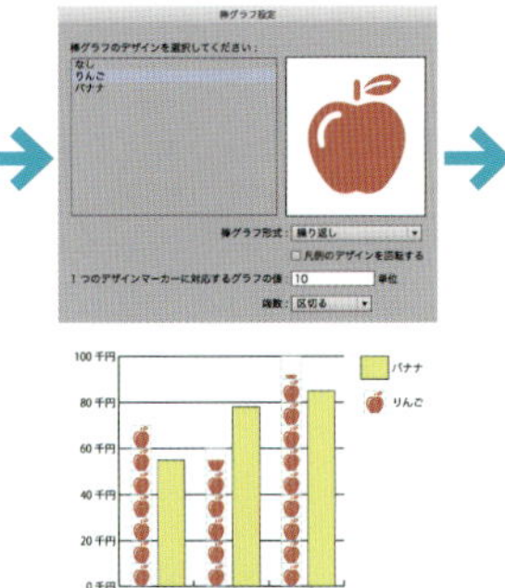

［グラフのデザイン］ダイアログで［棒グラフ形式：繰り返し］を選ぶ。そのほかの要素も図のように設定する

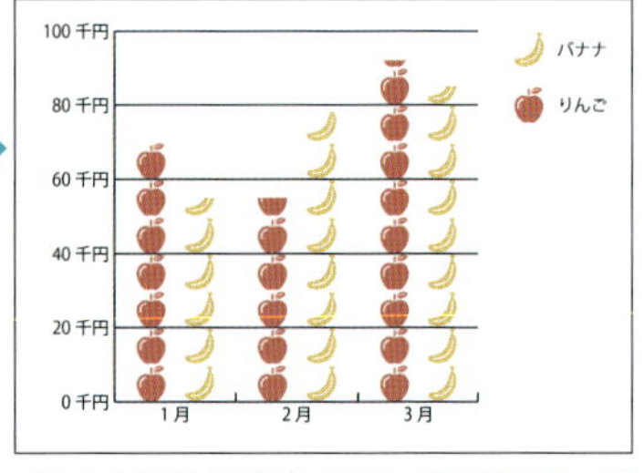

バナナも同様にビジュアルに置き換える。デフォルト設定ではりんごとバナナに少し変形がかかって見える。オブジェクトメニューから［グラフ］→［棒グラフ］を選び、オプションの［棒グラフの幅］を100％にする

オプション
棒グラフの幅：100%
各項目の幅：80%

棒グラフにビジュアルを埋め込む

棒グラフにビジュアル素材を埋め込むことができます。素材は事前に作成して、デザインとして登録しておきます。適用したいグラフの棒や凡例のオブジェクトを選択し、オブジェクトメニューから［グラフ］→［棒グラフ］を選択し、ダイアログで適用したいデザインを選びます。ビジュアルは繰り返したり、伸縮させたりして表示できます。

見栄えアップ

訴求力アップ

円グラフを立体化する

グラフオブジェクトのグループ化を解除すると通常のオブジェクトになります。このオブジェクトを利用して3Dの［押し出し・ベベル］で立体化してみましょう。通常のグラフィックに変換すると、グラフの編集はできなくなるので注意してください。

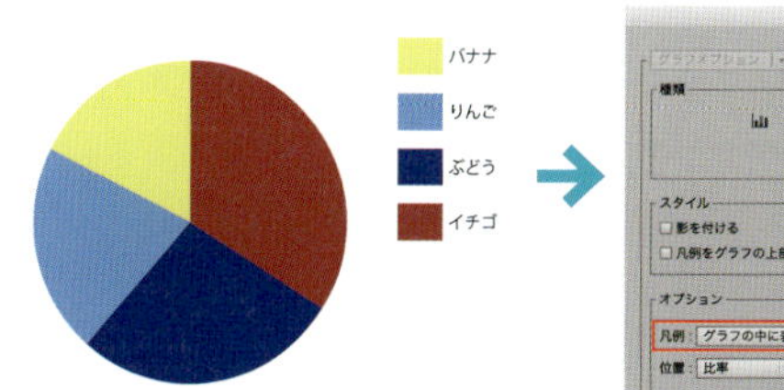

125 ページで作成した円グラフを開く

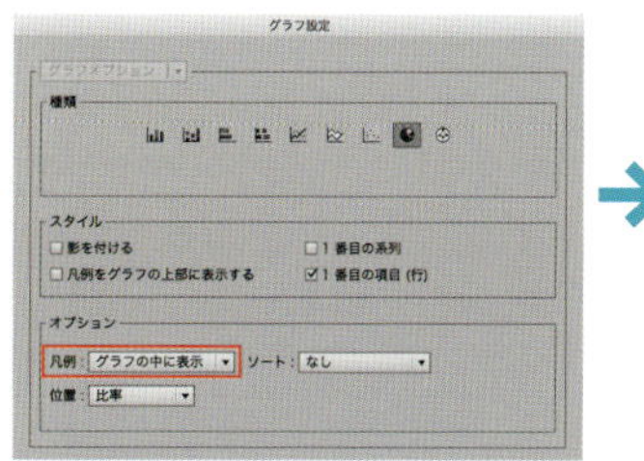

オブジェクトメニューから［グラフ］→［棒グラフ］を選び、オプションで［凡例：グラフの中に表示］を選ぶ

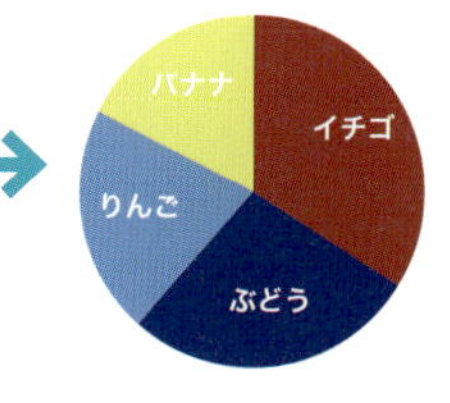

凡例の文字がグラフの中に表示される。テキストの文字サイズやカラーを変更する

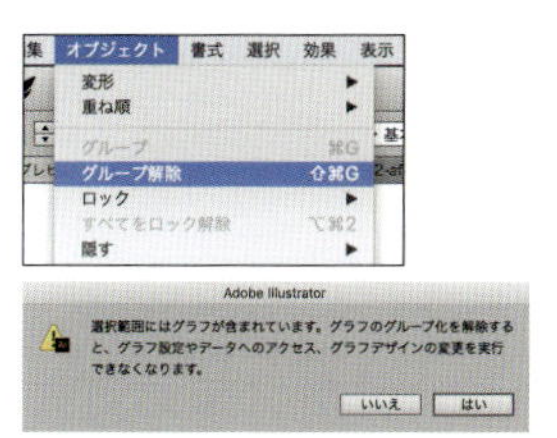

グラフのオブジェクトを選択し、オブジェクトメニューから［グループ解除］を選ぶと警告のダイアログが現れるが［はい］を押す。続けて［グループ解除］を３回実行する（［グループ解除］のコマンド名がグレーになるまで実行する）

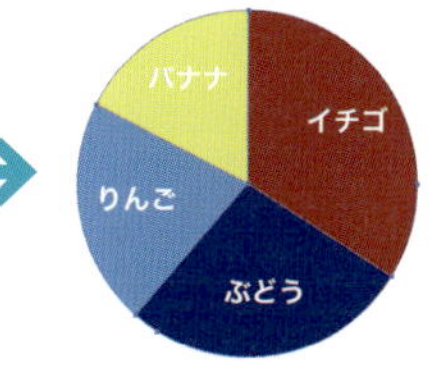

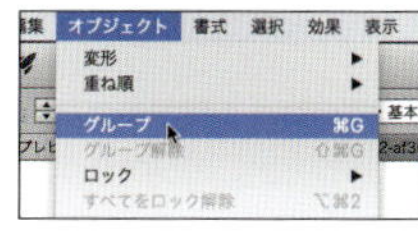

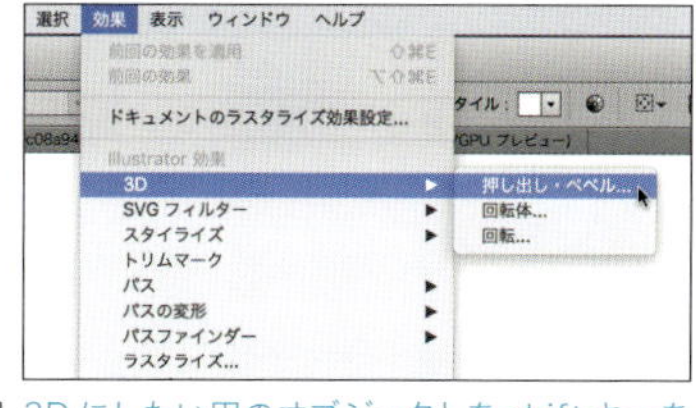

3D にしたい円のオブジェクトを shift キーを押しながら選択し、オブジェクトメニューから［グループ］を実行（グループ化しないと、3D にしたい時にパーツがずれてしまう）。この後、効果メニューから［3D］→［押し出し・ベベル］を選ぶ

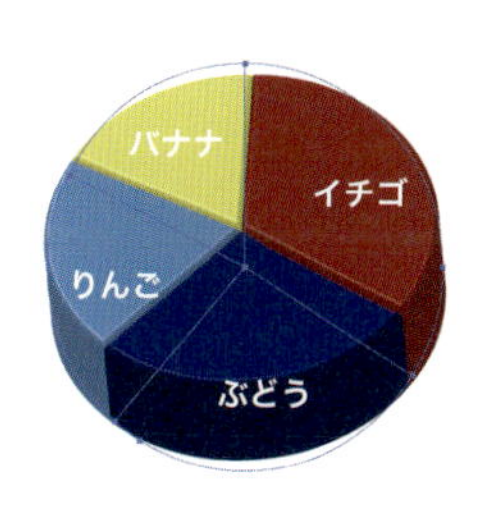

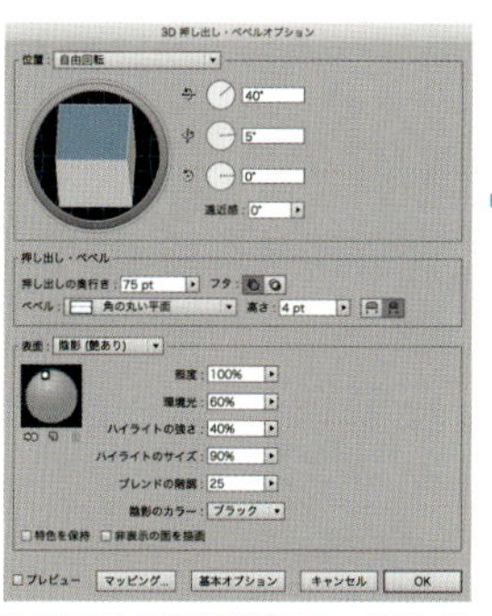

［3D 押し出し・ベベル］ダイアログで見栄えを調整する。［押し出しの奥行き］で厚みを調整し、［ベベル］のポップアップメニューで側面の形状をカスタマイズすることもできる。［詳細オプション］をクリックして光源の位置や［照度］［環境光］などを調整する

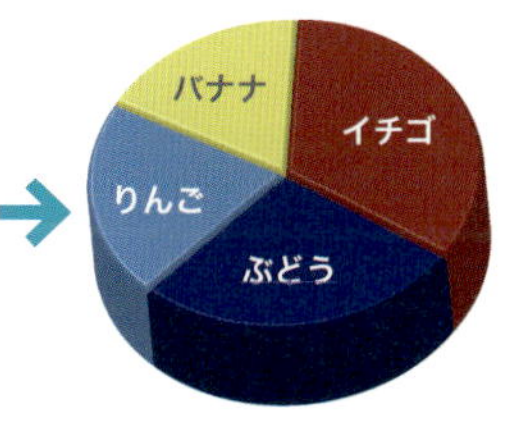

文字位置を調整する。バナナの文字が読みにくいのでカラーをグレーに変更した

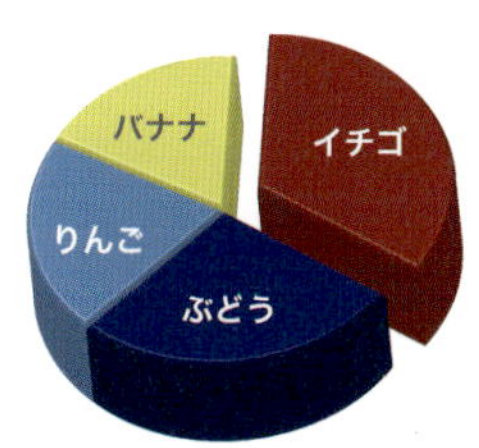

後で、パーツの一部をダイレクト選択ツールで選んで移動させることもできる

Illustraorでモックアップをつくりたい。つくり方を教えて！

- 箱の形を3Dで作成し、マッピングでデザインを貼り付けます。
- ビンの形を3Dで作成し、マッピングでラベルを貼り付けます。
- 明るさは照明のパラメータを調整して変更できます。

箱のパッケージの前面、側面、上面を作成した

各面をシンボルに登録する。前面の四角形のみを複製して選択、効果メニューから［3D］→［押し出し・ベベル］を選ぶ

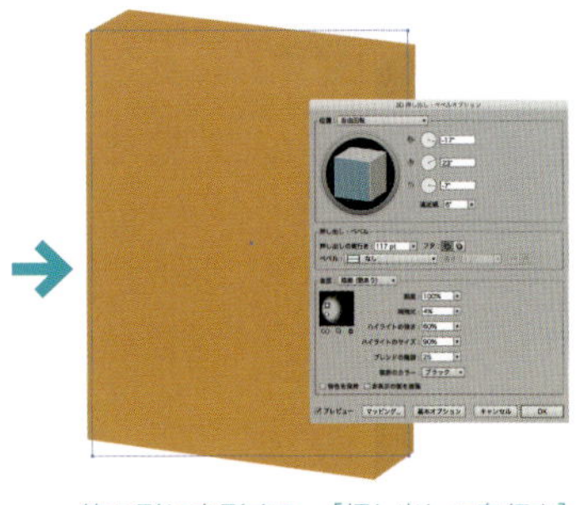

箱の形に変形する。［押し出しの奥行き］の入力ボックスに箱の厚みを数値入力して立体にする。照明のパラメータで明るさを調整する

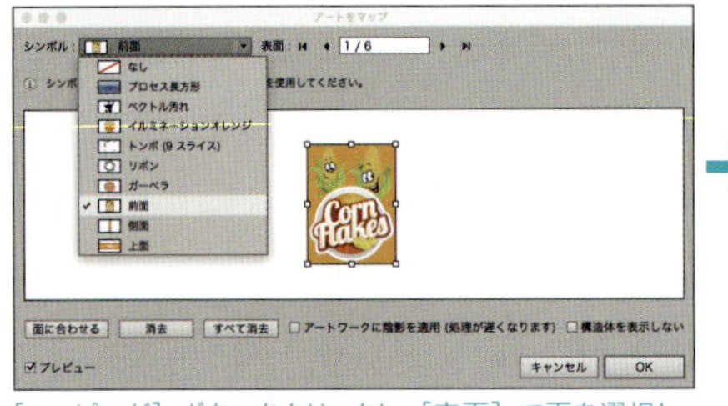

［マッピング］ボタンをクリックし、［表面］で面を選択し、シンボルのポップアップメニューからマッピングするデザインを選ぶ。大きさを調整して面に合わせる

3面をマッピングしたところ。必要に応じて照明のパラメータで明るさを調整して完成

箱の形を［押し出し・ベベル］で作成し、マッピングでデザインを貼り付ける

モックアップは外観デザインを検討するためにつくられる模型ですが、ここでは3D機能で擬似的に立体のモックアップをつくってみましょう。［押し出し・ベベル］で箱形の立方体をつくり、各面にデザイン案を貼り付けます。デザイン案は事前に作成し、シンボルパネルに登録しておけば、3Dオブジェクトにマッピングが可能です。

●ビンの形を［回転体］で作成し、マッピングでラベルを貼り付ける

Illustratorでの3D機能［回転体］でビンの形をつくり、ラベルを貼り付けます。形状によっては面の数が多くなる場合があるので、マッピングする際に面を間違えないようにしてください。以下では、照明効果を変化させて、明るさを変えてみました。

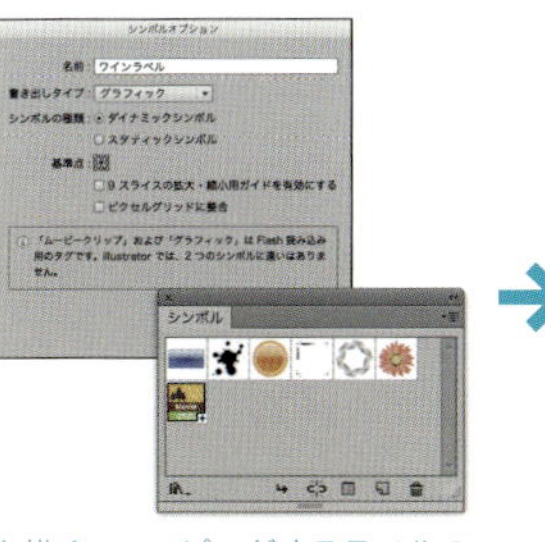

ペンツールでビンの半分の形を描く。マッピングするラベルのデザインを作成し、シンボルパネルにドラッグ＆ドロップして登録する

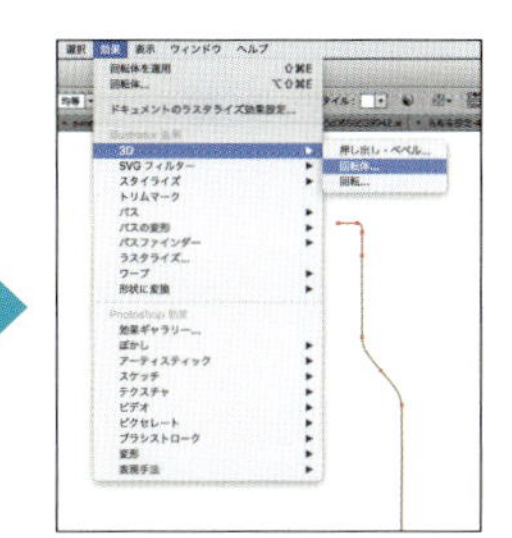

フタの部分は別に作成し、ビン本体とグループ化する。効果メニューから［3D］→［回転体］を実行する

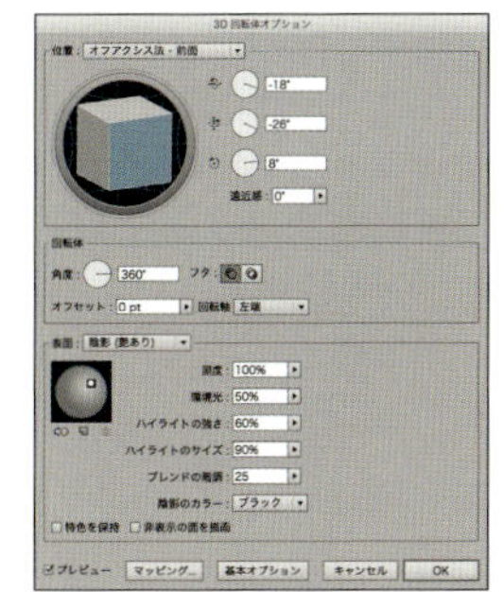

［回転軸：左端］［角度：360°］で回転するとビンの形になる、照明のパラメーターを調整し、明るさを変更する

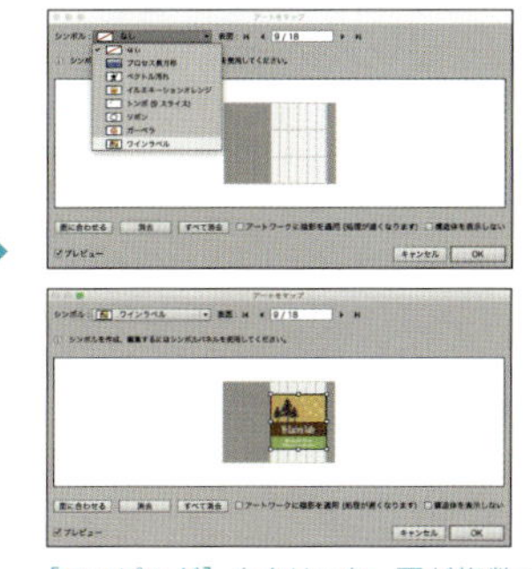

［マッピング］をクリック。面が複数できている。面を切り替えるとプレビューで赤く表示される。ラベルを貼る面を選択し、［シンボル］からラベルのデザインを選ぶ

プレビューを確認しながらラベルを貼る場所を移動する。明るい面の上に配置すると画面表示される。［アートワークに陰影を適用（処理が遅くなります）］をチェックすると上図のような見栄えになった

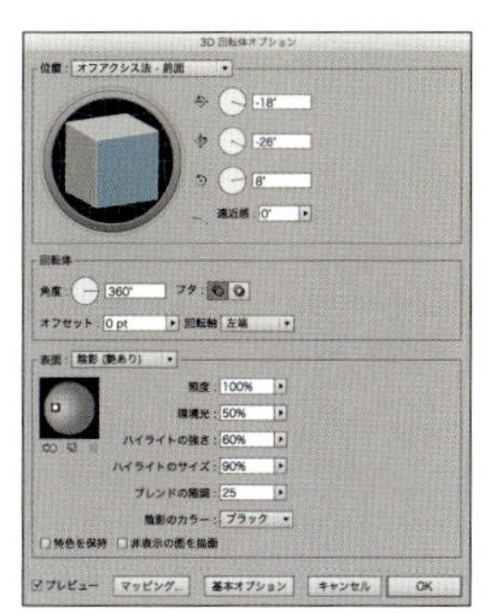

照明の位置は球上の光源をドラッグして調整できる。上図では左側から光が当たるように変更した

写真を使ってモックアップをつくりたい。つくり方を教えて！

- Photoshopで自由変形を使って画像を変形し、合成します。
- Illustratorで作成したロゴと写真を合成してみましょう。
- 合成した画像の明度や彩度を調整し、違和感がないようにします。

Photoshopで看板の写真と掲示するポスターの画像を開く

ポスターの画像をコピーし、看板の写真にペーストする。新規レイヤーが作成され、2枚のレイヤーが重なる

ポスターの画像を変形する。編集メニューから［変形］→［自由な形に］を選び、四隅のハンドルをドラッグして看板の形に合わせる

合成画像の明るさや彩度を調整して、背景となじむように調整する。調整レイヤーにクリッピングマスクを適用して、下のレイヤーだけに影響が及ぶようにする

屋外の看板に掲示したようにシミュレーションする

屋外看板のデザイン案を、街中の看板を写した写真と合成してみましょう。Photoshopでは画像を自由な形に変形できます。デザイン案の画像の四隅のハンドルをドラッグして、看板の形に合わせます。合成直後は違和感を感じることが多いので、合成画像の明度や彩度を調整して背景画像と馴染むようにしましょう。

● ショッピングバッグに印刷したようにシミュレーションする

Illustratorで作成したロゴやイラストのデータを使って、Photoshopの画像と合成することもできます。いくつかの方法がありますが、以下ではスマートオブジェクトを使い、Illustratorのベクトルデータを生かして合成する方法を紹介します。

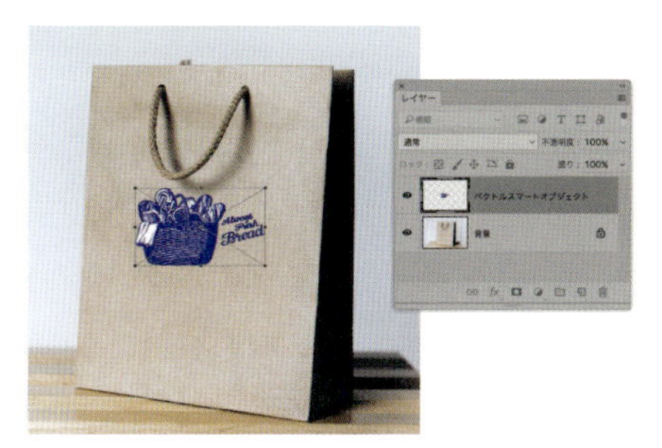

Illustrator でロゴやイラストを作成する。パスをすべて選択しコピーする

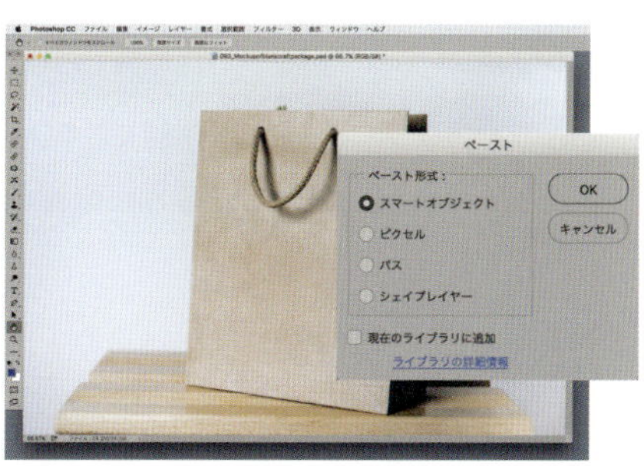

アプリケーションを Photoshop に切り替え、合成したい画像を開きペーストする。[ペースト] ダイアログで [スマートオブジェクト] を選び [OK] をクリックする

ペースト直後の様子。周囲にハンドルが表示され、サイズを調整できる。Illustrator の不透明の白い塗りが残っている

描画モードを[比較(暗)]にして白が表れないようにした。バッグに合わせてサイズや回転角度を変更し、return キーを押して確定する

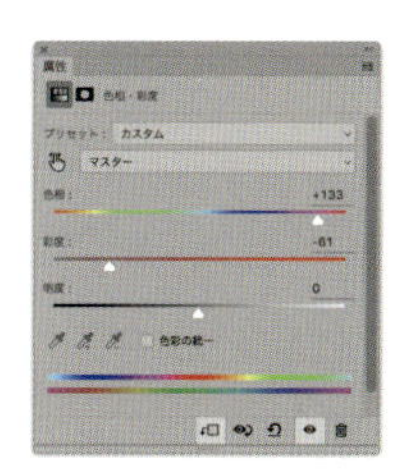
ここでは、調整レイヤーで [色相・彩度] を選び、上図のような調整を行ってカラーと彩度を変更した。クラフト紙に印刷して色が沈んだようになるのをシミュレーションした

折加工のあるリーフレットをつくりたい。どんな折り方があるか教えて！

- 折加工の種類にはどのようなものがあるか知っておきましょう。
- データ作成時に、折トンボを付け、折りの形態を指示しましょう。
- 巻いて折る形態の場合は、巻き込まれる面のサイズに注意します。

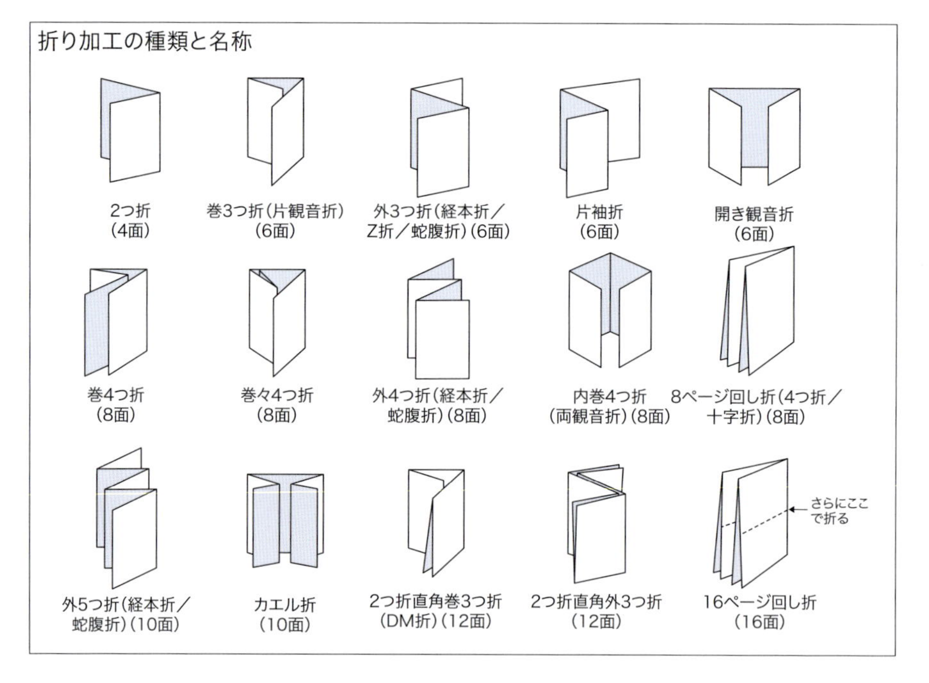

折り方を検討して、ページデザインを考える

1枚の紙を折ることでページ（面）を増やすことができます。コンパクトになるので、バッグやポケットに入れやすくなります。また、郵便などで送付する際にも規格サイズの封筒に収まるようになり、送料を抑えることができます。折の種類には上図のようなものがあります。折を広げるたびに新しい面（ページ）が現れることを考慮してデザインを考えましょう。たとえば両観音折では、表紙ではタイトル、次に開く面でキャッチコピー、全部展開してコンテンツを掲載するなどの演出が可能です。

折トンボ、山折・谷折の指示を忘れずに

折加工を印刷会社に依頼する場合は、折る箇所を明示した「折トンボ」を付けます。また、山折（Λの形になる）、谷折（Vの形になる）のいずれかがわかるようにし、印刷会社に折の形態を正しく伝えるようにしてください。

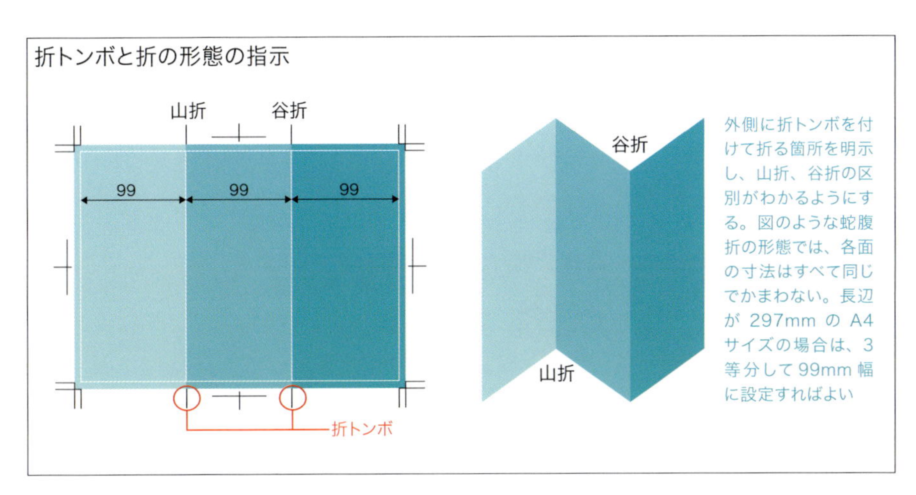

外側に折トンボを付けて折る箇所を明示し、山折、谷折の区別がわかるようにする。図のような蛇腹折の形態では、各面の寸法はすべて同じでかまわない。長辺が 297mm の A4 サイズの場合は、3等分して 99mm 幅に設定すればよい

巻折では内側に巻き込まれる面は短くする

巻いて折る場合は、内側に巻き込まれる面の幅を2〜3mmずつ短く設定します。同じ幅で設定してしまうと紙がよれてしまうので注意してください。また、表面と裏面で左右が反転するようにフォーマットをつくる必要があります。

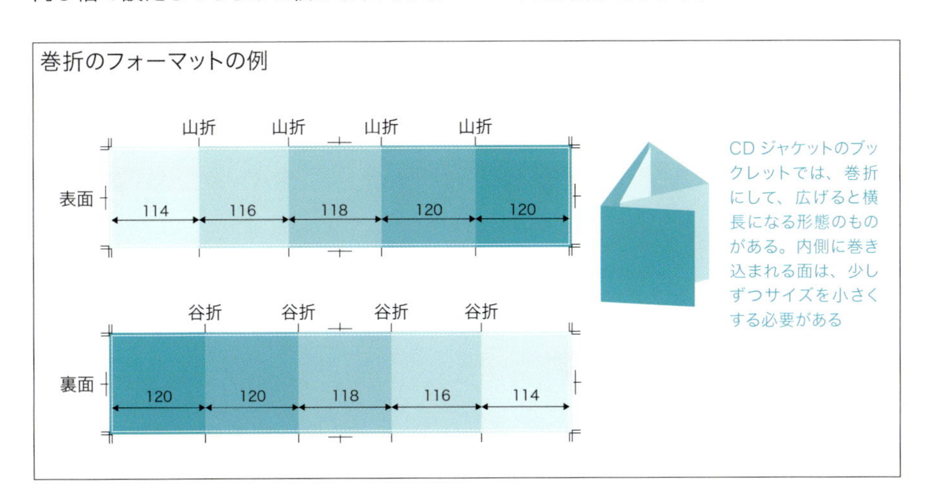

CD ジャケットのブックレットでは、巻折にして、広げると横長になる形態のものがある。内側に巻き込まれる面は、少しずつサイズを小さくする必要がある

悩み096 折加工の印刷物をつくるときの注意点を教えて！

- 折目の上に文字を乗せると可読性が落ちるので注意しましょう。
- 紙の目を確認し、紙の目に沿って折るようにしましょう。
- 紙の目がわからないときの見分け方を知っておこう。

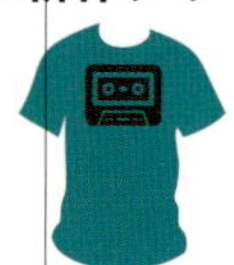

2つ折のデザインで、折り目の部分にテキストや図版が乗っている。読みにくくなるし、トナー印刷の場合は「トナー割れ」が生じるるおそれがある

折り目の部分にテキストや図版がかからないようにしたレイアウト例。各面（ページ）に余白を設定し、余白にテキストや図版がかからないようにするとよい

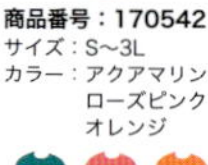

折加工の印刷物のレイアウトで注意すべきこと

折加工の印刷物のレイアウトでは、折ることで面（ページ）が現れます。折目の部分にテキストを配置すると読みにくくなりますので、重要な要素は折目にかからないように配慮しましょう。レイアウトを考える時は、面（ページ）ごとに余白（マージン）を設定し、余白部分には文字を乗せないようにして対処するとよいでしょう。

●折加工を行う時は「紙の目」に注意する

紙は繊維の走る方向に目があり、これを「紙の目」と言います。紙の長辺に沿って平行に紙の繊維が流れるものを「縦目（T目）」、短辺に沿って平行に紙の繊維が流れるものを「横目（Y目）」と呼びます。折加工では、折りの方向と紙の目を平行にすると綺麗に折れますが、目が逆だと折り目が割れたり、ギザギザになることがあります。製本するときは、紙の目が綴じ方と並行して、天地方向になるように揃えます。

縦目／横目

縦目（T目）

紙の長辺に沿って平行に繊維が流れる

横目（Y目）

紙の短辺に沿って平行に繊維が流れる

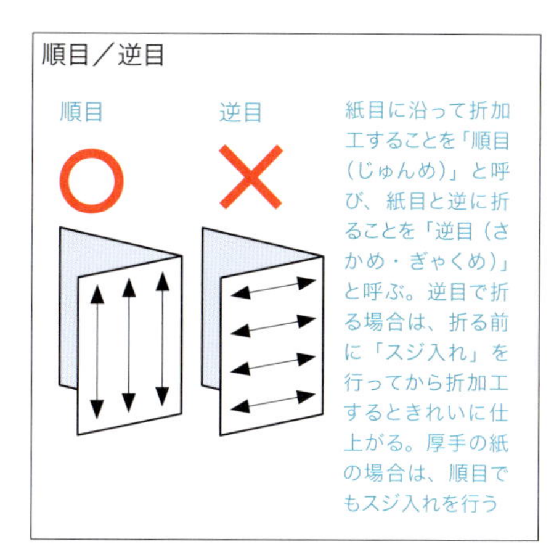

●紙の目の見分け方

「原紙」と呼ばれる大判の用紙には、紙の目が記載されています。また紙の見本帳には、原紙サイズと紙の目が記載されています。オーダーするときは紙の目を指定してオーダーすることができます。原紙をカットすると、方向に応じて紙の目が変わりますので注意しましょう。

一般の店頭では、すでにカット済みの用紙が売られている場合がほとんどです。この場合は紙の端を持ち、縦方向と横方向で紙のしなり具合の違いを確認して判断するとよいでしょう。

紙の目の見分け方

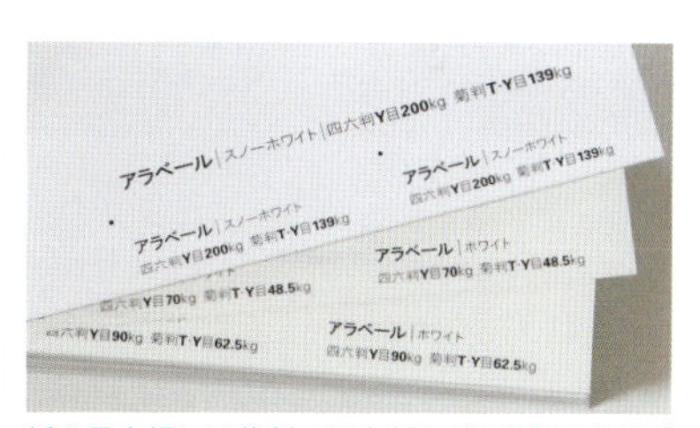

紙の見本帳には菊判、四六判などの原紙のサイズと、紙の目（T目・Y目）が表記されている

紙の端を持って図のように持ち上げて、紙のしなり具合を確認する。紙の目が地面に対して水平に走っているほうが湾曲しやすい

紙を組み立てて立体に加工したい。どんな方法があるか教えて！

- テンプレートを入手し、組み立て式の卓上POPをつくってみよう。
- 1枚の紙が8ページの冊子になる「マジック折」に挑戦してみよう。
- 折り紙を利用したユニークな商品を見てみよう。

テーブルテント（A型）POP

山型 POP のテーブルテント

差込口

折り込む部分

組み立てたとき底になる部分

：塗り足しが必要な範囲

黒の実線：仕上がり線

青の破線：文字はこれより内側に配置する

あ

あ

差込部

四角すい（ピラミッド型）POP

4 面の方向から情報を伝えることができる

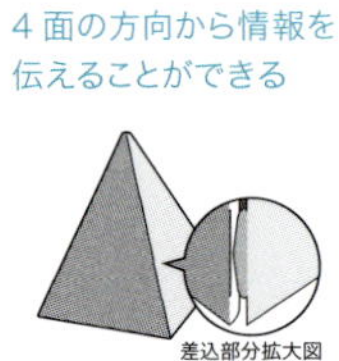

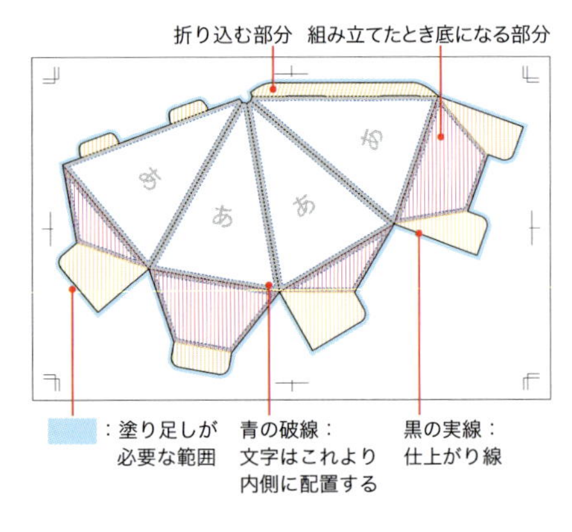

Illustrator のテンプレートは以下のサイトよりダウンロードが可能
提供：株式会社ウエーブ　URL：https://www.wave-inc.co.jp

組み立て式の卓上POPをつくる

卓上POPはお店のテーブルやカウンターに置かれ、来店者にタイムリーにメッセージを伝えることができます。テンプレートを自分で作成するのは難しいので、発注する印刷会社のサイトからダウンロードして利用するのがよいでしょう。組み立てた時の上下を確認し、文字の方向に注意してレイアウトしてください。

● 1枚の紙が8ページの冊子になる「マジック折」

1枚の紙を使って冊子状の形態に加工できる「マジック折」を紹介します。折って、切り込みを入れて展開すると8ページの冊子になります。事前に折りのしくみを理解し、1枚の紙を面付けしてレイアウトを行います。

マジック折り

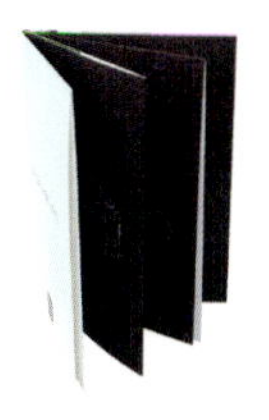

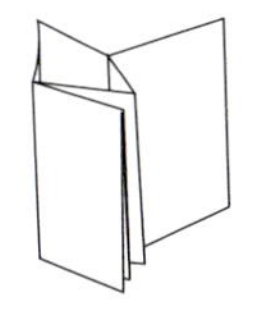

1枚の紙を折り、切り込み口を開くと冊子状の形態になる

8ページの冊子を開いたところ。裏面は現れない

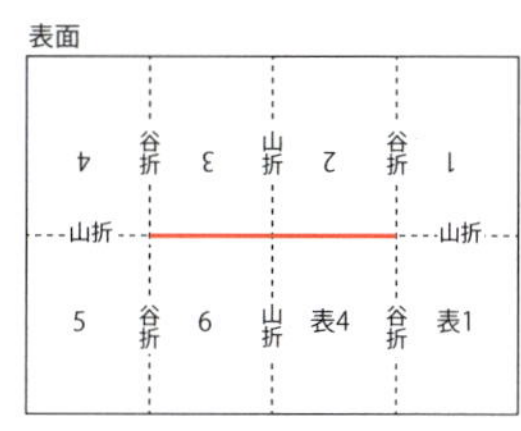

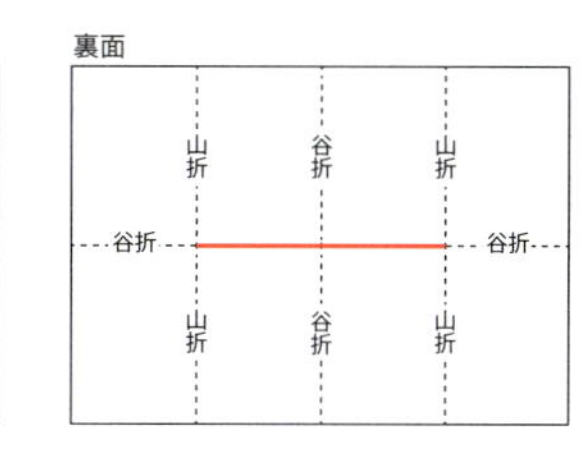

表面、裏面の面付けの例。山折、谷折の指示に沿って折り、赤で示した箇所に切り込みを入れて組み立てると冊子状になる。折りを展開すると裏面が現れるので、裏面に追加情報を掲載することも可能

CLOSE-UP

折り紙で再現するリアルな質感の動物たち

「REAL FAKE」は、動物たちの皮膚や毛皮を再現した折り紙のキットです。動物たちのスキンは折り紙の展開図の中に配置され、特殊な印刷と用紙で再現されています。これを折ることで動物の立体的なフェイク作品になります。サバンナシリーズ、ポーラー（極地）シリーズ、トロピカルシリーズなどの商品構成になっています。

豊かな色合いをもつ美しい鳥たちの姿を折り紙でつくり、視覚と触覚で楽しむことができる

REAL FAKE トロピカルシリーズ
製造・販売：マルモ印刷　デザイン：blanco
http://www.realfake.jp/index.html

箔押しや活版印刷を利用したい。つくり方や発注の方法を教えて！

- 箔押しを使って金・銀のメタリック色で印刷してみましょう。
- 活版印刷を使って、風合いのある印刷物をつくってみましょう。
- 特殊印刷を使ったデザインアイテムを見てみましょう。

箔押し機のしくみ（アップダウン方式）

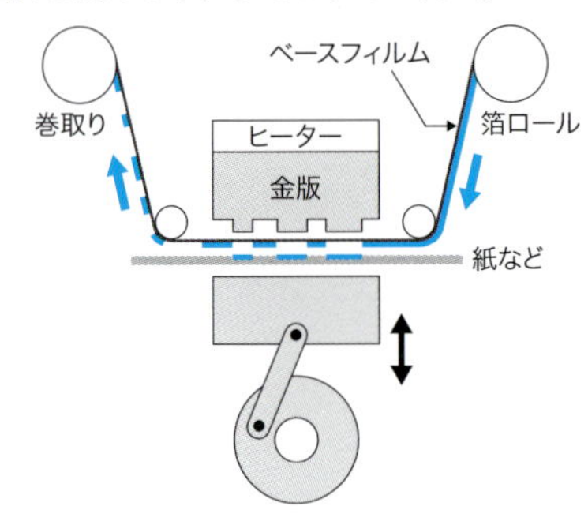

箔押し機の印刷のしくみ。金版がヒーターで熱せられ、箔ロールと紙などの転写素材を重ねた上から熱圧着を加えると、箔の部分だけが紙に転写する

浮き上げ箔のしくみ

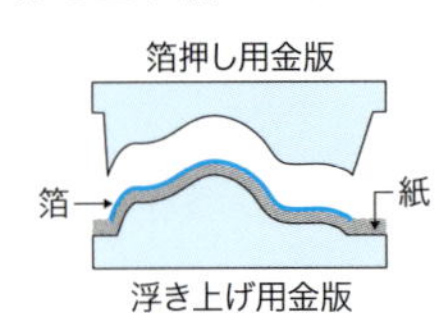

凹んだ金版（箔押し用金版）と凸状の金版（浮き上げ用金版）を挟むと、箔の部分が浮き上がったようになる

箔押しの印刷例

村田金箔社のカレンダー。多彩な箔押しで紙面が構成されている。右図は浮き上げ箔の効果を斜めから撮影した

メタリック・顔料箔の見本帳

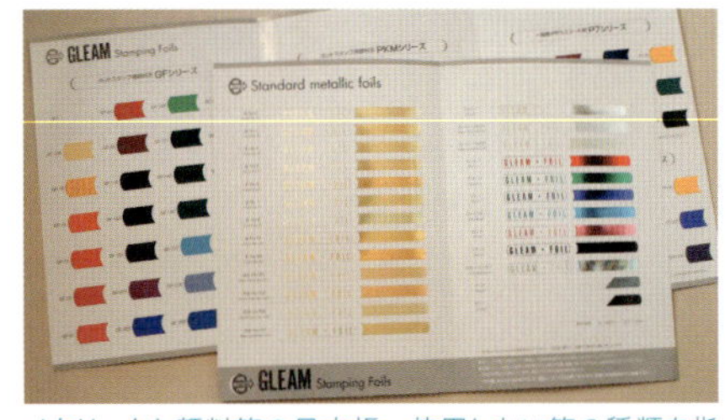

メタリックと顔料箔の見本帳。使用したい箔の種類を指定する場合に便利
村田金箔：http://www.murata-kimpaku.com

箔押し印刷を利用する

箔押し印刷は、金・銀などのメタリックホイルを紙や布などに熱圧着して転写する特殊印刷で、高級感を出すことができます。ホイル（箔）は顔料タイプやホログラムなどさまざまな種類があります。印刷版の金版（金型）が必要になるので、初回のみ金版を作成する必要があります。また、金版を利用したエンボス効果も可能です。

活版印刷を利用する

活版印刷で印刷したい場合は、印刷設備を持った会社は少ないので、オンラインやメールで受発注を行っている会社を利用するのがよいでしょう。金属活字で文字を組むのは難しいですが、Illustratorのデータ入稿が可能になっています。

ALL RIGHT PRINTING
http://allrightprinting.jp/
活版印刷の工房。名刺、ショップカード、ポストカード、封筒、フライヤー、ポスター、パッケージ、タグなど、幅広く活版印刷を請け負っている

左：活版名刺『黒林堂』
http://www.kokulindo.com
WEB サイトから名刺の発注が行える
右：活版印刷専用・凸版製版出力サービス
http://letterpress.kappan.co/
亜鉛版、樹脂版の活版印刷用のオリジナル版を出力してくれるオンラインサービス

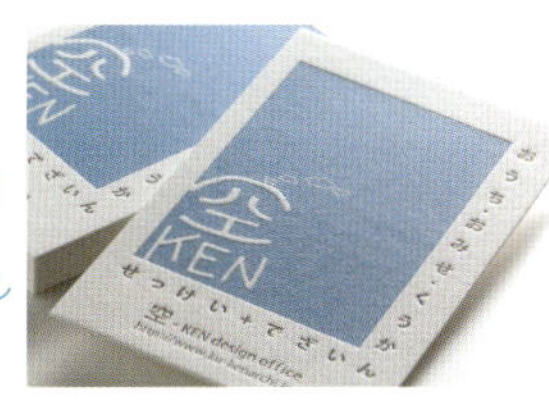

CLOSE-UP

「WORDS SANDWICH（ワーズ サンドイッチ）」

WORDS SANDWICHは、LOVE、THANKS、BLT、EAT、相手のイニシャルなどの言葉をつくって、最後にパン型のカードにはさんで言葉のサンドイッチをつくるメッセージカード。食材の名前が書かれたアルファベットのカードは活版印刷機で刷られている。

特殊な印刷加工でつくられたパンと言葉のカードをはさむメッセージカード。パン型のカードにはふわふわの質感を出すために特殊な超低密度工業用紙を使用し、さらにパンを「焼く」という工程を意識して、フチをレーザーで焼いて焦げ目が残るようにカットしている
デザイン：NECKTIE design office　URL：http://necktie.tokyo

ネイティブファイルで印刷入稿したい。データの収集方法を教えて！

- Illustratorのパッケージ機能を使ってファイル収集できます。
- 文字をアウトライン化して入稿する方法を覚えておきましょう。
- InDesignのパッケージ機能を使ってファイル収集できます。

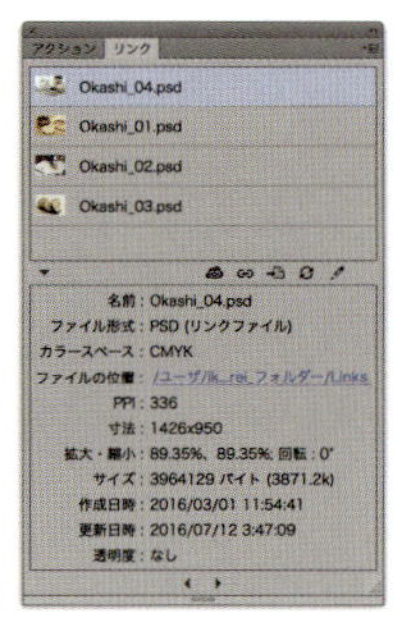

印刷入稿前に、リンクパネルを使って、リンクが正常か確認する。リンクがはずれている場合は警告マークが表示されるので、再リンクしておく

ドキュメントを保存し、ファイルメニューから［パッケージ］を実行する。［パッケージ］ダイアログが表示される

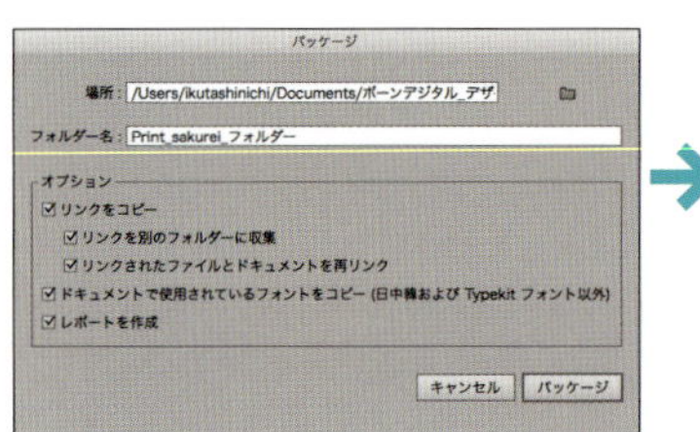

ファイルを保存する場所を指定し、オプションで書き出しの指定を行い［パッケージ］をクリックする

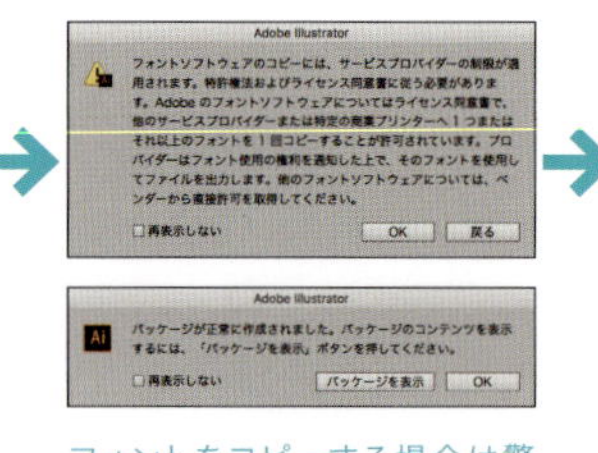

フォントをコピーする場合は警告が表示される。終了後［パッケージを表示］をクリックする

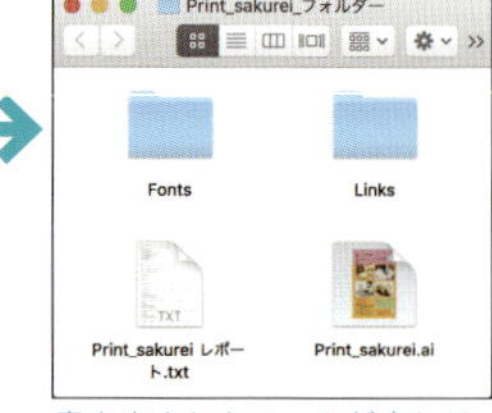

書き出されたフォルダ内には、入稿に必要なファイルがコピーされている

Illustratorのパッケージ機能を使ってファイル収集する

ネイティブファイルの入稿はIllustratorやInDesignのドキュメントのまま入稿する方法です。入稿時には、リンクした画像を集める必要があります。また印刷会社にないフォントを使っている場合はフォントデータを添えます（欧文フォントに限る）。上図で、パッケージ機能を使って入稿データを収集するプロセスを解説します。

● 文字をアウトライン化して入稿する

Illustratorのデータは文字をアウトライン化して入稿する機会が多いです。アウトライン化すると文字化けの心配がなくなりますが、文字が若干太くなります。

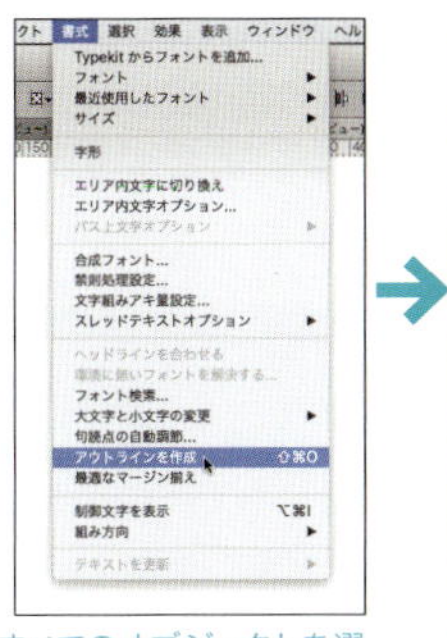

Illustrator のドキュメントで、すべてのオブジェクトを選択し、書式メニューから［アウトラインを作成］を選択し、実行する

日時：5月3日（金）
5月4日（土）
5月5日（日）
場所：OKASHI ROOM
内容：生地を練って、好みの味のクッキーを作ります。材料は教室で準備します。お子さんと一緒におかし作りを楽しみましょう！
〈パティシエからのコメント〉
3時のおやつのクッキーを一緒に作りましょう。お母さんやお父さんが手伝ってくれるので安心。チョコレート味やミルク味、さつまいも味のクッキーなど、何味にするか決めておいてね！

アウトライン化すると文字が若干太って見える。これは文字のヒント情報（PC のモニターで線幅を調整して表示する技術）が失われるため

● InDesignのパッケージ機能を使ってファイル収集する

InDesignもIllustratorと同様の方法でパッケージが可能です。InDesignではプリフライト機能によりデータのチェックが可能になっています。

InDesign で作成した雑誌誌面のドキュメントを開く。ファイルメニューから［パッケージ］を実行する

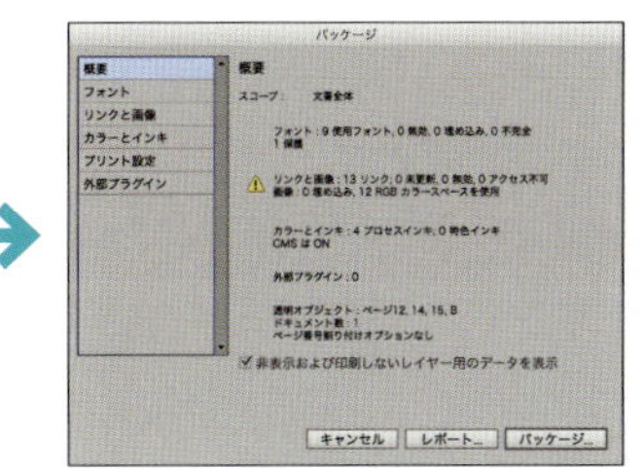

プリフライト機能により、問題のあるデータがある場合は警告が表示される。上図では RGB の画像があるため警告が表示されている

パッケージを実行すると、［印刷の指示］ダイアログが表示されるので、連絡先などの情報を入力し、［続行］をクリックする

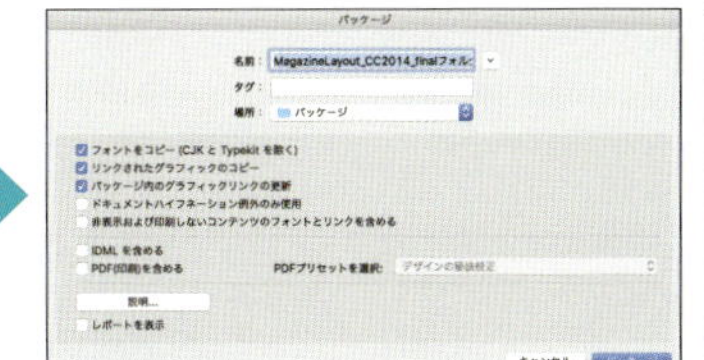

保存先を指定し、書き出す内容をチェックボックスをオンにして指定する。同時に IDML ファイル（バージョン CS4 以降で開ける形式）や PDF を書き出すこともできる。書き出されたドキュメントを確認して入稿する

PDFファイルで印刷入稿したい。書き出し方法を教えて！

- Illustratorで PDFファイルを書き出す方法を覚えましょう。
- InDesignで PDFファイルを書き出す方法を覚えましょう。
- PDFの書き出し設定は印刷会社の指示通りに行いましょう。

Illustratorで PDFファイルを書き出す

近年はPDFで印刷入稿する機会が増えています。PDFにすると、リンク画像やフォントの添付が不要になり、ファイル容量もずいぶん小さくなります。PDFで印刷入稿すると、印刷会社では修正ができなくなるので、間違いのないファイルを書き出すように注意してください。不明な点は印刷会社に確認するようにしましょう。

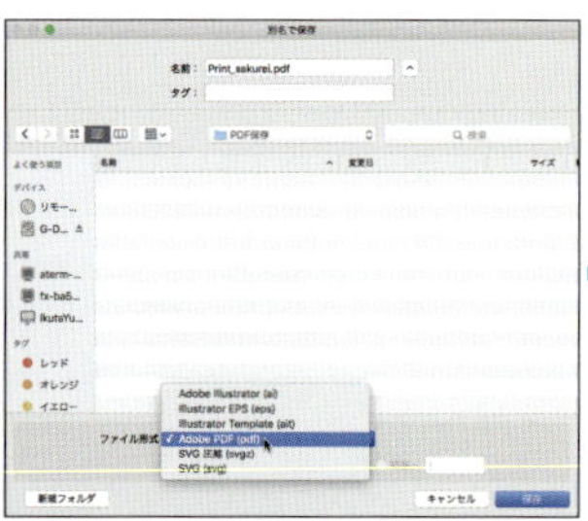

Illustrator で PDF を書き出すには、ファイルメニューから［別名で保存］を選び、ファイル形式で［Adobe PDF］を選択する。ファイルの拡張子が「.pdf」になる。［保存］をクリックする

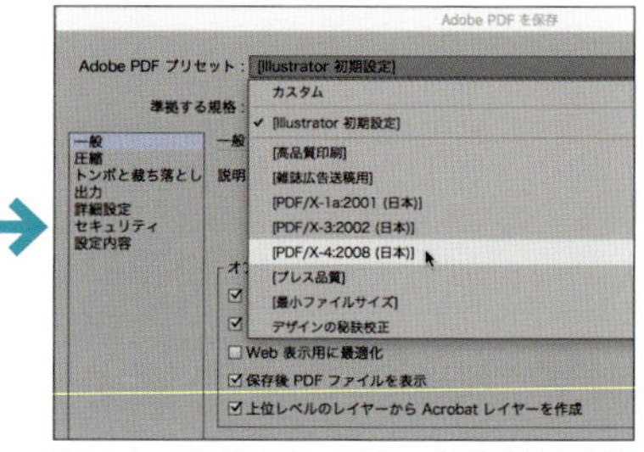

［Adobe PDF プリセット］で印刷会社から指定された形式を選択する。不明な場合は印刷会社に確認する

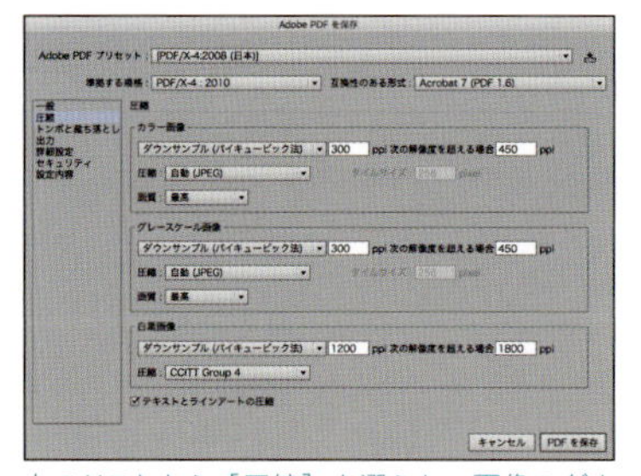

左のリストから［圧縮］を選ぶと、画像のダウンサンプルや圧縮の形式を指定できる

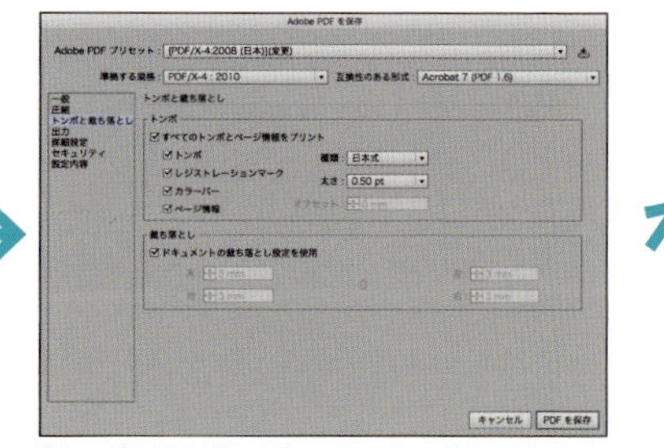

［トンボと裁ち落とし］では、トンボやレジストレーションマーク、カラーバー、裁ち落としの有無などを指定する

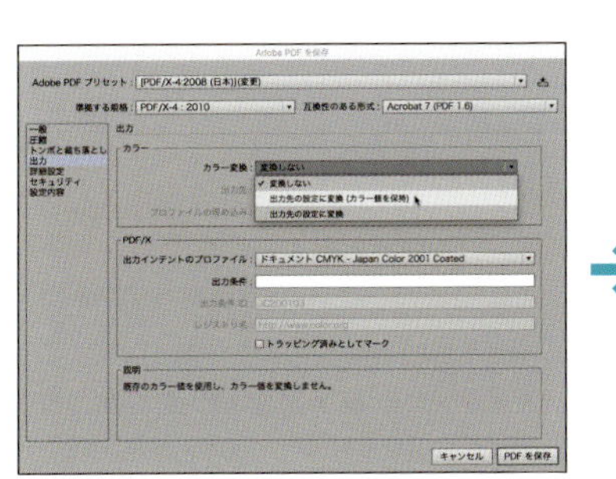

［出力］では、カラー画像の変換の有無を指定する。変換する場合はプロファイルの指定を行う

PDFを書き出して、Adobe AcrobatなどのPDFのビューアーで開いて確認する。左図は、トンボやカラーバー、レジストレーションマーク、ページ情報を付けて書き出した

● InDesignでPDFファイルを書き出す

InDesignでPDFを書き出すプロセスを以下に示します。ページものの印刷物の場合は、単ページあるいは見開きで書き出すことができます。［PDF書き出しプリセット］やトンボの有無は、印刷会社の指示を受けて設定してください。

InDesignで印刷入稿用のPDFを書き出すには、ファイルメニューから［書き出し］を選び、ファイル形式で［Adobe PDF（プリント）］を選択する。ファイルの拡張子が「.pdf」になる。［保存］をクリックする

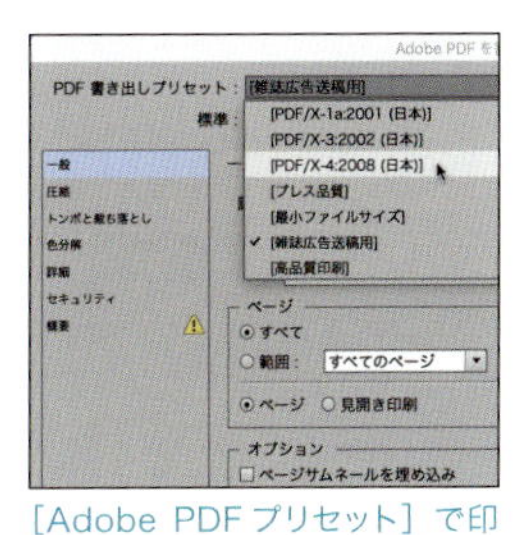

［Adobe PDFプリセット］で印刷会社から指定された形式を選択する。［ページ］を選ぶと単ページで出力される

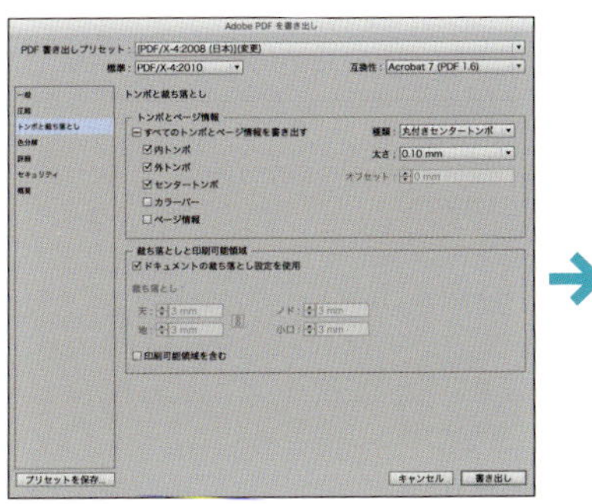

［トンボと裁ち落とし］では、トンボやカラーバー、裁ち落としの有無などを指定する

書き出されたPDFをAdobe AcrobatなどのPDFのビューアーで開いて確認する。ページものの印刷では面付けを行うため、単ページで書き出す必要がある

写真クレジット

以下は、本書の作例などで使用したAdobe Stockのリストです。Adobe Stockのサイトで写真番号を入力して検索すると、同じ写真を入手できます。

P11　© koti - Fotolia／73815324、branchecarica／47514117、n_eri／ 57438675
P13、136、137　© hanabiyori/100316128、hakase420/102667132、hanabiyori/57004782、sasazawa/69790195
P14　© hanack - Fotolia／110997300、olllinka2 - Fotolia／96017330、hiro - Fotolia／84106775、crtreasures／86142816、crtreasures／54440079、makoto-garage.com／47770001
P15　© reeel／78588336、kawano／110036757、virinaflora - Fotolia／96778600
P16、17　© ann_precious／108434472
P19、144, 145　© Alexandra Karamyshev - Fotolia／20693862
P19、151　moonrise - Fotolia／72855411、stoneflower - Fotolia／66640136、y_seki - Fotolia／106275250、Caito - Fotolia／37440316
P22、135　© imacoconut - Fotolia／88300926、hagamera - Fotolia／82229121、beeboys - Fotolia／102200506
P30　© heliographica - Fotolia／41487965
P39、49　© TwilightArtPictures - Fotolia／57195435
P41　© masa - Fotolia／68678613、KOBO - Fotolia／20889469、Elenathewise - Fotolia／32461416、Ivan Nakonechnyy - Fotolia／106728084、william87 - Fotolia／90338015、Marc Xavier - Fotolia／73342877
P44　© siro46 - Fotolia／70986479、liza5450 - Fotolia／92189513、dimarik16 - Fotolia／97750001
P45　© miya227 - Fotolia／80228376
P46　© gontabunta - Fotolia／71694254
P56　© michilagra／82116754、dempercem／90508341、fusolino／48737751、style67／ 105305645、foxysgraphic／101998556、makoto-garage.com／63271401
P62　© bannosuke／93295132
P66　© masahirosuzuki - Fotolia／100918006、takada hiroto - Fotolia／80991966
P87　© wowow／90428205、milatas - Fotolia／79472288、lukeruk／66883048
P90、91　© beeboys - Fotolia／85546055、joel_420 - Fotolia／72497613
P92　© Photo-SD - Fotolia／84856736、jpggifpng3 - Fotolia／92865626、kenta847 - Fotolia／105435257、aka18sano - Fotolia／98110951、makieni - Fotolia／99298222、りうです／89158504、hikaru59／107154418、hikaru59／106697474、jpggifpng3／93657662
P93　© one／86262464、taka／69740032、naka／96203273、one／45683673、one／48336089、naka／88312357、one／48336152、kazoka303030／66124284、sato／33584780、japolia／15583025
P94　© tackune／108457175、lamanna／96976103、beeboys／103073949、dreamnikon／36707198
P95　© milatas／102181985、milatas／102181963
P96　© windy277／22623381、hiro／84106775、SoulAD／41667264
P98　© mname／66750341
P101　© naka／96195941
P102　© beachsaya／90152033
P103　© kyaimu426／98824522
P104　© sora_nus／106743877
P105　tayukaishi／110819916
P105-109　© nmelnychuk／49160970
P110、111　© peshkov／90294877
P112、113　© gekaskr／70998231
P132　© James Thew／50758627
P135　© TOMO／27299746、cafesorasora／ 101303034
P142　© sobakasu／71082813
P143　© markobe／80704774
P146　© oben901／75421128、kasiati2012／67434985、paylessimages／34113967、paylessimages／34113312
P148、150　© paprikaworks／93392518、J BOY／66290825

P156 © aijiro／111909532、studiopure／62167296、TORY／84541917、and4me／31680025、熙基李／106083398、ucchie79／60578209、tamapanda(たまぱんだ)／64916300、sobakasu／66610260
P157 © Chlorophylle／99314057、kamenuka／59999975、orrlov／92189465
P158 © tsuppyinny／83234578、sea-walker／32072552、taniho／62132727、naka／81875522、akiyoko／31271091、fuujin／78153199、Harusame／29944351、nina／102799772
P160 © takada hiroto／56202169、Romolo Tavani／84642832、paylessimages／33932914、tsuppyinny／54800550、yayoicho／94896222、hallucion_7／61669353、yoshi5／ 114110773、yukipon00／65712664
P162 © stockfoto／57691282、masaaki67／79533858、JenkoAtaman／91578000、milatas／66320818、tamayura39／89604599、genkibaby／70458800、dustys／ 115432318、hyusan／95144744
P164 © mRGB／61717073、milatas／66379460、Alena Ozerova／92307728、Gorilla／7181753、shashamaru／66598190、Nishihama／110865348、umiberry／74764314、sayuri_k／56403798
P166 © aqtarophoto／75454598、aqtarophoto／104395639、osame／98249908、qianqiuzi／57834470、siro46／90734133、akiyoko／74057185
P167 © sayuri_k／41434516
P168 © godfather／42723333、Andrey Bandurenko／60373494、mbolina／102786052、komdk63／100267017
P169 © Jamrooferpix／71000047、joel_420／40888904、kotohan／84503851、Caito／ 65309076、hiro_koubou／58149579、skpw／101696961、takegraph／94195384、nonchanon／ 114591247、youreyesonly／107035193、Tsuyoshi_Kaneko／102713173、takegraph／93297927、takegraph／93976238
P170 © takegraph／110139277、baihoen／88054945、Paylessimages／16017376、milkuku／35128049、tkyszk／110586115、motodan／43774673、jun.SU.／32211342、smoke／34258250
P171 © Stefan Schurr／39224610、takahashikei1977／78114089、marucyan／81824175、Petair／47125317、Paylessimages／16087055
P172 © す～ロン／60340835、Steve Young／54319759、Steve Young／53650067、to35ke75／72801460、Nishihama／107569097
P173 © aktty／105891886、kuma／92710239
P174 © naka／102008631、takada hiroto／80991966
P186 © 風味豊の書業無情庵／103578603、風味豊の書業無情庵／76083573、touyaoki／109289445
P187 © rie_lalala／41023563
P190 © NH7／37502702、kimi／110476046、Saruri／34062987、naka／96097949、naka／75752168、chihana／64250067、chayathon2000／76367682、yoko_i／81331707
P192 © キャプテンフック／ 98999455、yujyun／26356816、sugarbase／29849647、asaco／78579817
P194 © Julien Eichinger／110004089
P196 © n_eri／51290386
P198 © hanaschwarz／66299523、grounder／77844808
P200 © pushish images／90870172、Aleksei Kruhlenia／85450637
P201 © ~ Bitter ~／110696286
P204 © IjinanDesign／52436668

参考文献

『InDesign／Illustratorで学ぶ レイアウト&ブックデザインの教科書』／Far, Inc. 編・著／ボーンデジタル／2016年

『プリント オン デマンド ガイドブック』／日本複写産業協同組合連合会 監修／ワークスコーポレーション／2014年

『Web+印刷のためのIllustrator活用術』／Far, Inc. 山本州 著／ボーンデジタル／2015年

『印刷メディアディレクション』／生田信一・板谷成雄・近藤伍壱・高木きっこ 著／ワークスコーポレーション／2011年

『キーワードで引く デザインアイデア見本帳』／大森裕二・Far, Inc. 著／エムディエヌコーポレーション／2005年

『とれたて文字デザイン Photoshop&Illustrator』／Far, Inc. 編／エムディエヌコーポレーション／2015年

『デザインを学ぶ1 グラフィックデザイン基礎』／青木直子・生田信一・板谷成雄・清原一隆・トモ・ヒコ 著／エムディエヌコーポレーション／2013年

著者略歴

生田 信一（Far, Inc.）

書籍やムックの企画・制作などを行うほか、教育機関でDTPや印刷の講座を受け持つ。デザインやDTPに関する執筆活動も行っている。主な共著書に『印刷メディアディレクション』（ワークスコーポレーション刊）、『Web＋印刷のためのIllustrator活用術』（ボーンデジタル刊）、『InDesign/Illustratorで学ぶ レイアウト&ブックデザインの教科書』（ボーンデジタル刊）、『すべての人に知っておいてほしいIllustratorの基本原則』（エムディエヌコーポレーション刊）、『Illustrator 逆引きデザイン事典CC/CS6/CS5/S4/CS3』（翔泳社刊）、『Design Basic Book［第2版］はじめて学ぶ、デザインの法則』（ビー・エヌ・エヌ新社刊）などがある。
http://www.far.co.jp/

［協力］
執筆　板谷成雄／大森裕二
イラストレーション　山本 州

2016年8月20日　初版第1刷発行

発行人　村上 徹

執筆・編集　生田信一（Far, Inc）.
編集　深澤嘉彦
DTP　Far, Inc.

装丁・本文デザイン　後藤 豪（後藤デザイン室）

印刷・製本　シナノ印刷株式会社

発行・発売　株式会社ボーンデジタル

〒102-0074
東京都千代田区九段南1-5-5 Daiwa九段ビル
編集　03-5215-8661
販売　03-5215-8664
URL　http://www.borndigital.co.jp/
お問い合わせ先：info@borndigital.co.jp

ISBN978-4-86246-350-0